胆汁酸在动物养殖中的应用（Ⅰ）
——胆汁酸在水产和家禽养殖领域的应用

胡祥正 著

天津大学出版社
TIANJIN UNIVERSITY PRESS

图书在版编目（CIP）数据

胆汁酸在动物养殖中的应用. Ⅰ，胆汁酸在水产和家禽养殖领域的应用 / 胡祥正著. -- 天津：天津大学出版社，2022.5

ISBN 978-7-5618-7179-9

Ⅰ. ①胆… Ⅱ. ①胡… Ⅲ. ①胆酸－应用－饲养管理－研究②胆酸－应用－水产养殖－研究③胆酸－应用－家禽－饲养管理－研究 Ⅳ. ①S815

中国版本图书馆CIP数据核字（2022）第081880号

DANZHISUAN ZAI DONGWU YANGZHI ZHONG DE YINGYONG （Ⅰ）
DANZHISUAN ZAI SHUICHAN HE JIAQIN YANGZHI LINGYU DE YINGYONG

出版发行	天津大学出版社
地　　址	天津市卫津路92号天津大学内（邮编：300072）
电　　话	发行部：022-27403647
网　　址	www.tjupress.com.cn
印　　刷	廊坊市瑞德印刷有限公司
经　　销	全国各地新华书店
开　　本	787×1092　1/16
印　　张	12
字　　数	300千
版　　次	2022年5月第1版
印　　次	2022年5月第1次
定　　价	66.00元

前　言

胆汁酸是人和动物胆汁中存在的一类胆烷酸的总称，是由胆固醇合成的一类甾体物质。胆汁酸在生物体内具有多种生物功能，但最主要的功能是促进脂肪和类脂物质的消化吸收。

在肝细胞内以胆固醇为原料合成的胆汁酸被称为初级胆汁酸（包括胆酸与鹅脱氧胆酸），初级胆汁酸在肠道内经肠道细菌的作用形成次级胆汁酸（包括脱氧胆酸、石胆酸和熊脱氧胆酸等）。由于不同动物体内的微生物环境不同，胆汁酸的代谢途径有差别。因此，人和动物体内的胆汁酸组成不完全相同。胆汁酸合成后分别与甘氨酸或牛磺酸结合，形成结合胆汁酸。不同动物体内结合胆汁酸的比例也不同。较大量存在的结合胆汁酸有甘氨胆酸、甘氨鹅脱氧胆酸、甘氨脱氧胆酸、牛磺胆酸、牛磺鹅脱氧胆酸和牛磺脱氧胆酸等。胆汁酸有很强的界面活性，它能降低脂水两相之间的表面张力，促进脂类形成混合微团，这对脂类物质的消化吸收以及胆汁中胆固醇的溶解都起重要作用，因此，在动物养殖领域将胆汁酸用作乳化剂，其显示出优越的性能。

随着中国在动物养殖领域全面禁止使用抗生素，各种各样的“替抗”（即替代抗生素）饲料添加剂应运而生。作为天然的生物活性物质，胆汁酸在动物养殖领域显示出优越的性能。在动物饲料中添加胆汁酸，可以预防和治疗动物的肝胆疾病，促进动物对营养物质的消化吸收，提升料肉比，进而提高经济效益。

近几年，胆汁酸作为饲料添加剂在动物养殖领域的认可度逐年提高，但由于该领域的用户和销售人员对胆汁酸的认识不足，缺乏相应的专业知识，胆汁酸的应用功效未能完全发挥出来。

本书作者在天津科技大学讲授生物材料课程，从事的科研方向涉及胆汁酸的提取、纯化、合成、修饰、应用及产业化实施。面对市场需求，结合自己对胆汁酸相关知识的了解，作者对胆汁酸在动物养殖领域的研究进展进行了总结，希望能够对胆汁酸的应用起到促进作用。

由于作者水平有限，本书难免存在疏漏，敬请专家和读者不吝指教。

胡祥正
2022 年 1 月

主要缩略语说明

缩写	英文名称	中文名称
ACC	Acetyl-CoA carboxylase	乙酰辅酶 A 羧化酶
ADF	Acid detergent fiber	酸性洗涤纤维
AKP(ALP)	Alkaline phosphatase	碱性磷酸酶
ALB	Albumin	白蛋白
ALT (GPT)	Alanine aminotransferase (Glutamic-pyruvic transaminase)	谷丙转氨酶
AMS	Amylase	淀粉酶
AST (GOT)	Aspartate aminotransferase (Glutamic-oxaloacetic transaminase)	谷草转氨酶
ATGL	Adipose triglyceride lipase	脂肪甘油三酯脂酶
BSA	Bovine serum albumin	牛血清白蛋白
BUN	Blood urea nitrogen	血尿素氮
CA	Cholic acid	胆酸
CAT	Catalase	过氧化氢酶
CDCA	Chenodeoxycholic acid	鹅脱氧胆酸
CF	Condition factor	肥满度
CP	Crude protein	粗蛋白质
CPT1α	Carnitine palmitoyltransferase 1α	肉碱棕榈酰基转移酶 1α
CYP7A1	Cholesterol 7α-hydroxylase	胆固醇7α-羟化酶
CYP8B1	Sterol 12α-hydroxylase	甾醇12α-羟化酶
DCA	Deoxycholic acid	脱氧胆酸
DGAT1	Diacylglycerol *O*-acyltransferase 1	二酰甘油-*O*-酰基转移酶 1
DI	Distal intestine	后肠
DM	Dry matter	干物质
EE	Ether extract	粗脂肪
ERK	Extracellular signal-regulated kinase	胞外信号调节激酶
Fas-L	Fas ligand	Fas 配体
FAS	Fatty acid synthetase	脂肪酸合成酶
FBPase	Fructose-1,6-bisphosphatase	果糖-1,6-双磷酸酶
FBW	Final body weight	终末均重
FCR	Feed conversion rate	饲料系数
FE	Feed efficiency	饲料转化率

续表

缩写	英文名称	中文名称
FFA	Free fatty acid	游离脂肪酸
FR	Feeding rate	摄食率
FXR	Farnesoid X receptor	法尼醇衍生物 X 受体
G6Pase	Glucose-6-phosphatase	葡萄糖-6-磷酸酶
GCA	Glycine cholic acid	甘氨胆酸
GCDCA	Glycine chenodeoxycholic acid	甘氨鹅脱氧胆酸
GLU	Glucose	血糖
GSH	Glutathione	谷胱甘肽
GSH-PX	Glutathione peroxidase	谷胱甘肽过氧化物酶
HDCA	Hyodesoxycholic acid	猪脱氧胆酸
HDL	High density lipoprotein	高密度脂蛋白
HDL-C	High density lipoprotein cholesterol	高密度脂蛋白胆固醇
HL	Hepatic lipase	肝脂酶
HSI	Hepatosomatic index	肝体比
IBW	Initial body weight	初始均重
IL	Interleukin	白介素
KB	Ketone body	酮体
LCA	Lithocholic acid	石胆酸
LDL-C	Low density lipoprotein cholesterol	低密度脂蛋白胆固醇
LPL	Lipoprotein lipase	脂蛋白脂肪酶
LPS	Lipase	脂肪酶
LZM	Lysozyme	溶菌酶
MAPK	Mitogen-activated protein kinase	丝裂原活化蛋白激酶
MDA	Malondialdehyde	丙二醛
MGL	Monoacylglycerol lipase	单酰甘油脂肪酶
MI	Mid intestine	中肠
NAFLD	Nonalcoholic fatty liver disease	非酒精性脂肪肝病
NDF	Neutral detergent fiber	中性洗涤纤维
PLV	Productive lipid value	脂肪沉积率
PPV	Productive protein value	蛋白沉积率
SGR	Specific growth rate	特定生长率
SOD	Superoxide dismutase	超氧化物歧化酶
SR	Survival rate	存活率
SSI	Spleen index	脾脏指数
T-AOC	Total antioxidant capacity	总抗氧化能力
TBA	Total bile acid	总胆汁酸

续表

缩写	英文名称	中文名称
TBILI	Total bilirubin	总胆红素
TC	Total cholesterol	总胆固醇
TCA	Taurocholic acid	牛磺胆酸
TCDCA	Taurochenodexycholic acid	牛磺鹅脱氧胆酸
TG	Triglyceride	甘油三酯
TL	Total lipase	总脂酶
TP	Total protein	总蛋白
TUDCA	Tauroursodeoxycholic acid	牛磺熊脱氧胆酸
UDCA	Ursodeoxycholic acid	熊脱氧胆酸
VSI	Viscerosomatic index	脏体比
WGR	Weight gain rate	增重率

相应指标计算公式

（1）存活率（SR,%）

$$SR = 100 \times N_t / N_0$$

（2）增重率（WGR,%）

$$WGR = 100 \times (W_t - W_0 + W_d) / W_0$$

（3）特定生长率（SGR,%/d）

$$SGR = 100 \times (\ln W_t - \ln W_0) / t$$

（4）饲料系数（FCR）

$$FCR = C / (W_t + W_d - W_0)$$

（5）摄食率（FR,%/d）

$$FR = 100 \times C / [(W_0 + W_t + W_d)t / 2]$$

（6）肥满度（CF,g/cm³）

$$CF = W_t / L^3$$

（7）肝体比（HSI,%）

$$HSI = 100 \times \text{肝脏重} / W_t$$

（8）脏体比（VSI,%）

$$VSI = 100 \times \text{内脏重} / W_t$$

（9）脾脏指数（SSI,%）

$$SSI = 100 \times \text{脾脏重} / W_t$$

式中：C 为摄食量，g；L 为平均体长，cm；N_t 为终末动物数量；N_0 为初始动物数量；t 为试验天数，d；W_d 为死亡动物重，g；W_t 为终末动物均重，g；W_0 为初始动物均重，g。

目　　录

第 1 章　饲料添加剂的种类与作用

1.1　饲料添加剂的概况

饲料添加剂（feed additive）是为了某种目的而以微小剂量添加到饲料中的物质的总称。其主要作用包括：改善饲料的营养价值，促进营养物质的消化吸收；改善饲料口味，提高适口性，促进饲料营养物质的吸收，促进鱼、虾生长和发育；提高饲料品质，防治鱼、虾疾病；改善饲料的物理特性和加工性能，降低营养成分的损失。随着科学的进步，饲料添加剂的研究和应用得到了快速发展，添加剂种类增多，其作用不再局限于促进生长，一些添加剂已成为促进营养物质消化吸收、保证动物营养生理功能正常发挥所"必需"的物质，成为饲料中不可缺少的部分，而不是"额外添加"的成分[1]。

1.2　饲料添加剂的分类

饲料添加剂在传统上指饲料中的非营养性的成分或原料中非营养性的组成成分。不同的饲料添加剂有不同的化学性质，不同的添加剂在商业水产饲料中的使用也有很大差别[2]。饲料添加剂的种类很多，性能各异，根据我国制定的《饲料和饲料添加剂管理条例》，饲料添加剂分为营养性添加剂、药物添加剂和改善饲料质量添加剂三大类。但一般根据添加的作用机理，把饲料添加剂分为营养性添加剂和非营养性添加剂[1]。营养性添加剂是主体营养物质的补充，可补足饲料中不能满足动物体生长所必需的营养物质，包括维生素（脂溶性维生素 A、D、E、K 和水溶性维生素），各种氨基酸（赖氨酸、蛋氨酸等）及小肽，动物生长发育必需的微量矿物元素（Fe、Cu、Mn、Zn、Se、I、Co、Mo 等）。非营养性添加剂是在饲料主体营养物质之外添加的具有改善消化吸收、促进动物生长发育、提高饲料品质、防治动物疾病等作用的物质，如抗生素、化学药物、中草药、酶制剂、益生菌和益生元、微生态制剂、酸化剂、乳化剂、抗氧化剂、防霉剂、黏合剂等物质[3]。

1.3　非营养性饲料添加剂的种类与应用

1.3.1　抗生素和化学药物

在养殖鱼类快速发展的同时，养殖环境恶化，鱼类病害频繁爆发，在生产中常使用抗生素和化学药物防治水产动物寄生虫、细菌性和真菌性等疾病。对抗生素和化学药物的使用量必须加以控制，而且应该遵循合理的投喂量和休药期，从而减少抗生素和化学药物在鱼体内的积累。在饲料中添加低剂量的抗生素和化学药物能够刺激鱼类的生长和影响饲料系数(或称饵料系数),但同时会影响鱼类肠道内的微生物组成。为防治罗非鱼细菌性结节病、突眼病等疾病常使用的抗生素有诺氟沙星、土霉素、环丙沙星、恩诺沙星、氟苯尼考、氯霉素和庆大霉素等[4]。目前的药代动力学和残留分析报道较多。廖碧钗[5]在使用诺氟沙星后鱼体内的药代动力学及残留研究试验中发现,该药物在血浆和肌肉中消除缓慢,建议诺氟沙星在体内的休药期为 55 d 以上。考虑到抗生素及化学药物在环境和鱼体中的残留问题,不鼓励使用抗生素,可以开发和挖掘其他有效物质替代抗生素使用,以减少抗生素残留危害。

1.3.2　人工合成的生物活性物质及其复合物

刘兴国等[6]在报道中指出饲料中添加一定量的壳聚糖可以降低饲料效率,壳聚糖作为饲料添加剂主要通过提高消化道和肝胰脏中的蛋白酶、淀粉酶活性,增强对营养物质的吸收与转化,促进生长。林仕梅等[7]使用复合降脂因子显著促进了罗非鱼的生长,改善了罗非鱼肝脏的生理机能,指出复合抗脂因子可以作为一种安全高效的保肝剂应用于罗非鱼的养殖生产。周婷婷等[8]指出饲料中添加适量谷胱甘肽对提高吉富罗非鱼部分非特异性免疫酶的活性有促进作用,结果显示添加 320~400 mg/kg 谷胱甘肽能显著提高血清和肝脏中的溶菌酶活性。

1.3.3　中草药及其复合物、微生物

中草药添加剂因其作用效果好、无毒副作用、对环境污染小、无残留等优点在畜禽和水产饲料添加剂研究与应用中广受关注。谢丽玲等[9]从试验中发现,杜仲对促进罗非鱼生长和改善其肉质有重要作用,大蒜对改善鱼类肠道消化的效果较佳,同时复方药物(黄芪+杜仲+金银花)的综合效果要优于单味药物。将黑豆、金银花、山楂等十余种纯天然植物经超微粉碎后,按一定比例配制而成的中草药饲料添加剂,对防治罗非鱼链球菌病有显著效果。张伟妮等[10]研究表明日粮中补充黄芪多糖能够提高罗非鱼血浆中酸性磷酸酶、碱性磷酸酶、总超氧化物歧化酶、过氧化氢酶和溶菌酶的活性,同时提高鱼体的抗氧化能力和非特异性免疫功能。林旋等[11]指出黄芪多糖可以不同程度地提高罗非鱼血液中白细胞的吞噬能力,促进免疫器官的发育与成熟。牟洪生等[12]发现中草药复方 A 饲料添加剂能在一定程度上提高罗非鱼胃、肠和肝胰脏淀粉酶、脂肪酶的活性。邹芝英等[13]研究表明饲料中添加红景天苷能提高尼罗罗非鱼血液血细胞比容、红细胞平均体积和血红蛋白含量及肌酐水平。朱莉等[14]研究表明饲料中添加复方中草药(首乌、黄芪、甘草)和穿心莲显著促进了罗非鱼生长,同时增强了鱼体的抗氧化能力。生化黄腐酸(BFA)是特定的微生物菌株接种到植物培养基中生成的高纯度腐殖酸制剂,具有调整肠胃功能、提高肌体免疫力的作用。张志功等[15]研究表明罗非鱼饲料中添加 BFA 可以提高增重率(WGR),降低饲料系数,防治细菌引起的肠炎、烂鳃、烂尾病等,而且具有净化水质的作用。

1.3.4　益生菌和益生元

益生菌最初被定义为改善人类或畜禽动物健康状况的活的微生物类。近几年，益生菌逐渐被水产养殖业关注，业内开始对其进行研究和应用。益生菌大多具有改善宿主肠道微生物菌群的作用，有研究表明肠道微生物菌群的构成与宿主的生长、消化吸收、免疫和抗病能力等方面有关。在水产养殖中，大部分益生菌以饲料添加剂的形式被输送到水生生物体内参与活动，也有一部分益生菌用于调节水质，被直接泼洒在水体中。刘小玲等[16]研究表明饲料中添加适量嗜酸乳酸菌可在一定程度上提高吉富罗非鱼的生长性能、抑制大肠杆菌的生长，但效果不够显著。周晓波等[17]研究表明在罗非鱼饲料中添加粪肠球菌能够促进罗非鱼生长，提高饲料利用率，降低血清胆固醇和甘油三酯含量，同时可增加肠道乳酸杆菌数量，改善肠道微生物群落。黎建斌等[18]发现在罗非鱼饲料中添加 5% 的沼泽红假单胞菌，对改善水质、促进罗非鱼生长、提高其成活率、降低饲料系数和提高经济效益具有正面效果，但添加过量会使罗非鱼减少食欲，生长缓慢。柯浩等[19]研究指出在含硒 0.257 mg/kg 的基础饲料中添加 0.6 mg/kg 的富硒益生菌（富硒酵母菌、酵母菌、乳酸菌）能够提高罗非鱼的特定生长率，提高谷胱甘肽过氧化物酶、过氧化氢酶和超氧化物歧化酶的活性，促进罗非鱼生长，提高鱼体的抗氧化能力。

益生元是一类不能被消化利用的物质，可以选择性地刺激肠道内有益细菌的生长与活性，抑制有害细菌生长，从而保护机体健康。益生元包括多种含氧多糖、低聚糖（寡糖）或辅酶等。目前常用于饲料添加剂的益生元主要为功能性低聚糖，因为这类低聚糖不会被动物肠道吸收，能够促进益生菌双歧杆菌的增殖，有益于肠道健康。功能性低聚糖包括低聚果糖、菊糖、低聚半乳糖和蜜二糖等。何四旺等[20]在罗非鱼饲料中添加低聚异麦芽糖和低聚果糖，结果发现这两种益生元对罗非鱼的生长和饲料效率无显著影响，但能提高溶菌酶活性和血清补体活性，显著增强罗非鱼非特性免疫能力。马相杰等[21]发现自制酵母甘露寡糖（由甘露聚糖酶菌株制备的粗酶液水解酵母细胞壁获得，有效含量为 6.06%）和外购甘露寡糖（有效含量为 12%）均能改善罗非鱼幼鱼肠道内微生物的微生态环境。有研究表明，甘露寡糖可以作为抗生素的理想替代物质。刘爱君等[22]将复合微生态制剂（主要包括芽孢杆菌、乳酸菌、酵母菌及其代谢产物，其中乳酸菌采用多层微囊包被技术，有效活菌含量 ≥200 亿 CFU/g。）应用于罗非鱼养殖试验中，结果表明，在饲料中添加微生态制剂可以改善肠道菌群，降低饲料系数，促进罗非鱼生长并节约饲料成本。

1.3.5　酸化剂

酸化剂（甲酸、乙酸、丙酸、丁酸、柠檬酸、苹果酸、乳酸、山梨酸等有机酸及其盐类）作为饲料添加剂用途广泛，应用于畜禽和水产饲料中能够使这些有机酸发挥各种积极作用。目前市场上的酸化剂主要是由有机酸复配的复合型酸化剂，可以作为酸味剂改善饲料的适口性和提高饲料转化率；同时，可以作为代谢调节剂被机体直接吸收后为动物体提供能量，也可以作为抗氧化剂或防霉剂，保持饲料品质。尚卫敏[23]指出饲料中添加适量酸化剂可以增加饲料酸度，抑制饲料中微生物的生长，提高饲料中营养素的消化率，改变胃肠道 pH 值，调控胃肠道微生物菌群平衡，提高消化酶活性，参与体内代谢和促进微量物质吸收，对动物生长、抗氧化和免疫、抗应激能力有促进作用。冷向军等[24]指出罗非鱼饲料中添加0.30%和0.45%的柠檬酸均显著提高了罗非鱼的增重率、降低了饲料系数，表明柠檬酸对罗非鱼的生长有促进作用，并通过回归分析推荐柠檬酸的适宜添加水平为0.28%~0.34%。潘庆等[25]指出添加0.3%的乳酸和柠檬酸可以显著提高罗非鱼幼鱼的生长速度和饲料转化率，显著提高肝脏代谢酶活性和肠道淀粉酶活性。李海涛等[26]指出饲料中添加0.3%的酸化剂（主要成分为乳酸、柠檬酸和磷酸等）可以显著促进罗非鱼生长和提高饲料利用率。

1.3.6　乳化剂

乳化剂是由极性基和非极性基构成的表面活性剂，饲料中添加乳化剂可使进入肠道的油脂分散成乳糜微粒，从而扩大油脂与脂肪酶的接触面积，促进脂类的消化吸收，达到促生长的目的。饲料工业中常用的乳化剂有脂肪酸酯、磷脂类、糖苷脂类、氨基酸类和胆汁酸盐类。目前在水产动物饲料中促生长效果较好的乳化剂产品是胆汁酸类和微生物次级代谢产物。郑宗林等[27]通过试验发现，在饲料中添加乳化剂后能显著促进罗非鱼生长，提高罗非鱼消化道中的胰蛋白酶、蛋白酶、脂肪酶和淀粉酶的活性。翟少伟等[28]在研究中指出饲料中分别添加50 mg/kg表面活性素和300 mg/kg胆汁酸能显著提高吉富罗非鱼的生长性能，提高其肠道脂肪酶和蛋白酶的活性，但对其肠道淀粉酶无显著影响。

1.3.7　酶类

有研究指出，单胃动物因缺乏某些特定的消化酶而不能消化植物性原料中的某些营养物质。研究者发现额外添加酶类可以提高饲料中营养物质的利用率。罗非鱼因市场价格较低，考虑到动物蛋白资源紧缺，价格昂贵，所以在养殖中使用的饲料多偏向使用植物蛋白源，但植物蛋白源中含有较多的抗营养因子，如植酸磷、非淀粉多糖、单宁等，它们会影响饲料中营养物质的吸收和利用。植酸酶可提高植物性原料中磷的利用率，姚瑞清等[29]研究发现饲料中添加1 000 U/kg植酸酶提高了罗非鱼肠道淀粉酶和蛋白酶的活性，提高了磷的表观消化率，促进了鱼体生长。华雪铭等[30]研究发现饲料中添加植酸酶对新吉富罗非鱼肠道淀粉酶和蛋白酶的比活性有显著提高作用，在罗非鱼植物性蛋白质配合饲料中添加1 000 U/kg植酸酶的效果最好，推荐使用这一数值，他们认为植酸酶可以替代部分无机磷源。非淀粉多糖酶具有提高动物胃肠道消化酶的活性，促进动物生长和提高动物免疫能力的作用。非淀粉多糖酶包括甘露聚糖酶、木聚糖酶和葡聚糖酶等。聂兴国等[31]研究发现饲料中添加木聚糖酶可以促进尼罗罗非鱼生长，提高其肝胰脏和腮腺溶菌酶的活性。王纪亭等[32]指出饲料中添加0.04%的非淀粉多糖复合酶制剂（木聚糖酶、β-聚糖酶、纤维素酶、果胶酶、甘露聚糖酶等）显著提高了罗非鱼特定生长率和饲料效率，提高了其肝胰脏和胃部蛋白酶的活性，但抑制了其肝胰脏淀粉酶的活性。毛述宏等[33]研究发现饲料中添加1 000 U/kg甘露聚糖酶显著提高了罗非鱼的增重率、特定生长率和蛋白质效率，显著提高了其肠道消化酶（淀粉酶、胰蛋白酶）的活性，显著提高了碱性磷酸酶和过氧化氢酶的活性，表明适量的甘露聚糖酶可以促进罗非鱼的生长，增强其非特异性免疫能力。

1.4　在畜禽水产养殖中应用的几种绿色饲料添加剂

饲料抗生素问题是我国最大的动物性食品安全问题和公共卫生问题之一。欧盟、日本和韩国等已分别于 2006、2008 和 2011 年禁止在饲料中使用抗生素促生长剂，美国食品药品监督管理局（FDA）于 2017 年开始禁用，我国从 2020 年开始禁用。人们不断研发新型替代抗生素的饲料添加剂产品，其中绿色饲料添加剂是目前的研究与开发热点。下面就几种绿色饲料添加剂研究进展进行概述。

1.4.1　微生态制剂

（1）作用与特性

微生态制剂又称为益生素、活菌制剂等。它是选用动物体内的正常微生物或其产生的促生长物质，经特殊工艺加工制成的。它能够在数量或种类上补充肠道内缺乏的正常微生物，调整并维持肠道内的正常微生态平衡，增强机体免疫功能，具有促进营养物质消化吸收和畜禽生长发育的作用[34]。微生态制剂作用的机理与抗生素正好相反：前者是向消化道内导入对动物有益的活菌，从而使有益菌处于主导地位；而后者则是抑制消化道内微生物（含有害菌与有益菌）的生长，或将其杀死。饲用微生态制剂是作为饲料添加剂直接添加使用的微生态制剂，美国 FDA 将这类产品定义为“可以直接饲喂的微生物”（DFM）。

（2）种类

1999 年，我国农业部第 105 号公告公布的《允许使用的饲料添加剂品种目录》中，饲料级微生物菌种有 12 种：干酪乳杆菌、植物乳杆菌、粪链球菌、屎链球菌、乳酸片球菌、枯草芽孢杆菌、纳豆芽孢杆菌、嗜酸乳杆菌、乳链球菌、啤酒酵母、产朊假丝酵母、沼泽红假单胞菌。现行的《饲料添加剂品种目录（2013）》（中华人民共和国农业部公告第 2045 号）规定了地衣芽孢杆菌、枯草芽孢杆菌、两歧双歧杆菌、粪肠球菌、屎肠球菌、乳酸肠球菌、嗜酸乳杆菌、干酪乳杆菌等 34 种微生物饲料添加剂。但真正主要用于配合饲料的活体微生物菌种较少，主要是乳酸杆菌、粪链球菌、芽孢杆菌、酵母等。目前市场上使用的微生态制剂多是由各种有益微生物组成的复合制剂，常见的制剂类型如下。

1）EM 菌

琉球大学比嘉照夫教授发明的复合微生物制剂（EM），是众多微生态制剂中最成功的一例。我国已有的试验结果表明，应用 EM 技术后，一般可使肉鸡增重 0.05~0.25 kg，育肥猪增重 5~10 kg，另外还能降低畜禽粪便的臭味。

2）乳酸菌制剂

此类制剂应用最早且最广泛，种类繁多。乳酸菌是能够分解糖类产生乳酸的无芽孢的革兰氏阳性菌，厌氧或兼性厌氧生长，包括乳杆菌属、片球菌属、明串珠菌属、链球菌属，目前主要应用的有嗜酸乳杆菌、双歧乳杆菌和粪链球菌。

3）芽孢杆菌制剂

芽孢杆菌属于需氧芽孢杆菌中的非致病菌，目前主要应用的有地衣杆菌、枯草杆菌、东洋杆菌和蜡样芽孢杆菌等，在使用时多制成休眠状态的活菌制剂，或与乳酸菌混合使用。

4）酵母类制剂

酵母只是零星存在于动物肠道中，目前应用的主要是石油酵母和啤酒酵母。酵母可为动物提供蛋白质，帮助消化，刺激有益菌生长，抑制病原微生物繁殖，提高机体免疫力和抗病力，对防治畜禽消化道疾病起到有益作用，多用于反刍动物的饲养中。

（3）国内外的研究与应用现状

美国准许直接饲喂的微生物有 42 种，年使用量为 8 000 t 以上，在欧洲市场上销售的微生态制剂的品种就不低于 50 个；日本的年使用量也在 1 000 t 以上。我国对于微生态制剂的开发和利用虽然起步较晚，但是起点高，发展快，目前的年使用量也在 1 000 t 左右。随着各国动物养殖业对益生素的需求不断增加，其商品制剂的研制开发也取得了长足的进展[35]。

（4）存在的问题及展望

目前微生态制剂作为一种新型的饲料添加剂产品，在生产中已有应用，但也存在着一些问题，需要进行大量深入的研究工作。影响微生态制剂使用的因素有：①益生菌在运输、使用和保存过程中易失活，从而降低生物活性作用；②有些活菌进入动物消化道后，难以经受盐酸、胆汁酸等成分低 pH 值的作用，从而无法长时间定植肠道发挥功能；③目前已确认宜作为饲料添加剂的微生态制剂的菌种还较少，生产工艺尚未完全成熟；④对于微生态制剂我国还没有相关产品标准，从而导致目前产品结构的混乱；⑤片面夸大了微生态制剂的作用。但是，随着该领域研究的深入，微生态制剂的应用前景非常广阔，抗生素之后的时代，将是微生态制剂时代。

1.4.2 中草药饲料添加剂

（1）作用与特性

中草药来自天然的动植物或矿物质，本身含有丰富的维生素、矿物质、蛋白质及未知活性物质。除可以补充营养外，还具有促生长、增强机体体质、提高抗病力及治病作用。中草药作为饲料添加剂，在我国古代已经开始，它是以传统中医药学理论为基础，与现代动物营养学理论及饲料加工技术相结合，研制出的单一的植物提取物或复方中草药添加剂[36]。

我国中草药资源非常广阔，与其他饲料添加剂相比，中草药添加剂具有纯天然性和多功能性。中草药多为复杂的有机化合物，其有效成分较多，保持了各种成分结构的自然状态和生物活性。经过人和动物长期的筛选，保留下来的是对人和动物有益的精华物质，是纯天然物质；其本身的多种有效成分，通过合理配伍组合，又形成独特的多功能性，即具有营养性作用、增强机体免疫作用、抗生素作用等。

（2）国内外的研究与应用现状

目前，可以开发利用作为饲料添加剂的中草药已有 300 余种，其应用对象包括鸡、鸭、鹅、鸽、兔、犬、猪、牛、羊、鱼、虾等动物。有许多关于中草药添加剂试验的报道，其产品开发也取得一定的进展，而且在一定范围内对控制畜禽疾病、提高动物生产性能及改善畜产品品质等都有良好的效果。根据功能划分，中草药添加剂主要有以下几类产品。

一是防治畜禽疾病类产品。如林占熺等报道，菌草灵芝等制成的中草药添加剂能防治仔猪肠炎；蒋文灿等用中药制剂克瘟灵防治新城疫，治愈率达 90% 以上[36]；此外还有速效管囊散、白头翁、催乳灵等产品。

二是促进生长和提高饲料利用率类产品。中草药添加剂的主要性能和用途是增强消化吸收和合成代谢、促进生长发育、提高生产性能，在猪、牛、鸡、兔的养殖中均得到广泛的应用，如吉林省农业科学院筛选出的绿康素系列复方植物提取物添加剂[37]，其促生长性能达到抗生素添加剂的水平，还有大蒜素、糖萜素、牛至油等。

三是增强动物免疫力类产品。中草药中的多糖、生物碱、皂苷、蒽类等有增强机体免疫力的作用。

四是改善畜产品品质类产品。沙棘、红花、姜黄等含有天然色素，可改善蛋黄颜色，此外有些中草药可使畜禽产品味道鲜美等。

（3）存在的问题及展望

中草药饲料添加剂产品的研究开发虽已取得了一定的进展，但是还存在许多亟待解决的问题，如产品添加量大、有效成分不明、作用机理不清、作用效果不稳定、剂型单一和缺乏毒理安全方面的研究等，原料和产品质量无标准可依，从而导致新的中草药添加剂研究与应用受到限制，上市新品种较少，不能大面积推广应用。目前投放市场的中草药饲料添加剂多为散剂，其生产工艺落后，品种单调，加工方法简单粗糙，使用的剂量普遍偏大，不仅增加产品成本，而且影响饲料配比。在原料来源上，由于采收季节不同，地域不同，其本身的有效成分含量有较大差异，难于准确控制药效，致使推广使用出现偏差，真正科学、合理的用法和用量难于掌握[38]。

在当今的饲料添加剂市场上，虽然中草药饲料制剂起步较晚，还存在着许多不够完善之处，但它毕竟是纯天然的，已显示出许多西药添加剂所不及的优势。如何使之向更高层次的方向发展，在生态养殖中发挥高效、无害的优势，将是当前和今后深入研究的方向。

1.4.3　抗菌肽

（1）作用与特性

抗菌肽（antimicrobial peptides，AMPs）是一类广泛存在于自然界生物体中的小肽类物质，它是机体先天性免疫系统的重要组成部分。抗菌肽对细菌、真菌、寄生虫、病毒、肿瘤细胞等有着广泛的抑制作用，随着越来越多的抗生素耐药微生物的出现，抗菌肽在医药行业和食品添加剂等领域有良好的应用前景[39]。

（2）种类

抗菌肽根据其来源的不同通常可以分为四大类，分别为来源于昆虫、动物、微生物基因工程菌的抗菌肽以及人工合成的抗菌肽。迄今为止，已有 1 500 多种不同来源的抗菌肽被相继报道[40]。

(3)国内外的研究与应用现状

近年来,抗生素在饲料添加中的广泛应用造成药物残留问题严重,从而影响了禽畜产品品质和人体健康。抗菌肽具有独特的杀菌机制和抗菌广谱性,且病原菌不易对抗菌肽产生耐药性,这些特性使抗菌肽成为新型饲料添加剂进入人们的视野。研究表明,在动物饲料中添加抗菌肽能够抑制病菌繁殖,改善动物肠道的菌群结构,提高动物生产性能。潘行正等[41]发现,在仔猪饲料中添加抗菌肽能够增加肠道益生菌的数量,控制腹泻率,提高仔猪生长性能,从而提高成活率。王秀青等、吕尊周等研究发现,鸡食用添加抗菌肽的饲料能提高日增重及增强免疫性能。这些研究说明抗菌肽具有促进禽畜机体对营养物质的合成和利用、抑制病原菌繁殖、改善肠道菌群结构、提高机体免疫能力等作用[42]。

此外,抗菌肽是鱼、虾、贝类等动物防御系统的主要成分之一。研究表明,在对虾的养殖过程中添加抗菌肽,可以显著提高对虾生长速度、相对增重率、抗病能力、成活率及饲料系数等[43]。随着人们对抗菌肽的结构和作用机制认识的深入,越来越多的科研人员希望改造出更高效、广谱、低毒的抗菌肽,改造对象主要针对天蚕杀菌肽(cecropins)、爪蟾抗菌肽(magainins)和防御肽(defensins)等家族,其中改造研究最多的是cecropins类抗菌肽。其中北京中农颖泰集团以国家饲料工程技术研究中心为技术依托,建有生物饲料添加剂北京市重点试验室和饲用抗菌肽北京市工程试验室,致力于抗菌肽的研发、生产。

1.4.4 生物多糖

(1)作用与特性

多糖是存在于自然界的醛糖和(或)酮糖通过糖苷键连接在一起的聚合物(一般含10个以上单糖),分布于动植物及微生物中,具有广泛的生物学功能,它不仅是所有生命有机体的重要组分,还控制细胞分裂和分化,参与细胞间的识别、转化及物质运输,参与机体免疫功能的识别等过程[44]。在畜牧生产中,多糖主要作为重要的抗生素替代品,发挥免疫调节、抗病毒、调节肠道微生态及抗细菌等功能。目前出售的寡糖(低聚糖)多数是由生物酶法合成的,因此也属于生物饲料添加剂之列。

(2)种类

多糖按照来源可分为植物多糖、微生物多糖和动物多糖等。其中研究比较广泛和深入的是植物多糖和微生物多糖。植物多糖来源于植物的根、茎、叶、皮、花和种子。目前研究比较深入的有海藻多糖、黄芪多糖、当归多糖、刺五加多糖、芦荟多糖、人参多糖等。微生物多糖包括细菌多糖和真菌多糖,目前国内外从真菌中提取的真菌多糖已达数百种。有关真菌多糖(如香菇多糖、灵芝多糖和银耳多糖等)的研究既深入又广泛,有不少真菌多糖已经应用于临床并取得了良好疗效。动物多糖存在于动物的结缔组织基质和细胞间质中,对于动物多糖的研究起步较晚,但近年来已逐步受到重视[45]。

(3)国内外的研究与应用现状

日本和欧洲的一些发达国家已将生物多糖广泛应用于饲料中,特别是仔猪料中。我国从 20 世纪 90 年代才开始进行这方面的研究，目前有些企业已开始研究生产。大量研究表明，多糖可作为一种理想的抗生素替代品，在畜牧业中具有广阔的研究应用前景。近年来涉及试验的多糖包括芦荟多糖、乙酰化甘露聚糖、香菇多糖、姬松茸多糖、黄芪多糖、白术多糖、海藻多糖、沙葱多糖等十余种，涉及的试验动物有鸡、鸭、猪、牛、羊、鱼、虾等。试验结果显示：在养殖过程中，在饲料中添加多糖可以提高动物的日增重、改善饲料转化效率、降低腹泻率、降低死淘率[46]。

（4）存在的问题及展望

由于多糖作为饲料添加剂具有安全、无毒、稳定等优点，所以在畜禽、水产养殖中有良好的应用前景。目前多糖在我国饲料添加剂市场所占的份额并不大，仍有很大的提升空间。在多糖的提取分离纯化技术、多糖结构与功能的关系及多糖的剂量与效应关系等方面仍需要更深入的研究，从而保证多糖合理有效的使用。

1.4.5　饲用酶制剂

（1）作用与特性

饲用酶制剂是一种以酶为主要功能因子的饲料添加剂，它是经基因工程技术筛选出的细菌或真菌菌株通过特定的微生物发酵生产工艺加工而成的包含单一酶或混合酶的工业产品，细菌、真菌等微生物是各种酶制剂的主要来源。酶制剂的最主要的功能有两个：一是补充内源性消化酶的不足，促进畜禽对饲料的消化吸收，提高饲料利用率，促进动物生长，同时大大降低动物粪便中的残留养分对环境造成的污染；二是可消除或降低饲料中某些抗营养因子的副作用，改善饲料原料的营养价值，开辟新的饲料资源[47]。

（2）种类

目前已发现的酶种类很多，生产上可以应用的酶已有 300 多种，用于饲料的也有 20 多种。如 α-淀粉酶、β-淀粉酶、纤维素酶、半纤维素酶、各种蛋白酶、β-戊聚糖酶、木聚酶、果胶酶以及植酸酶等。饲用酶制剂大致分为内源性消化酶、外源性消化酶和复合酶[48]。

1）内源性消化酶

内源性消化酶是指动物体内能够自身合成并分泌到消化道中的一类酶。通常养殖动物内源性酶类不足会直接影响饲养效果。内源性酶不足有两种情况：一是动物体内酶系不全，如非草食性动物缺乏纤维素酶、植酸酶等；二是生理性内源酶分泌不足，即当动物处于幼年、老年、疾病或应激状态时，也会出现内源酶分泌量的减少。添加的内源性酶类似物的结构与性质，可能不同于内源酶，但功能相同，统称内源性酶。该类酶主要包括淀粉酶、蛋白酶和脂肪酶等。

2）外源性消化酶

畜禽体内不能够合成外源性消化酶，一般需要添加到动物体内，用于消化动物自身不能消化的物质，降解抗营养因子或有害物质等。这类酶主要包括纤维素酶、半纤维素酶、植酸酶、果胶酶等。

3)复合酶类

随着单酶制剂生产的工业化发展及价格的降低,复合酶制剂的使用越来越多, 这是一类最常用、应用最广泛的酶制剂。复合酶制剂是以一种或几种单一酶制剂为主体,加上其他单一酶制剂混合而成的。它可同时降解饲料中多种需降解的抗营养因子及多种养分,最大限度地提高饲料的营养价值。

(3)国内外的研究与应用现状

我国饲用酶的研究始于20世纪70年代。我国曾进行过酶曲的生产,并应用于饲料。但由于技术路线欠妥,此后,酶制剂的研究、开发和利用一度停滞不前。到了20世纪80年代后期, 随着改革开放和我国饲料工业的发展, 国外饲用酶制剂进入中国市场,刺激了我国酶制剂的研究, 国家(“八五”攻关计划)和部分省市相继立项研究,并陆续生产出了酶制剂产品。进入20世纪90年代,国产饲料酶制剂开始发展,为我国养殖业和饲料工业全面应用国产酶、节约外汇和降低成本创造了成熟的条件。世界上生产的具有经济价值的酶制剂有80余种,应用范围覆盖猪、鸡、牛、羊和水产养殖等。在改善畜禽生产性能方面,许多研究都集中在生产效能方面。综合近年研究结果发现,无论是在仔猪、肥育猪还是在肉鸡、蛋鸡以及反刍动物的日粮中添加植酸酶、半乳糖苷酶、甘露聚糖酶、葡聚糖酶、木聚糖酶、葡萄糖氧化酶等单酶都产生了正向效果,即提高了动物平均日采食量、平均日增重、产蛋率,改善了饲料转化率[49]。在改变畜产品成分方面,植福华报道,在泌乳前期奶牛日粮中添加外源非淀粉多糖酶制剂,促进了奶牛泌乳和改善了乳成分[50]。越来越多的饲料、养殖业经营者采用各种酶制剂。常见用酶的情况有五个方面:一是为开发高档饲料(如高档仔猪料、高档小鸡料等)而应用酶制剂;二是配制非常规中大猪料、非常规禽料时,为解决抗营养因子问题而应用酶制剂;三是为解决营养性拉稀问题而用酶制剂;四是为减少饲料品质的变异系数而用酶制剂;五是为降低畜、禽舍及水体环境污染而用酶制剂。酶制剂的使用可提高日粮能量、蛋白质利用率,降低日粮配方成本,因而是一种节粮型饲料添加剂。

(4)存在的问题及展望

目前我国限制饲用酶制剂生产和广泛使用的主要原因有:①饲用酶制剂生产和应用之间缺乏沟通;②现有酶测定方法(主要为工业酶活检测方法)不能完全适用于饲用酶制剂酶活的测定;③饲用酶制剂生物学评价、试验方法不够规范;④影响酶制剂效果的因素较多,表现为作用不太稳定;⑤人们对酶制剂在颗粒饲料生产过程中的耐湿性产生担忧。

作为一种新型饲料添加剂,饲用酶制剂具有广阔的应用前景。因为其可解决动物内源酶分泌量和功能不足的问题,提高饲料的消化吸收利用率,促进动物生长,同时减少畜禽排泄物中有机物等营养物质的排泄量,从而减少对环境的污染;酶还可消除或降低饲料中某些抗营养因子的副作用,改善饲料的营养价值,开辟新的饲料资源;此外,酶制剂是蛋白质,是微生物发酵的天然产物,无任何毒副作用。

近几年我国配合饲料产量近1亿t,饲用酶制剂添加量按0.1%计,如果全国20%~30%的配合饲料添加饲用酶制剂,则需要2万~3万t的饲用酶制剂,可见我国饲用酶制剂的应用尚有很大的提升空间。

参考文献

[1] 杨凤. 动物营养学 [M]. 2 版. 北京：中国农业出版社，2005.

[2] 陈代文，吴德. 饲料添加剂学 [M]. 2 版. 北京：中国农业出版社，2011.

[3] 李义东，周亚东，董自咏，等. 饲料添加剂的分类及使用注意事项 [J]. 当代畜牧，2011，10：34.

[4] 刘堂水，樊海平，陈昌福. 罗非鱼"突眼"病细菌性病原的分离与鉴定 [J]. 华中农业大学学报，2007，26（4）：538-541.

[5] 廖碧钗. 诺氟沙星在奥尼罗非鱼体内的药代动力学及残留研究 [J]. 福建农业学报，2011，26（6）：930-934。

[6] 刘兴国，宋理平. 壳聚糖作为罗非鱼饲料添加剂的效果研究 [J]. 渔业现代化，2004，1：40-41，35.

[7] 林仕梅，罗莉. 饲料脂肪水平和复合降脂因子对罗非鱼生长性能和肝胰脏代谢、抗氧化指标的影响 [J]. 动物营养学报，2010，22（6）：1585-1591.

[8] 周婷婷，曹俊明，黄燕华，等. 饲料中添加谷胱甘肽对吉富罗非鱼生长、组织生化指标和非特异性免疫相关酶的影响 [J]. 水产学报，2013，37（5）：742-750.

[9] 谢丽玲，曹俊辉，杨素霞，等. 中草药作为饲料添加剂养殖罗非鱼试验 [J]. 水产科学，2009，28（1）：11-14.

[10] 张伟妮，林旋，王寿昆，等. 黄芪多糖对罗非鱼非特异性免疫和胃肠内分泌功能的影响 [J]. 动物营养学报，2010，22（2）：401-409.

[11] 林旋，张伟妮，王寿坤，等. 黄芪多糖饲料添加剂对罗非鱼白细胞吞噬能力和免疫器官指数的影响 [J]. 福建农业学报，2012，27（1）：27-31.

[12] 牟洪生，刘慧娟. 中草药复方 A 制剂对罗非鱼消化酶活性的影响 [J]. 广州城市职业学院学报，2012，6（2）：66-70.

[13] 邹芝英，祝璟琳，杨弘，等. 饲料中添加红景天苷对尼罗罗非鱼血液学指标的影响 [J]. 淡水渔业，2012，42（6）：82-85.

[14] 朱莉，刘馨，银杉杉，等. 中草药对罗非鱼生长性能和抗氧化指标的影响 [J]. 中国饲料，2014（23）：38-41.

[15] 张志功，徐学军，刘权. BFA-生化黄腐酸添加剂饲喂罗非鱼的效果 [J]. 内陆水产，1999（3）：13.

[16] 刘小玲，曹俊明，邝哲师，等. 嗜酸乳酸菌对吉富罗非鱼生长、非特异性免疫酶活性和肠道菌群的影响 [J]. 广东农业科学，2013，40（1）：123-126.

[17] 周晓波，黄燕华，曹俊明，等. 5 种乳酸菌对罗非鱼生长性能、体成分、血清生化指标及肠道菌群的影响 [J]. 动物营养学报，2014，26（7）：2009-2017.

[18] 黎建斌，何为，李大列，等. 饵料中添加不同水平沼泽红假单胞菌对罗非鱼养殖的影响 [J]. 南方农业学报，2014，45（9）：1694-1697.

[19] 柯浩，刘振兴，曹艳林，等. 富硒益生菌对罗非鱼幼鱼生长和抗氧化水平的影响 [J]. 动物营养学报，2014，26（5）：1229-1237.

[20] 何四旺，许国焕，吴月嫦，等. 低聚异麦芽糖和低聚果糖对罗非鱼生长和非特异性免疫的影响 [J]. 中国饲料，2003（23）：14-15.

[21] 马相杰，汪立平，赵勇，等. 甘露寡糖对罗非鱼幼鱼肠道微生物的影响 [J]. 微生物学通报，2010，37（5）：708-713.

[22] 刘爱君，李雪平，吴家泉. 微生态制剂对罗非鱼生长性能和肠道菌群的影响 [J]. 中国饲料添加剂，2011（8）：36-38.

[23] 尚卫敏. 酸化剂在水产饲料中的应用研究进展 [J]. 中国饲料，2010（20）：26-28.

[24] 冷向军，钟炜，黄春萍，等. 饲料中添加柠檬酸对罗非鱼的养殖效果分析 [J]. 广西农业生物科学，2001，20（4）：262-265.

[25] 潘庆，谭永刚，毕英佐，等. 酸制剂对罗非鱼生长和饲料利用的影响 [J]. 水产学报，2004，28（6）：681-687.

[26] 李海涛，胡云华，王银东. 酸化剂对奥尼罗非鱼生长性能和饲料利用的影响 [J]. 南方水产，2009，5（5）：67-71.

[27] 郑宗林，杨德付，闫修君，等. 饲料中添加乳化剂对吉富罗非鱼生长性能及消化酶活性的影响 [J]. 饲料广角，2009（5）：44-47.

[28] 翟少伟，李剑，陆鹏，等. 不同饲用乳化剂对吉富罗非鱼生长性能和肠道消化酶活性的影响 [J]. 粮食与饲料工业，2015（12）：58-60.

[29] 姚瑞清，刘波，吴婷婷，等. 植酸酶对奥尼罗非鱼生长、表观消化率与消化酶活性的影响 [J]. 中国饲料，2008（17）：30-32.

[30] 华雪铭，陈瑶琴，王世忠，等. 植酸酶对草鱼和新吉富罗非鱼消化酶活性的影响 [J]. 动物学杂志，2013，48（4）：562-568.

[31] 聂国兴，明红，王俊丽，等. 木聚糖酶对尼罗罗非鱼部分非特异性免疫指标及生长的影响 [J]. 中国水产科学，2007，14（7）：66-70.

[32] 王纪亭，万文菊，吴淑勤，等. 非淀粉多糖酶对奥尼罗非鱼蛋白酶、淀粉酶活性影响的研究 [J]. 动物营养学报，2008，20（5）：599-605.

[33] 毛述宏，林鑫，杨阳，等. 甘露聚糖酶对罗非鱼生长性能、消化代谢和非特异性免疫力的影响 [J]. 动物营养学报，2013，25（7）：1641-1647.

[34] 张民，刁其玉. 微生态制剂在饲料工业中的应用 [J]. 动物科学与动物医学，2002，19（9）：50-53.

[35] 孙耀华. 我国中药添加剂开发前景广阔 [J]. 饲料广角，2001（6）：13-16.

[36] 蒋文灿，王天益，刘军. “克瘟灵”防治鸡新城疫的疗效观察 [J]. 黑龙江畜牧兽医，1996（7）：31-32.

[37] 万伶俐，魏炳栋，邱玉朗，等. 复方植物提取物在仔猪饲料中应用效果的研究 [J]. 中国畜牧兽医，2008，35（10）：11-13.

[38] 范乃成. 中草药在生态养殖中的应用前景分析 [J]. 中兽医学杂志,2015(3):53-55.

[39] BOULANGER N，BULET P，LOWENBERGER C. Antimicrobial peptides in the interactions between insects and flagellate parasites [J]. Trends in parasitology,2006,22(6)：262-268.

[40] GUANI-GUERRA E，SANTOS-MENDOZA T，LUGO-REYES S O，et al. Antimicrobial peptides：general overview and clinical implications in human health and disease [J]. Clinical immunology,2010,135(1)：1-11.

[41] 潘行正,黄正明,李永新. 抗菌肽制剂对母猪死产率和仔猪成活率的影响 [J]. 现代农业科技,2010(12)：285-286.

[42] 侯玉洁,侯小辉,周美玲,等. 抗菌肽在动物生产中的研究进展 [J]. 饲料博览，2012(1)：42-45.

[43] 周庆安,刘文刚,任建存,等. 抗生素及其替代品的研究、应用及发展方向 [J]. 饲料广角，2002(16):18-21.

[44] 朱斐,许梓荣. 多糖类饲料添加剂在水产动物免疫中的应用研究进展 [J]. 饲料工业，2009, 30(4)：13-15.

[45] 王莹,万伶俐. 绿色饲料添加剂的研究进展及其应用现状 [J]. 现代农业科技，2009(9)：241-242.

[46] 蔡辉益,张姝,邓雪娟,等. 生物饲料科技研究与应用 [J]. 动物营养学报,2014, 26(10)：2911-2923.

[47] 张红艳,张强,岳淑宁,等. 复合酶在饲料中的应用及研究进展 [J]. 今日畜牧兽医，2008(10):60-61.

[48] 史宝军. 酶制剂在饲料中的应用研究进展 [J]. 广东饲料,2009,18(8):25-28.

[49] 孙旺斌,毕台飞. 酶制剂对海兰褐蛋鸡生产性能的影响 [J]. 畜牧与饲料科学，2010，31(8):11-12.

[50] 植福华. 酶制剂对泌乳前期奶牛产奶量和乳成分的影响 [J]. 中国奶牛，2012(13)：71-73.

第 2 章　胆汁酸的来源、组成与生理功能

2.1　胆汁酸的来源与分类

胆汁酸是胆汁的主要成分，是动物体内胆固醇代谢过程中产生的一系列甾体类物质。按照胆汁酸的来源，可将胆汁酸分为初级胆汁酸和次级胆汁酸两类。肝细胞可用胆固醇做原料，直接合成胆汁酸，并分泌进胆囊，与胆汁融合，这部分胆汁酸被称为初级胆汁酸。另一方面，肠道中的微生物也可以产生胆汁酸，这类胆汁酸被称为次级胆汁酸。按照胆汁酸化学特性的差异，胆汁酸可被分为结合型胆汁酸和游离型胆汁酸两类。结合型胆汁酸是游离型胆汁酸与牛磺酸或甘氨酸结合的产物，主要包括牛磺胆酸、牛磺鹅脱氧胆酸、甘氨胆酸和甘氨鹅脱氧胆酸等；游离型胆汁酸包括鹅脱氧胆酸、胆酸、石胆酸、脱氧胆酸和微量熊脱氧胆酸等[1]。

2.2　胆汁酸的合成

肝脏是体内唯一能够进行胆汁酸生物合成的场所。胆汁酸合成是体内清除胆固醇的主要途径，在维持胆固醇稳态中有重要作用。胆汁酸合成主要包括经典途径和替代途径，其中经典途径是胆汁酸合成的主要途径。在肝细胞中，胆固醇在不同的催化酶作用下，生成初级胆汁酸。初级胆汁酸与甘氨酸（G）或牛磺酸（T）结合，形成结合型胆汁酸（图 2-2-1）。在肠道菌群的作用下，结合型胆汁酸重新结合，形成游离型胆汁酸，并转化为次级胆汁酸。胆固醇7α-羟化酶（CYP7A1）是催化胆汁酸合成的第一限速酶。不同动物的初级胆汁酸有所不同，其相应的次级胆汁酸也不同，如人的初级胆汁酸为胆酸（CA）和鹅脱氧胆酸（CDCA）。其中，CA 对应的次级胆汁酸为脱氧胆酸（DCA），而 CDCA 对应的次级胆汁酸为石胆酸（LCA）和熊脱氧胆酸（UDCA）。鼠胆酸（MCA）是老鼠的一种主要胆汁酸，在其他物种中含量很少。老鼠的初级胆汁酸为 CA、α-MCA 和 β-MCA，肠道细菌可将 α-MCA 和 β-MCA 转化为 ω-MCA。猪胆酸（HCA），顾名思义，是猪的主要初级胆汁酸之一，在其他物种中含量很少。猪的初级胆汁酸主要是 HCA 和 CDCA，在肠道细菌的作用下，HCA 可转化为次级胆汁酸猪脱氧胆酸（HDCA）[2]。

胆汁酸的合成受多条信号通路调节，其中胆汁酸负反馈抑制 CYP7A1 是最经典的调控方式[3]。胆汁酸对 CYP7A1 的负反馈抑制可能主要通过两种途径实现：经过肝肠循环到达肝脏的胆汁酸可激活法尼醇衍生物 X 受体（FXR），FXR 诱导小异二聚体伴侣（SHP）的表达，SHP 通过抑制核受体肝脏受体类似物 1（LRH-1）和肝细胞核因子（HNF-4），抑制胆汁酸合成限速酶 CYP7A1 的表达[4]。进食后，胆汁酸从胆囊中释放进入肠道，激活 FXR，并诱导

成纤维细胞生长因子 19/15（FGF19/15）的产生和分泌。FGF19/15 通过肝肠循环到达肝脏，激活成纤维细胞生长因子受体 4（FGFR4）。FGFR4 的激活可以引起受体酪氨酸激酶信号级联反应，从而激活 c-JUN（一种转录调节因子）、细胞外信号调节蛋白激酶（ERK 1/2）信号途径，抑制 CYP7A1 的基因表达，从而减少胆汁酸的合成[5]（图 2-2-2）。

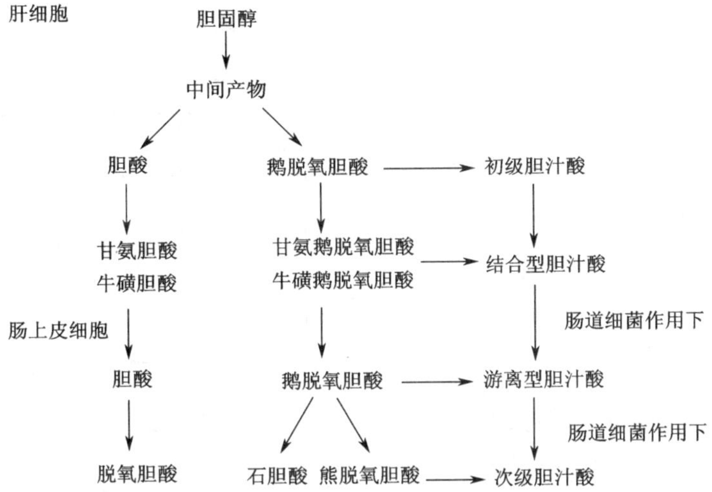

图 2-2-1　胆汁酸的合成

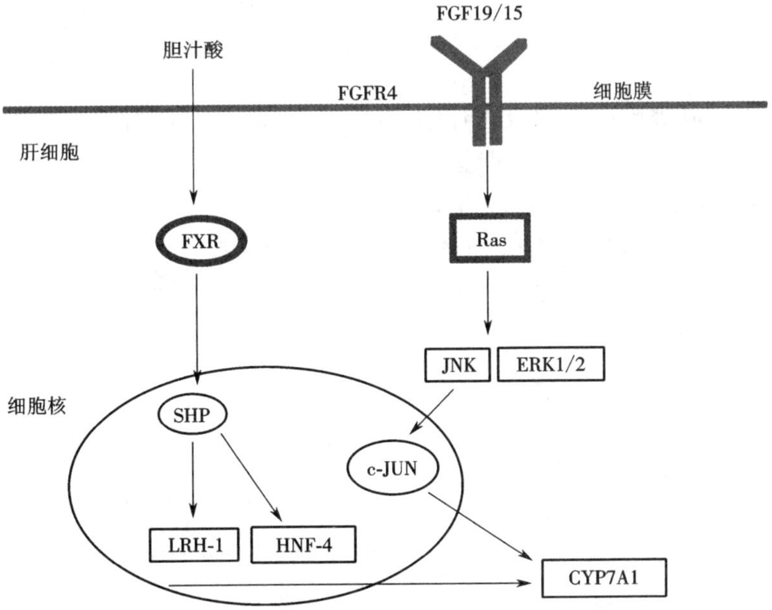

图 2-2-2　胆汁酸反馈抑制胆汁酸合成的机制

注：Ras 为大鼠肉瘤；JNK 为 c-JUN 氨基端激酶。

胆汁酸是胆固醇衍生物。胆固醇的类固醇核由 3 个六碳环和 1 个五碳环组成，如图 2-2-3 所示。胆固醇向胆汁酸的转化涉及一系列化学反应，包括羟基化、C5/C6 双键加氢、

3-羟基的差向异构化及一个 3 碳单元的氧化裂解[6]。胆汁酸是既有疏水性结构(类固醇核)也有亲水性基团(例如羟基、离子化酸性基团和甘氨酸或牛磺酸结合物侧链酯)的两亲性分子。羟基的数量和取向显著影响胆汁酸的疏水性。羟基数量越少,其疏水性越强[7]。单羟基胆汁酸(例如 LCA)的疏水性是最强的,而三羟基胆汁酸(例如 CA)的疏水性则较弱。胆汁酸的化学结构见图 2-2-3。

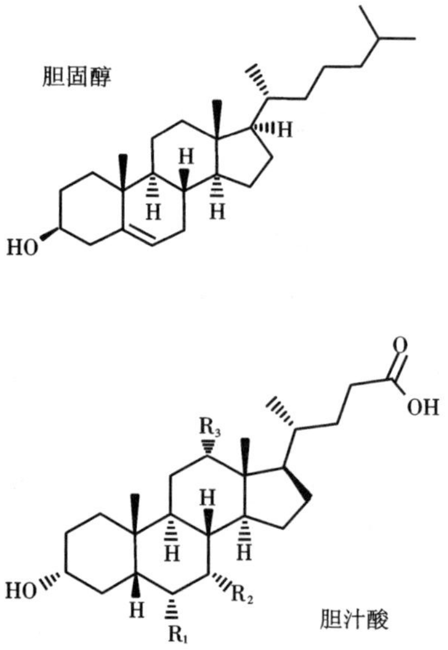

胆汁酸	R1	R2	R3
CA	H	OH(α)	OH(α)
CDCA	H	OH(α)	H
DCA	H	H	OH(α)
LCA	H	H	H
UDCA	H	OH(β)	H
α-MCA	OH(α)	OH(β)	H
β-MCA	OH(β)	OH(β)	H
ω-MCA	OH(β)	OH(α)	H
HCA	OH(α)	OH(α)	H
HDCA	OH(α)	H	H

CA 胆酸
CDCA 鹅脱氧胆酸
DCA 脱氧胆酸
LCA 石胆酸
UDCA 熊脱氧胆酸
MCA 鼠胆酸
HCA 猪胆酸
HDCA 猪脱氧胆酸

图 2-2-3　胆汁酸的化学结构

胆固醇可以在肝细胞内转化成胆汁酸,合成途径如图 2-2-4 所示。胆汁酸合成反应受负反馈调控[8]。具体分为以下三个过程。①初级胆汁酸的合成:可通过一系列的生化反应,最终形成结合型初级胆汁酸。该反应有经典途径和替代途径两种不同的合成途径,CYP7A1 是反应过程中的限速酶(图 2-2-4)。②次级胆汁酸的合成:初级胆汁酸随胆汁进入小肠,参与脂类的消化吸收后,95%~98% 的胆汁酸在回肠末端内经过门静脉时,被重新吸收利用,并参与血液循环,回流的胆汁酸大部分被肝细胞窦膜有效摄取,在消化道细菌酶的催化下,进一步生成次级胆汁酸。③胆汁酸的合成:由肝细胞合成的胆汁酸与牛磺酸或甘氨酸结合形成的结合型胆汁酸进入胆道。

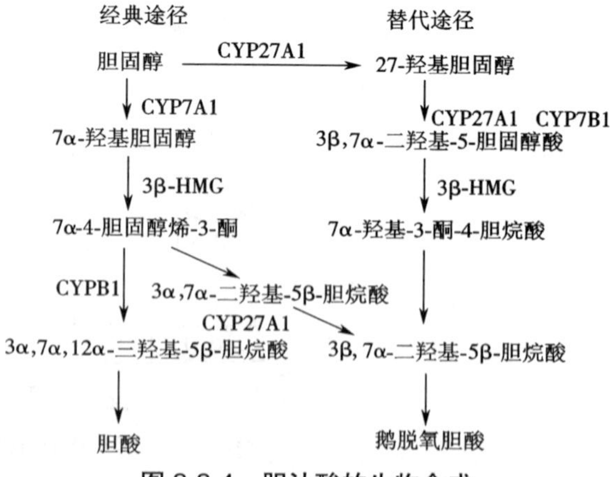

图 2-2-4　胆汁酸的生物合成

2.3　胆汁酸的代谢

肝肠循环途径的存在使得胆汁酸可以被重复利用。其大致过程为：动物进食后，食物经过一系列的前期消化过程后，进入小肠，在此处与胆汁酸相遇，并被乳化水解为甘油和脂肪酸。在这个过程中胆汁酸被小肠吸收，并最终被循环利用[9]。在这一机理下，胆汁酸的作用得到了充分发挥。由于肝脏对胆汁酸的合成能力有限，肝肠循环途径的存在极大地弥补了肝脏合成胆汁酸的不足。研究发现，如果破坏肝肠循环会使胆汁酸的重复利用途径被阻断，鱼类对肠道内脂类物质的消化能力也会显著降低[10]。

胆汁酸是胆汁的主要成分，占胆汁总量的 50%~60%，它是一类胆甾烷酸，也是胆固醇在肝内分解以及在肝肠循环中的一组代谢产物。体内有 40%~50% 的胆固醇转化为胆汁酸。胆汁酸的基本结构是以环戊烷多氢菲为核心的 24 碳羧酸胆烷系，体内主要有 CA、CDCA、DCA、LCA、UDCA 等。其中 CA 和 CDCA 由肝细胞合成，为初级胆汁酸，其余为次级胆汁酸，主要由初级胆汁酸在细菌作用下水解，经 7α-脱羟基转变而成。体内 90% 以上的胆汁酸通过肽键与甘氨酸或牛磺酸结合形成牛磺胆酸或甘氨胆酸，在许多动物胆汁中又以牛磺胆酸较为多见，而游离胆汁酸含量极少或无。但肝胆病变可引起这类结合型胆汁酸分解为游离型胆汁酸；收集的胆汁由于储藏不当，也会降解为游离型胆汁酸[11]。

在肝细胞内质网微粒体酶系的作用下，胆固醇可逐渐衍化成初级胆汁酸，CYP7A1 为限速酶。肝细胞通过主动转运分泌胆汁，使胆汁酸进入小肠，然后 95%~98% 的胆汁酸在回肠末段被重吸收，经门静脉返回肝脏再利用，形成胆汁酸的肝肠循环。经门静脉回流的胆汁酸 80% 以上被肝细胞的窦膜有效摄取，仅少量未被摄取进入外周的血液循环。由于肝细胞能特异地、高效地从门静脉血中摄取胆汁酸，正常情况下，循环血中的胆汁酸含量较低。因而外周血的胆汁酸含量能反映肝肠循环的动态平衡。

胆汁酸分子既含有亲水基团（羟基、羧基或磺酸基）又含有疏水基团（甲基、甾体核），而且在空间位置上有两种性质不同的基团排列在戊烷环的两侧，表现出很强的界面活性，能够促使脂肪、胆固醇、脂溶性维生素等疏水分子分散成微胶粒，便于消化吸收。三羟基胆汁酸的界面活性高于二羟基胆汁酸，结合型胆汁酸高于游离型胆汁酸。胆汁酸的生理作用表现在以下几方面：①可加强胰脂肪酶的活性；②可降低脂肪的表面张力，使脂肪乳化成脂肪微粒，从而使脂肪与脂肪酶的接触面积加大；③可与脂肪酸结合形成溶于水的复合物，有利于脂肪酸的吸收；④可促进脂溶性维生素的吸收；⑤在小肠被吸收后，可以促进胆汁的分泌[12]。

2.4　各种动物胆汁中胆汁酸的组成

经进近一个世纪的研究，多种动物胆汁中所含的各种胆汁酸的成分及其含量已基本清楚。国内报道的各类胆汁中胆汁酸成分分析和含量测定方法主要有水解后薄层扫描法、水解后衍生化气相色谱法、高效液相色谱法等。近年来，国外所用的固相化酶与荧光检测相结合的方法,是较为理想的胆汁酸分析测定方法。目前关于各种动物胆汁中各类胆汁酸含量测定的报道很多,即使同种动物胆汁的胆汁酸成分也因种属、产地、季节等而有一定差异,但一般情况下还是一致的。如熊胆汁中的胆汁酸含量最高的是 UCDA, CDCA、DCA、CA 次之[13]。熊胆汁中胆汁酸主要与牛磺酸结合为牛磺熊脱氧胆酸(TUDCA),牛磺鹅脱氧胆酸(TCDCA)次之,牛磺胆酸(TCA)少有;鸡胆汁中主要含 CDCA、TCA、CA 与 DCA;牛胆汁中主要是 CA、DCA 以及少量的 CDCA,这几种胆汁酸分别与甘氨酸或牛磺酸结合,其中甘氨胆酸(GCA)和 TCA 含量较高,牛磺脱氧胆酸(TDCA)和甘氨脱氧胆酸(GDCA)次之,但 TCDCA 和甘氨鹅脱氧胆酸(GCDCA)含量甚微;蟾蜍胆汁中主要是 CA 和几种不明物质;兔胆汁中主要是 DCA 和少量的 CA;猪胆汁中主要是 HDCA、HCA 和 CDCA;蛇胆汁的主要成分是 TCA[14-17]。

2.5　胆汁酸的毒性作用

常见的动物胆汁都是对人体有益的,但不能因此认为动物的胆汁都是无毒且对人体有益的而随意服之,否则会带来严重的后果。比如说常见的动物鱼,它的胆就有毒。多年来,广东各地常有人轻信鱼胆能治眼病、喉痹的传说,因而吞服生鱼胆导致中毒甚至丧命;除广东之外,福建、江西、广西、湖南、浙江各省的农村因吞食草鱼、青鱼胆而致中毒的事件也时有发生。据文献报道,鱼体越重,其胆越毒。临床资料显示,引发中毒的鱼胆多来自淡水鱼,如青鱼、草鱼、鲢鱼、鳙鱼、鲤鱼等,尤以草鱼胆最为常见。无论生吞、熟食、冲酒送服鱼胆,还是用胆汁滴眼均可致中毒。

鱼胆的中毒事件使人们意识到胆汁中有毒性物质的存在。近年的研究表明,鼠口服大量胆汁酸后,血 pH 值下降,血 K^+ 升高,使动物迅速死亡,其死亡的主要原因为胆汁酸细胞毒作用所致的细胞内 H^+、K^+ 外流,血 K^+ 急剧升高。对心血管系统的研究表明,胆汁酸有心脏抑制作用[35],对体内和体外血管均有直接扩张作用。进一步研究表明胆汁酸有免疫功能抑制作用和致癌作用。此外,胆汁酸可抑制细胞脱氧核糖核酸(DNA)的合成,还对培养的肝细胞、红细胞、胃肠黏膜上皮细胞和心血管内皮细胞等均有浓度及时间依赖性细胞毒作用,可见,胆汁酸的细胞毒作用在整个机体病理过程中有重要意义[18]。

2.6　胆汁酸与各种疾病

长期以来,血清总胆汁酸(TBA)一直作为反映肝胆系统功能的重要指标。但目前的研究结果表明,在其他各类疾病中,如高血压、肺部疾病、胃肠疾病及肾病中,TBA 含量升高,所以 TBA 对诊断这些疾病及动态观察病情发展有一定的指导意义。研究表明脂肪肝、肝炎、肝硬化及胆结石患者血清中 GCA、TCA、GCDCA、TCDCA 的含量明显升高,这主要是由于肝细胞受损,肝脏胆汁酸合成酶活性降低,胆汁酸的合成减少,使胆汁酸池体积缩小,而胆汁酸池体积的大小与胆汁酸的循环率呈负相关,循环率增加,胆汁酸的丢失增多,从而更降低了胆汁酸池的体积。另一方面，肝细胞从门静脉吸收胆汁酸的能力及向胆管分泌胆汁酸的能力均下降，造成血清中胆汁酸的浓度升高，所以测定血清中的胆汁酸含量是诊断肝脏疾病的重要手段。胆汁酸参与微胶粒的形成，从而使不溶于水的胆固醇和非结合性胆红素溶于胆汁，各种原因引起的胆汁中胆汁酸含量的下降，使胆固醇和胆红素的溶解度降低，使它们的微颗粒在成核因子（多为 Ca^{2+}）的共同作用下形成胆固醇结石和胆红素结石；胆汁酸池的缩小，使胆汁成分改变，胆固醇、磷脂、胆汁酸三者的比例失调，胆固醇过饱和、析出，形成胆结石。TCDCA 能抑制胆固醇合成限速酶（HMG-CoA）的活性，使胆固醇合成减少；缺少 TCDCA 则会导致胆汁的成石性升高[19]。

2.7　胆汁酸的生理功能

2.7.1　具有乳化作用

胆汁酸作为一种乳化剂，可以将饲料中的脂肪和脂溶性物质乳化成为乳糜微粒。这主要是由其特殊的分子结构决定的，其分子上既含有亲水性的羟基、羧基或磺酸基，又含有疏水性的甲基及甾体核，胆汁酸的羟基空间位置属于 α 型，甲基空间位置属于 β 型，这使得胆汁酸的立体构型具有亲水和疏水两个侧面。亲水和疏水两性分子共同作用使胆汁酸具有较强的界面活性，可降低油水两相之间的表面张力，能够将油脂、胆固醇和脂溶性维生素等脂类物质乳化成 3~10 μm 的微粒，增大总表面积，扩大脂肪和脂肪酶的接触面积，加快脂肪酶对脂肪的分解，从而促进脂类物质的消化吸收[20-21]。胆汁酸盐达到一定浓度后，可聚合成微胶粒，肠腔中的脂肪酸和甘油酸等脂肪分解产物可渗入微胶粒中，形成水溶性混合微胶粒，使不溶于水的脂肪分解产物被肠壁再次吸收。

2.7.2　提高脂肪酶的活性

胆汁酸具有激活脂肪酶原、提高脂肪酶活性的作用。脂肪酶原由胰腺分泌，必须在小肠中经胆汁酸激活形成脂肪酶才能发挥作用[22]。脂肪酶在肠道发挥作用的最适 pH 值为 8~9，而肠道前端的 pH 值为 6~7，正常情况下脂肪酶不起作用。而脂肪酶和胆汁酸结合后形成一种复合物，使得脂肪酶的性质发生变化，能够在肠道前端发挥促进脂肪消化吸收的作用。鲍尔（Bauer）等[23]认为脂肪酶的活性升高可能与胆汁酸肠肝循环增加了体内胆汁酸的含量，激活更多的脂肪酶原转变为脂肪酶有关。

2.7.3　提高机体免疫力

胆汁酸具有提高鱼体免疫力、减少内毒素吸收的作用。抗生素在鱼类养殖当中的滥用导致了细菌的耐药性以及鱼体内产生大量的内毒素，对肝脏造成不同程度的伤害，严重影响了鱼类的健康养殖[24]。研究表明，饲料中添加适量胆汁酸可以提高机体免疫力，减少机体对内毒素的吸收[25]；动物体内摄入适量水平的脱氧胆酸可以有效清除内毒素，维持机体健康。曾佳佳等[26]还证实含有胆汁酸的微生态制剂能促进抗体的合成而增强免疫力。

2.7.4 保肝利胆

胆汁酸中的某些成分自身能够促进肝细胞分泌胆汁，这些胆汁浓度较低，大量的低浓度胆汁与原来产生的胆汁混合之后降低总胆汁酸的浓度，使胆汁的流通更加顺畅，清除胆汁淤积，起到保肝利胆的作用。胆汁酸因其利胆特性，可以运用于人类的临床医学，如用熊脱氧胆酸可治疗妊娠期胆汁淤积症，对肝脏功能具有显著的改善效果[27]。

2.7.5 具有抑菌活性

胆汁酸可以调节机体内肠道菌群的结构，改变肠道菌群的组成及抑制大肠杆菌、沙门氏菌、大肠链球菌等有害细菌的增殖[28]。王冠等[29]发现胆汁酸对于革兰氏阳性菌具有显著的抑制作用，而对于革兰氏阴性菌的效果则不明显，蛇胆汁酸的抑菌效果最好。刘玉芳和欧杰[30]研究草鱼的胆汁酸盐对细菌生长的抑制作用，发现胆汁酸对包括金黄色葡萄球菌、藤黄八叠球菌和枯草芽孢杆菌在内的三种革兰氏阳性菌具有明显的抑制作用。此外，当机体出现胆管阻塞，胆汁不能顺利进入肠道，阻断了胆汁酸的肠肝循环时，肠道中的细菌会过度增殖，甚至出现易位现象[31]。刘建强和张志坚[32]研究发现，给患肝硬化的大鼠饲喂适量胆汁酸可以增加机体内胆汁的分泌，抑制肠道内细菌的过度生长，降低血浆中的内毒素含量。研究表明，给小鼠灌服 1.25~5.00 mmol/kg 体重的胆汁酸，其肠道菌群中厚壁菌的比例显著升高，而拟杆菌和放线菌的比例显著降低[33]。彼得（Peter）等研究发现，胆汁酸的抑菌作用机理可能是其对于某些细菌具有毒性作用，使得细菌细胞膜破裂，从而导致细胞凋亡。塔兰托（Taranto）等使用电子显微镜观察暴露于胆汁中的一种雷氏菌株，发现菌株出现严重畸变，如出现皱褶和芽孢的畸形变化等。从已有的报道来看，胆汁酸抑制细菌增殖的原因可能是：①胆汁酸作为双亲性分子主要作用于细菌的细胞膜，能够破坏磷脂双分子层，引起细胞膜破裂，从而导致细胞死亡；②胆汁酸调控细菌中主要蛋白质的表达，影响碳水化合物和氨基酸的代谢，从而达到抑制细菌增殖的效果。

2.7.6 胆汁酸在鱼类饲料中的应用研究

因胆汁酸具有良好的乳化作用和保肝利胆作用，其在鱼类饲料中的应用研究日渐增多[34-40]。胆汁酸添加在不同鱼类饲料中的研究进展情况见表 2-7-1。

①胆汁酸在鱼类饲料中的报道总体上不多，主要提高了吉富罗非鱼、草鱼、齐口裂腹鱼和大菱鲆的生长性能，对黄尾鰤鱼、牙鲆和军曹鱼的促生长效果也有报道。

②胆汁酸在鱼类饲料中适宜的添加水平有较大差异，为 0.06‰ ~ 5‰，不同品种的鱼或不同规格的同一种鱼的饲料中胆汁酸的适宜添加水平不同，发挥的效果也不尽相同，说明鱼类饲料中胆汁酸的适宜水平可能与鱼的种类、规格和饲料的脂肪水平等有关。总的来看，0.3‰ ~0.5‰的添加水平可发挥促生长作用。

③在提高肠道消化酶方面，胆汁酸主要提高了吉富罗非鱼、草鱼和日本鳗鲡的肠道脂肪

酶和蛋白酶的活性，提高牙鲆肠道脂肪酶的活性，对淀粉酶无显著影响。

表 2-7-1　胆汁酸在鱼类饲料中的应用研究

试验动物	初始重(g)	添加水平(%)	试验结果	参考文献
吉富罗非鱼	8.2 ± 0.2	0.015	促进生长，促进机体脂质代谢	Jiang et al.[35]
吉富罗非鱼	2.00 ± 0.05	0.03	促进生长，提高肠道脂肪酶和蛋白酶的活性	翟少伟等[34]
草鱼	69.86 ± 6.24	0.06	促进生长，增加蛋白质合成，降低体脂，调节肠道微生物的数量	Zhou et al.[36]
草鱼	105.2 ± 0.5	0.5	提高生长性能，降低饲料系数，促进肠道脂肪和蛋白质的消化	罗金强
草鱼	11.33 ± 0.58	0.22~0.26	促进代谢，降低体脂，改善肉质	曾本和等[37]
齐口裂腹鱼	12.74 ± 0.14	0.075~0.15	改善肠道结构，保护肠道健康	曾本和等[38]
大菱鲆	26.5	0.9	促进增长，提高脂肪利用率，降低血脂	黄炳山等[41]
牙鲆	7	0.25	提高肠道脂肪酶的活性	Alam
黄尾鰤鱼	—	0.2	提高生长性能和饲料利用率	Deshiman
军曹鱼	5.6 ± 0.06	0.3	促进生长，促进脂肪吸收和代谢，降低肝脏中的粗脂肪沉积	周书耘[42]
军曹鱼	5.4 ± 0.12	0.3	促进生长，降低肝脏中的粗脂肪沉积	周书耘[42]
日本鳗鲡	—	5	增强食欲，提高肠道蛋白酶和脂肪酶的活性	Maita et al.[43]

④在脂类代谢方面，胆汁酸主要提高了草鱼、齐口裂腹鱼和大菱鲆脂肪分解酶的活性，降低了草鱼、齐口裂腹鱼、大菱鲆和军曹鱼的体脂沉积。

⑤在肝脏及肠道健康方面，有胆汁酸改善齐口裂腹鱼肠道健康和大菱鲆肝脏健康的报道，以及仅有一篇文章对调节草鱼肠道菌群结构进行了研究。

从胆汁酸发挥促生长作用的途径来看，胆汁酸主要通过提高肠道脂肪酶和蛋白酶的活性，调节肠道菌群结构，改善肠道健康，调节脂肪代谢，减少机体脂肪沉积，增加蛋白质的积累。胆汁酸对鱼类其他血液生化指标、肝脏胆汁酸的生成和不同营养物质代谢的影响情况还未知，都有待查明。

参考文献

[1] 朱圣庚，徐长法. 生物化学 [M]. 4 版. 北京：高等教育出版社，2017.

[2] KOUICHI M, MASANORI S, HIDENORI N, et al. Development of analytical method for simultaneous determination of five rodent unique bile acids in rat plasma using ultra-performance liquid chromatography coupled with time-of-flight mass spectrometry [J]. Journal of chromatography: B, 2015, 1002: 399-410.

[3] CHIANG J Y L. Bile acids: regulation of synthesis [J]. Journal of lipid research, 2009, 50 (10): 1955-1966.

[4] GOODWIN B, JONES S A, PRICE R R, et al. A regulatory cascade of the nuclear receptors FXR, SHP-1, and LRH-1 represses bile acid biosynthesis [J]. Molecular cell, 2000, 6(3):517-526.

[5] SONG K-H, LI T G, OWSLEY E, et al. Bile acids activate fibroblast growth factor 19 signaling in human hepatocytes to inhibit cholesterol 7alpha-hydroxylase gene expression [J]. Hepatology, 2009, 49(1):297-305.

[6] KUHAJDA K, KANDRAC J, KEVRESAN S, et al. Structure and origin of bile acids: an overview [J]. European journal of drug metabolism and pharmacokinetics, 2006, 31(3): 135-143.

[7] HOFMANN A F, HAGEY L R. Bile acids: chemistry, pathochemistry, biology, pathobiology, and therapeutics [J]. Cellular and molecular life sciences, 2008, 65(16): 2461-2483.

[8] BARTH A, BRAUN J, MULLER D. Bile acid transport and metabolism in rat liver slice [J]. Experimental and toxicologic pathology, 2006, 57(4): 313-319.

[9] RUSSELL D W. Fifty years of advances in bile acid synthesis and metabolism [J]. Journal of lipid research, 2009, 50:120-125.

[10] 王继强, 龙强, 李爱琴, 等. 胆汁酸的生理功能及在养殖业上的应用研究进展 [J]. 中国动物保健, 2009, 11(7): 103-105,107.

[11] 郝丽莉,赵文静,徐国旭,等. 具有开发价值的动物胆汁的药用研究 [J]. 中国药学学报,2000,15(1):27-28.

[12] 张启明,袁惠南. 熊胆中胆汁酸类成分的研究述评 [J]. 中国中药杂志,1994,19(3): 182-184.

[13] 张启明,胡昌勤,李利民. 引流熊胆和天然熊胆中微量元素的测定和比较 [J]. 中国中药杂志,1994,19(8):458-460.

[14] 向一,石朝周,梅和珊,等. 人工蛇胆汁中牛磺胆酸牛磺鹅去氧胆酸和牛磺去氧胆酸的反相高效液相色谱法测定 [J]. 同济医科大学学报,2000,29(3):220-222.

[15] 陈立忠,李玉梅,李影. 狗胆、熊胆和猪胆中胆汁酸的含量测定 [J]. 中医药信息, 1996(6):25.

[16] 孟宪东,李培锋,关红,等. 鸡胆汁主要成分的测定与分析 [J]. 内蒙古兽医, 1995(3): 8-10.

[17] 郭文. 胆汁酸代谢的进展 [J]. 国外医学生理、病理科学与临床分册,1996,16(1):18-20.

[18] 胡祥正. 胆汁酸化学 [M]. 天津:天津大学出版社,2021.

[19] 奉典旭,王毅. 胆汁酸代谢及其与胆固醇结石的形成 [J]. 医学综述, 1998, 4(11): 597-600.

[20] 王继强, 龙强, 李爱琴, 等. 胆汁酸的生理功能及在养殖业的应用进展 [J]. 饲料与畜牧, 2009(9):42-44.

[21] ROMAŃSKI K W. The role and mechanism of action of bile acids within the digestive system：bile acids in the liver and bile [J]. Advances in clinical and experimental medicine，2007，16(6)：793-799.

[22] 刘敬盛，杨玉芝，王君荣，等. 胆汁酸营养功能及作用机制的研究进展 [J]. 中国饲料，2010(6):35-37,43.

[23] BAUER E，JAKOB S，MOSENTHIN R. Principles of physiology of lipid digestion [J]. Asian-Australasian journal of animal science,2005，18(2)：282-295.

[24] 曾端，李力，王群初，等. 胆汁酸在动物营养研究中的应用 [J]. 饲料研究，2002(5)：34-35.

[25] POUPON R E，LINDOR K D，PARÉS A，et al. Combined analysis of the effect of treatment with ursodeoxycholic acid on histologic progression in primary biliary cirrhosis [J]. Journal of hepatology，2003，39(1)：12-16.

[26] 曾佳佳，陈静，陈振，等. 中草药-益生菌-胆汁酸复合制剂对蛋鸡生产性能、蛋品质及免疫指标的影响 [J]. 中国畜牧兽医，2018，45(4)：940-946.

[27] 赵晓芳，张宏福. 胆汁酸的生理功能及在畜牧业中的应用 [J]. 饲料工业，2007，28 (10)：8-10.

[28] 刘养清，刘二保. 动物胆汁理化特性及药用 [M]. 北京：化学工业出版社，2002：78-86.

[29] 王冠，许敏，周华峰，等. RP-HPLC法测定蛇胆、鸡胆、猪胆的胆汁酸成分及其抑菌作用的研究 [J]. 现代科学仪器，2008(3)：50-52.

[30] 刘玉芳，欧杰. 草鱼胆汁酸与细菌生长试验 [J]. 上海水产大学学报，1998,7(1)：33-37.

[31] CHEN Y F，JI F，GUO J，et al. Dysbiosis of small intestinal microbiota in liver cirrhosis and its association with etiology [J]. Scientific reports，2016，6：34055-34063.

[32] 刘建强，张志坚. 胆汁酸对肝硬化大鼠肠道细菌过度生长、细菌移位和内毒素血症的影响 [J]. 福建医药杂志，2005，27(3)：130-132.

[33] RIDLON J M，JOAO M A，HYLEMON P B，et al. Cirrhosis，bile acids and gut microbiota：unraveling a complex relationship [J]. Gut microbes，2013，4(5)：382-387.

[34] 翟少伟，李剑，陆鹏，等. 不同饲用乳化剂对吉富罗非鱼生长性能和肠道消化酶活性的影响 [J]. 粮食与饲料工业，2015(12)：58-60.

[35] JIANG M，WEN H，GOU G W，et al. Preliminary study to evaluate the effects of dietary bile acids on growth performance and lipid metabolism of juvenile genetically improved farmed tilapia (*Oreochromis niloticus*) fed plant ingredient-based diets [J]. Aquaculture nutrition，2018，24(4):1175-1183.

[36] ZHOU J S，CHEN H J，JI H，et al. Effect of dietary bile acids on growth，body composition，lipid metabolism and microbiota in grass carp (*Ctenopharyngodon idella*) [J]. Aquaculture nutrition，2018，24(2)：802-813.

[37] 曾本和，廖增艳，向枭，等. 胆汁酸对草鱼(*Ctenopharyngodon idellus*)的生长性能、肌

肉营养成分及消化酶活性的影响 [J]. 渔业科学进展，2017，38(2)：99-106.
[38] 陈昊杰. 胆汁酸对草鱼生长、脂质代谢及肠道微生物区系的影响 [D]. 杨凌：西北农林科技大学,2016.
[39] 曾本和，向枭，周兴华，等. 高脂饲料中胆汁酸水平对齐口裂腹鱼肠道组织结构及脂肪代谢酶活性的影响 [J]. 水产学报，2016，40(9)：1340-1348.
[40] 郑宗林，曾本和，向枭，等. 饲料中胆汁酸添加水平对齐口裂腹鱼幼鱼生长性能、形体指标及体成分的影响 [J]. 动物营养学报，2016，28(8)：2423-2430.
[41] 黄炳山,李宝山,张利民,等. 胆汁酸对大菱鲆幼鱼生长、脂肪代谢酶及血清生化的影响 [J]. 上海海洋大学学报,2015,24(5):737-744.
[42] 周书耘. 饲料中磷水平和添加胆汁酸对军曹鱼(*Rachycentron canadum*)幼鱼生长、体组成和肝脏组成的影响 [D]. 广州:中山大学,2010.
[43] MAITA M，TACHIKI H，KAIBARA A. Pharmacological effect of ursodeoxycholic acid in juvenile eel [J]. Nippon suisan gakkaisi，1996,42(1):129-130.

第 3 章　胆汁酸在普通水产养殖领域的应用研究进展

3.1　胆汁酸对草鱼生长性能与形体指标等的影响

3.1.1　草鱼简介

草鱼是鲤科草鱼属鱼类，是典型的草食性鱼类，栖息于平原地区的江河湖泊，一般喜居于水的中下层和近岸多水草区域。草鱼性活泼，游泳迅速，常成群觅食。草鱼在幼鱼期主要以幼虫、藻类等为食，在成年期主要食草，也吃一些荤食，如蚯蚓、蜻蜓等。草鱼分布广，在中国分布于黑龙江至云南元江（西藏、新疆地区除外）的大片区域。

草鱼是中国重要的淡水养殖鱼类，它和鲢、鳙、青鱼一起，构成了中国的“四大家鱼”。在干流或湖泊的深水处越冬。生殖季节亲鱼有溯游习性[1]。

草鱼自然分布于中国、俄罗斯和保加利亚，在中国主要分布于长江、珠江和黑龙江三个水系。黑龙江水系的草鱼，是在上新世以前，当嫩江与辽河、渤海相通的时候，由江河平原区进入黑龙江水系的，下游可达兴凯湖；而珠江水系的草鱼可能是冰川期海平面较现在低 100 m 和台湾海峡为低平原时，自长江及钱塘江下游扩展到珠江水系的，可上达全州、都安及百色等。草鱼先后被引进到美国、埃及、印度、匈牙利、墨西哥等 90 多个国家。

草鱼一般 4 龄性成熟，最早 3 龄。成熟的雌性个体体重在 5 kg 以上。草鱼的繁殖季节与鲢、鳙鱼基本为同时期，即 4—7 月，繁殖期在中国南北各地有差异，在长江为 4—6 月，在东北稍迟。繁殖季节，亲鱼胸鳍条上出现珠星，用手触摸有粗糙感。草鱼卵卵径较大，为 5 mm 左右，属浮性卵[2]。

草鱼一般选择在河干流的河流汇合处、河曲一侧的深槽水域、两岸突然紧缩的江段等地点产卵。草鱼一次可产 30 万 ~138 万粒卵。受精卵吸水膨胀后，卵径可达 5 mm 左右，可顺水漂流。

草鱼人工繁殖的亲鱼主要来源于原种场、江河、湖泊和水库。通过对来源于自然水体的亲鱼进行挑选，将体色正常、鳍鳞完整、无伤无病、游动活泼、体质健壮的草鱼作为后备亲鱼，经过强化培育后再进行催产。来源于人工养殖环境下的亲鱼通常为池塘或水池养殖到性成熟年龄并处于育龄期间的健康草鱼[3]。

草鱼养殖一般要用蛋白含量在 32% 左右的颗粒状饲料。为方便定时投喂，采用自动投料机分别在早上八点、十一点和下午十四点、十七点进行四次投喂。投料次数可根据天气状况、水质及鱼的进食状况等灵活处理。应避免草鱼过度吃食，在高温气候条件下，严格控制投食量,保证八成饱就可以停止继续投食,每天注重清除未食用完的饲料,以免影响水质。定期投喂黄豆粉代替浮游生物对于草鱼养殖不仅不会破坏水质,还可以作为饲料进一步提供营养[4]。

草鱼食料简单,饲料来源广,肉质鲜嫩,是优良的养殖鱼类,经济价值较高。中医认为,草鱼性温,味甘,入肝、胃经。具有暖胃和中、平降肝阳、祛风治痹、滋阴明目之功效。对体虚胃弱、营养不良、肝阳上亢、高血压、头痛耳鸣等有一定的食疗作用。草鱼含有丰富的不饱和脂肪酸,对血液循环有利,常食可起到保护心脑血管的作用,是心血管病人的良好食物。草鱼含有丰富的硒元素,经常食用有抗衰老、养颜的功效,对肿瘤也有一定的防治作用;草鱼营养丰富,富含多种微量元素和多种维生素,对于身体瘦弱、食欲不振的人来说,是开胃滋补、增进食欲、强壮身体的滋补佳品。

3.1.2 高脂饲料的效用与可能引起的问题

在鱼类养殖的过程中,常常调整蛋白质和脂肪的摄入比例,以达到短期内有效提高养殖品种的生长速率,节约蛋白,提高饲料转化率的目的[5]。由于脂肪可为机体提供能量及必需脂肪酸,其代谢能远高于碳水化合物和蛋白质,因此养殖过程中通常使用高脂饲料。但是大量研究表明,摄入高脂肪水平的饲料,或许能在短期内促进鱼类快速生长,但是这种快速生长却会引起脂肪在体内大量蓄积,尤其是在肝脏中蓄积,会导致鱼类出现食欲不振、游动无力、生长缓慢、抗病力降低以及不耐运输等症状。

众多的研究发现,饲料中的适宜脂肪水平可提高饲料的可消化能,从而起到节约蛋白的作用。随着蛋白原料价格飞涨,饲料厂在饲料中提高脂肪水平来提高生产效率是一种常态。但是,如果在饲料中添加脂肪后,不添加相应的乳化剂,高脂组相比低脂组饲料在使用过程中的优势体现不出来,同时长期使用高脂饲料,动物肝胆疾病的发病率会增加。

动物进食后,在消化过程中,脂肪经过胃酸作用和小肠蠕动作用后进入小肠,小肠黏膜细胞释放胆囊收缩素刺激胆囊释放胆汁、胰腺分泌胰脂肪酶,脂肪经过胆汁的乳化作用形成乳糜微粒,胰脂肪酶将乳糜微粒分解为脂肪酸和甘油,然后通过血液循环或淋巴循环吸收利用脂肪酸和甘油。而饲料脂肪水平增加后,鱼体内源性乳化剂的合成分泌能力不能适应高脂肪水平的需要,可能导致日粮脂肪不能完全乳化,部分脂肪未能形成乳糜微粒就直接通过肠道排出,高脂饲料的营养价值未得到发挥,还易引起动物“大肚腩”和脂肪肝的问题[6]。

近年来,草鱼饲料基本上采用低鱼粉和无鱼粉配方,同时采用提高脂肪水平、提高饲料能值等配方设计思路,来实现草鱼的生长和饲料转化效率的提高。草鱼由于是草食性鱼类,对脂肪的消化吸收能力有限。因此,在养殖过程中需要提供外源性补充乳化剂来改善[7-8]。基于此,罗金强[9]开展了在草鱼高脂(7.0%)饲料中添加外源性补充乳化剂来解决油脂消化利用率偏低和水产动物脂肪肝等问题的研究,研究了添加胆汁酸做乳化剂,其产品对草鱼生长性能,脂肪的消化、吸收、利用及生理机能的影响。

3.1.3 高脂饲料中添加胆汁酸对草鱼生长性能与形体指标的影响

罗金强[9]的研究结果显示，在高脂水平的饲料中添加胆汁酸对草鱼的生长性能有显著影响。与对照组相比，在高脂饲料中添加胆汁酸，胆汁酸组草鱼增重率比对照组提高了64.03%。在高脂水平的饲料中添加胆汁酸对草鱼的形体指标也有显著影响。与对照组相比，胆汁酸组草鱼脏体比提高了 4.14%，草鱼体重/体长值提高了 20.17%。

随着现代集约化的养殖模式和养殖技术不断发展，能量已逐渐成为水产动物快速生长的限制因素之一。人们通过在饲料中添加外源乳化剂来提高脂肪的乳化能力和利用率，进而提高鱼体消化能力。另外，性能优越的乳化剂可以降低 10%~30% 的油脂用量[10]。研究发现，饲料中添加胆汁酸能够提高虹鳟[11]、异育银鲫[12]、罗非鱼[13]、锦鲤[14]、罗氏沼虾[15]和军曹鱼[16]的生长速度，提高日本鳗鲡[17]、大菱鲆[18]的饲料利用率，降低饲料系数。

罗金强对草鱼的试验结果显示，在高脂饲料中添加胆汁酸后，各试验组草鱼的生产性能均较对照组有显著提高，增重率显著提高，饲料系数明显下降[9]。试验结果表明，在添加较高油脂的条件下，补充胆汁酸后，各试验组草鱼的生产性能及对脂肪的利用率均较对照组有显著提高，从而起到节约蛋白，间接促进草鱼生长的作用。脏体比主要受鱼类的种类及摄食情况等的影响，而肝脏作为机体重要的代谢器官和营养储藏器官，肝体比的大小反映了一定发育阶段肝脏的健康程度。郑宗林等[19]对齐口裂腹鱼、林仕梅等[20]对异育银鲫、汪军涛[21]对斑点叉尾鮰和胡田恩等[22]对牛蛙的研究表明，饲料中添加胆汁酸可以显著降低鱼体的脏体比。罗金强[9]的研究结果显示，胆汁酸添加组的草鱼的脏体比均显著高于对照组。周书耘[23]和孙建珍等[24]分别在对军曹鱼和大菱鲆幼鱼的研究中也发现了类似结果。肥满度是一个粗略衡量鱼类的能源储备和健康的指标，其变化情况可以反映鱼类的营养状况[25]。研究发现，大菱鲆幼鱼[26]、牛蛙[27]的肥满度随胆汁酸添加水平的增加而呈微弱的升高趋势。但汪军涛报道，饲料中添加胆汁酸能降低斑点叉尾鮰的鱼体肥满度[21]。

3.1.4 高脂饲料中添加胆汁酸对草鱼营养组成的影响

罗金强的研究结果显示，在高脂水平下，饲料中添加胆汁酸对草鱼的营养组成有显著影响。与对照组相比，胆汁酸组草鱼的全鱼粗蛋白质、全鱼粗脂肪、肌肉粗脂肪、肝脏粗脂肪的含量均有所上升。胆汁酸组草鱼肌肉脂肪含量提高了 33.79%，肝脏脂肪含量上升了20.44%。草鱼全鱼粗灰分和内脏粗脂肪含量有所下降，其中，胆汁酸组草鱼内脏脂肪含量较对照组下降了 33.79%。饲料中添加胆汁酸，草鱼全鱼蛋白含量有显著提高。

众多研究表明，饲料中添加适宜的乳化剂能够提高鱼体粗蛋白质含量，降低粗脂肪含量，改善养殖鱼类的品质，提高养殖鱼类的食用价值[15-16, 23-24]。罗金强的草鱼试验中，添加胆汁酸的各组草鱼的全鱼蛋白、肌肉蛋白含量明显高于对照组，内脏脂肪、肌肉脂肪含量显著低于对照组，与上述结果基本一致。在对齐口裂腹鱼[19]和军曹鱼[16]的研究中发现饲料中添加胆汁酸可以减少体脂（尤其是肝脏的脂肪）的沉积。冯伟等[27]在对牛蛙的研究中也得到类似的结果。

3.1.5 高脂饲料中添加胆汁酸对草鱼血清生化指标的影响

脂肪的来源和饱和度等因素都会影响脂肪的消化能力,罗金强[9]的研究显示,在高脂水平的饲料中添加胆汁酸对草鱼的血清生化指标有显著影响。与对照组相比,胆汁酸组草鱼血清总胆固醇含量变化不显著。胆汁酸组草鱼血清甘油三酯含量有升高的趋势。胆汁酸组草鱼肝脏碱性磷酸酶活性较对照组显著增高,增幅为 110.51%,胆汁酸组草鱼肝脏谷丙转氨酶活性较对照组下降了 19.31%。

在饲粮中添加外源脂肪乳化剂能提高脂肪的乳化能力和利用率。鱼类的血液与机体的代谢、营养状况及疾病有着密切的关系,当鱼体受到外界环境因子的影响而发生病理或生理变化时,都会在血液指标中反映出来[28]。试验显示,饲料中添加胆汁酸,血清甘油三酯含量增加、碱性磷酸酶活性提高。这一结果与对鲤鱼[29]、草鱼[30]、异育银鲫[20]等的研究结果相近,表明胆汁酸能促进脂肪的消化吸收,提高肝脏甘油三酯的合成及转运能力,而郑宗林等研究发现,饲料中添加胆汁酸可以显著降低吉富罗非鱼血清总胆固醇(TC)和甘油三酯(TG)的含量[31]。

3.1.6 高脂饲料中添加胆汁酸对草鱼抗氧化能力的影响

众多研究表明,饲料中添加胆汁酸可以提高鱼体的抗氧化能力。罗金强[9]对草鱼的研究结果显示,在高脂水平的饲料中添加胆汁酸对草鱼的抗氧化能力有显著影响。与对照组相比,胆汁酸组草鱼血清总抗氧化能力上升了 63.57%。肖世玖[32]在异育银鲫试验中发现,在饲料中添加胆汁酸可显著提高异育银鲫肝脏的超氧化物歧化酶(SOD)活性,降低丙二醛(MDA)水平。郭永丽等[30]对草鱼的研究表明,胆汁酸能够提高肝胰脏 SOD、过氧化氢酶(CAT)的活性。

3.1.7 高脂饲料中添加胆汁酸对草鱼肠道消化酶活性的影响

肠道消化酶活性是反映鱼类消化食物中的脂肪、蛋白质、碳水化合物等的能力的一项重要指标。罗金强[9]对草鱼的研究结果显示,在饲料中添加胆汁酸可在不同程度上提高草鱼肠道脂肪酶、淀粉酶、胰蛋白酶的活性。在高脂水平的饲料中添加胆汁酸对草鱼的肠道消化能力有显著影响。与对照组相比,胆汁酸组草鱼肠道淀粉酶活性下降了 45.06%;脂肪酶活性上升了 76.49%,胰蛋白酶活性增加了 3.55%。这种变化规律与胆汁酸在异育银鲫和罗非鱼中的研究结果相似[33]。

梅塔(Maita)等[17]研究表明用添加胆汁酸的饲料投喂日本鳗鲡,鳗鲡的食欲和脂肪酶活性显著增强。卡斯帕里(Caspary)[34]报道胆汁酸可使牙鲆消化道中消化酶的活性显著提高,进而促进脂质代谢。这一方面的试验结果表明,胆汁酸对草鱼肠道消化酶的活性有一定程度的提高,其原因可能是胆汁酸促进了肠腺细胞的成熟以及肠道绒毛发育,从而促进消化酶分泌与提高活性;还可以促进肠道有益菌群的繁殖,抑制有害菌群的增殖,使有益菌产生的消化酶的数量增多。

3.1.8　高脂饲料中添加胆汁酸对草鱼肝脏脂质代谢功能的影响

孙逊等[35]的研究表明，胆汁酸能够调节脂质代谢过程的脂质合成酶、乙酰辅酶A羧化酶1、乙酰辅酶A羧化酶2 等多种酶的活性的表达，对草鱼的研究结果显示，在高脂水平的饲料中添加胆汁酸对草鱼的肝脏脂质代谢能力有显著影响。饲料中添加胆汁酸显著提高了肉碱脂酰转移酶的活性，降低了乙酰辅酶 A 羧化酶（ACC）的活性。

3.2　胆汁酸对异育银鲫生长、氧化损伤修复等性能的影响

3.2.1　异育银鲫简介

鲫鱼是我国淡水养殖的主要品种，其养殖规模和养殖潜力越来越大，是稳步持续增长的淡水养殖鱼类之一。异育银鲫是以银鲫为母本，红鲤为父本，采用人工授精方式得到的杂交品种鲫鱼。异育银鲫具有食性广、生长快、肉味美、经济效益高等优点。近年来随着养殖规模的不断扩大，异育银鲫养殖过程中出现的疾病越来越多，由鲤疱疹病毒Ⅱ型引发的“鳃出血病”与饲料氧化油脂带来的毒性作用已经成为养殖业的主要威胁[36]。

针对鲫鱼养殖过程中出现的问题，何杰开展在正常饲料中添加胆汁酸复合物与 UDCA，以及在氧化油脂饲料中添加胆汁酸复合物，对异育银鲫生长性能、血清抗氧化能力和血清生化指标影响的研究[37]。

3.2.2　饲料中添加胆汁酸对异育银鲫生长性能的影响

何杰应用来源于江苏省大丰华辰水产有限公司养殖基地的异育银鲫，从中挑选体格健康、体量为（68.8 ± 0.20）g 的异育银鲫幼鱼 1 280 尾，随机分为 8 组，每组 4 个重复，每个重复用 40 尾鱼开展试验。70 d 养殖试验的结果显示，饲料中添加氧化豆油的试验组与添加豆油的试验组相比，异育银鲫的特定生长率与蛋白沉积率显著降低，而尾均摄食量显著升高。在饲料中添加胆汁酸后，异育银鲫的特定生长率显著高于未添加胆汁酸的组。添加胆汁酸后，异育银鲫的蛋白沉积率显著提高，脂肪沉积率低于未加胆汁酸组。添加胆汁酸的试验组的末均重和特定生长率也显著高于只添加 4% 的氧化豆油的试验组，但是显著低于只添加 4% 的豆油的试验组。添加胆汁酸后，异育银鲫的蛋白沉积率和脂肪沉积率与只添加 4% 的氧化豆油的试验组无显著差异。饲料中添加 UDCA 后，异育银鲫的特定生长率显著低于饲料中添加豆油及其他胆汁酸复合物的试验组，与添加相同量氧化豆油的试验组无显著差异，但是该两组的尾均摄食量显著高于其他各组；UDCA 添加组的蛋白沉积率显著低于其他组。是否添加胆汁酸对成活率的影响不明显。此结果表明，当饲料中的胆汁酸复合物添加量为 0.06% 时，异育银鲫的生长性能最佳；用 4% 的氧化豆油代替 4% 的豆油后，异育银鲫的生长性能显著下降；而在氧化损伤条件下添加胆汁酸，也能够促进鲫鱼的恢复性生长，添加单一的 UDCA 反而降低了鲫鱼的生长速度[37]。

胆汁酸能乳化脂肪，扩大脂肪与脂肪酶的接触面积，促进鱼类对脂肪的消化吸收，提高

饲料脂肪的利用率。研究发现,饲料中添加一定量的胆汁酸能有效地提高牛蛙的生长速度,且胆汁酸添加水平为 0.02% 时其增重率、特定生长率、饲料效率和氮保留率达到最高 [22];胆汁酸添加水平大于 0.03% 时能显著提高军曹鱼的增重率和饲料利用率 [23];胆汁酸能显著提高大菱鲆 [26] 幼鱼的特定生长率,显著降低其饲料系数。

胆汁酸促进鱼类生长的可能原因如下。①胆汁酸有利于脂类物质的乳化,加速了脂肪的消化利用,从而促进了鱼类的生长。②胆汁酸具有杀菌抑菌的作用,可改善肠道健康状况,利于肠道中各种消化酶的分泌,促进饲料中各种营养物质的消化吸收,提高鱼类的生长速度和饲料效率。③胆汁酸能提高消化酶的活性,并能将小肠内无活性的脂肪酶原激活为有活性的脂肪酶而发挥作用 [38]。研究表明,胆汁酸可显著提高牙鲆 [39] 、日本鳗鲡 [40]、牛蛙 [22] 等消化道中脂肪酶的活性,从而促进其对饲料中脂肪的消化、吸收和代谢。同时,一定量的胆汁酸能显著提高牛蛙肠道蛋白酶的活性,提高饲料干物质、粗蛋白质和粗脂肪的表观消化率,进而提高饲料的转化利用率,促进鱼类生长。

何杰的试验中,添加 0.06% 的胆汁酸能够提高异育银鲫的生长性能,该结果与对日本鳗鲡 [17]、虹鳟 [11]、中华鳖 [41] 等的试验结果相一致。同时,添加 0.06% 的胆汁酸能够提高异育银鲫的蛋白沉积率,降低脂肪沉积率。有研究发现,胆汁酸能使脂肪酶结合到甘油三酯的脂滴表面,提高鱼体脂肪酶的活性,促进脂肪消化 [26],因此,胆汁酸可通过促进动物脂肪分解代谢而节约饲料蛋白质,提高养殖动物体内蛋白质的沉积,这说明胆汁酸可有效地改善鱼类的机体营养成分,减少鱼体中脂肪的沉积。何杰的试验结果显示,在饲料中添加 0.03% 的胆汁酸降低了鲫鱼的生长性能,该结果与在军曹鱼 [23] 和大菱鲆 [26] 和牛蛙 [22] 试验中的结果相反,这可能是由于胆汁酸剂量、鱼种、试验饲料等不同。氧化油脂会导致鱼体肝胰脏、肠道黏膜胆固醇生物合成通路基因差异表达,血清、肠道内胆汁酸含量显著下降 [42]。何杰的试验结果说明,在氧化豆油刺激下添加胆汁酸,能够促进鲫鱼的恢复性生长,说明添加胆汁酸能够补充氧化损伤所造成的机体胆汁酸不足,从而保证鲫鱼的正常生长。在黄尾鰤 [7] 的研究中, 0.02% 的 UDCA 能够显著提高鱼体的生长性能,而何杰的试验结果显示,试验中添加 0.02% 和 0.04% 的 UDCA 反而显著降低了异育银鲫的生长性能。王恒 [15] 研究发现,饲料中添加胆汁酸可显著降低罗氏沼虾的饲料系数,但对其增重率无显著影响,这说明胆汁酸对鱼类的影响会因试验对象的种类、生长阶段、试验饲料的组成不同以及胆汁酸的种类而有差异。

3.2.3 饲料中添加胆汁酸对异育银鲫血清抗氧化能力的影响

何杰的试验结果显示,与饲料中添加豆油的试验组相比,在饲料中添加氧化豆油能使鲫鱼的血清总抗氧化能力显著升高,添加 0.03% 的胆汁酸、添加 0.02% 的 UDCA 与添加 0.04% 的 UDCA 的试验组的抗氧化能力显著降低,而添加 0.06% 的胆汁酸的试验组与只添加 4% 的豆油的试验组差异不显著;与添加氧化豆油的试验组相比,添加氧化豆油和胆汁酸的试验组的血清总抗氧化能力显著降低。添加氧化豆油和胆汁酸的试验组的 SOD 活性较只添加 4% 的豆油的试验组显著提高,添加 0.02% 的 UDCA 的试验组的 SOD 活性则显著下降，与添加 0.04% 的 UDCA 的试验组差异不显著；同时添加胆汁酸和氧化豆油的试验组的 SOD 活性与只添加氧化豆油的试验组无显著差异。除添加 0.02% 的 UDCA 组外，胆汁酸添加组与各氧化油脂饲料组的血清 CAT 活性均显著高于只添加豆油的试验组，各氧化油脂组的血清 CAT 活性无显著差异，但 MDA 含量显著高于其他各组 [37]。

综上所述，在正常饲料中添加 0.06% 的胆汁酸复合物能提高鱼体的抗氧化能力，同时在氧化油脂饲料中添加 0.06% 的胆汁酸能使 MDA 含量显著降低至正常饲料组水平。而添加单一的 UDCA 能够在一定程度上改善鲫鱼的抗氧化能力。

动物细胞的生存需要适当的氧化与抗氧化平衡。机体内大量产生的自由基，会与细胞膜、细胞器膜上的多不饱和脂肪酸（PUFA）反应，生成脂质过氧化产物（如 MDA）。造成氧化损伤，继而影响机体的健康、能量代谢和正常的生命活动。SOD 是生物体内重要的抗氧化酶，是清除超氧自由基的主要物质，它能将超氧自由基转化为 H_2O_2，从而保护机体细胞免受氧化应激损伤。尽管 H_2O_2 仍对机体有害，但体内的 CAT 和过氧化物酶（POD）会立即将其分解为完全无害的水。而 MDA 是 PUFA 的主要氧化产物，其含量直接反映机体脂质过氧化的程度，间接反映细胞受损的程度 [43]。何杰的研究结果显示，将正常饲料的豆油替换为氧化豆油会导致异育银鲫血清抗氧化能力、SOD 活性、CAT 活性以及氧化终产物 MDA 含量显著升高 [37]。

郭永丽 [44] 发现日粮中含 75 mg/kg 或 150 mg/kg 胆汁酸显著提高了草鱼血清 SOD 的活性；胡田恩等 [22] 发现 200 mg/kg 的胆汁酸显著提高了牛蛙肝脏 SOD 的活性，降低了 MDA 含量；张玲等 [29] 则报道 500 mg/kg 的胆汁酸（纯度 20%）对鲤鱼（*Cyprinus carpio*）血清 SOD 的活性无显著影响。何杰的试验结果显示，在正常饲料中添加胆汁酸复合物显著提高了鲫鱼血清 SOD 的活性，添加 0.03% 的胆汁酸复合物反而降低了血清的总抗氧化能力，但是各组血清中的 MDA 含量无显著差异，该结果表明胆汁酸在提高机体抗氧化的功能上存在最适剂量，低剂量的胆汁酸不一定会达到综合抗氧化的效果。UDCA 可以清除链脲佐菌素产生的一氧化氮和氧自由基，对大鼠胰岛 β 细胞的氧化损伤具有保护作用，可使其不发生过度凋亡，从而降低血糖 [45]。何杰试验在正常饲料中添加 0.04% 的 UDCA 能显著提高 SOD 的活性，说明 UDCA 也能在一定程度上提高机体的抗氧化能力。而在氧化油脂饲料中添加胆汁酸复合物，血清总抗氧化能力显著降低，但 MDA 含量达到正常饲料组水平；CAT 的活性虽无显著差异，但有一定程度的提高；添加量为 0.06% 时，SOD 的活性无显著差异。这说明氧化油脂造成了氧化损伤，而外源性添加胆汁酸对其有一定的改善作用，至于胆汁酸的浓度是否未达到最佳作用效果还有待进一步研究。

3.2.4　饲料中添加胆汁酸对异育银鲫血清转氨酶活性的影响

血清中谷丙转氨酶（ALT）和谷草转氨酶（AST）含量是反映肝脏健康状况的重要指标，饲料中添加胆汁酸后，异育银鲫血清的 ALT 活性显著高于添加豆油组，AST 活性差异不显著，而在正常饲料、只添加豆油组和只添加氧化油脂组中添加胆汁酸复合物后，均同时显著降低了鲫鱼血清 ALT 与 AST 的活性。添加 0.02% 的胆汁酸的试验组与只添加豆油的试验组相比，ALT 活性显著降低，添加 0.04% 的 UDCA 的试验组则与只添加大豆油的试验组无显著差异。该两组的 AST 活性同时显著低于添加 4% 的豆油的试验组。

转氨酶主要在氨基酸分解时起催化作用，正常情况下主要存在于肝脏中，血液中的含量很低，但是在肝脏组织受损导致细胞膜通透性增大时，转氨酶会被释放到血液中，从而引起血清中该酶的浓度上升或活性突然持续性加强[46]。因此在临床医学中常以血清中转氨酶的活性来判断肝脏是否健康。研究发现，大菱鲆[24]血清 ALT、AST 的活性随日粮脂肪水平的增加而升高，而胆汁酸降低了其活性，具有保护肝脏的作用；对鲤鱼[29]与罗氏沼虾[15]的研究也表明胆汁酸降低了机体血清中 ALT 和 AST 的活性。何杰的试验显示，添加 4% 的氧化豆油的试验组的血清 ALT 活性显著高于添加 4% 的豆油组，表明氧化油脂导致了鲫鱼肝细胞受损，细胞膜通透性增大。而在正常饲料、添加 4% 的豆油组和 4% 的氧化油脂饲料组中添加胆汁酸复合物均同时显著降低了鲫鱼血清中 ALT 与 AST 的活性，这与上述研究结果类似，表明胆汁酸对肝脏有一定保护作用。同时本试验结果显示添加 0.02% 的 UCDA 组与添加 4% 的豆油组相比，ALT 活性显著降低，添加 0.04% 的 UDCA 组则与添加 4% 的豆油组无显著差异，该两组的 AST 同时显著低于只添加 4% 的豆油组，这可能是因为 UDCA 对肝细胞的再生有一定的促进作用[47]，从而保证了细胞膜的正常通透性。

3.2.5 饲料中添加胆汁酸对异育银鲫脂质代谢指标的影响

血清中 TC、TG、高密度脂蛋白（HDL）和低密度脂蛋白（LDL）的含量是反映动物机体脂质代谢的主要指标。异育银鲫血清中 TC、TG、HDL 和 LDL 含量见表 3-2-1。

由表 3-2-1 可知，饲料中添加 4% 的豆油与 4% 的氧化豆油组的 TC、TG、HDL 和 LDL 的含量无显著差异。添加胆汁酸后，与饲料中添加 4% 的豆油与 4% 的氧化豆油组相比，鲫鱼血清的 TC 含量均显著下降，而 TG 虽无显著差异，但有一定程度的下降。饲料中添加胆汁酸对鲫鱼血清的 HDL 和 LDL 含量均未造成显著差异，但是各胆汁酸添加组的 HDL 含量相对于对照组有一定程度的下降，而 LDL 含量则有一定程度的上升。

何杰的试验结果显示，在饲料中添加胆汁酸后，与只添加 4% 的豆油组和添加 4% 的氧化豆油组相比，TG 和 HDL 无显著差异，但有一定程度的下降，可能是因为胆汁酸可以通过提高极低密度脂蛋白核受体、载脂蛋白 A-Ⅴ 和载脂蛋白 C-Ⅱ的表达，促进 TG 的水解，进而降低血清 TG 含量；通过降低肝脏载脂蛋白 A-Ⅰ的表达，减小 HDL 中胆固醇的含量。布利亚（Boulias）等[48]的研究表明，胆汁酸可以通过 FXR-α 途径调控与 HDL 代谢相关的基因，被激活的 FXR-α 可以通过诱导 SHP 的表达上调肝细胞 HDL 外向转运载体和下调肝细胞内摄 HDL 载体，减少 HDL 的分泌，降低血清高密度脂蛋白胆固醇（HDL-C）的浓度。同时本试验结果显示，添加胆汁酸后，与只添加 4% 的豆油组和添加 4% 的氧化豆油组相比，鲫鱼血清的 TC 含量显著下降，LDL 含量未出现显著差异，但 LDL 含量有一定程度的上升。

表 3-2-1　饲料中添加胆汁酸对异育银鲫血清 TC、TG、HDL 和 LDL 的影响[37]

项目	组别							
	F	O	BA1	BA2	BO1	BO2	U1	U2
TC(mmol/L)	8.36 ± 0.23	8.50 ± 0.14	7.08 ± 0.42	7.49 ± 0.25	7.60 ± 0.53	8.04 ± 0.84	7.33 ± 0.37	8.06 ± 0.80
TG(mmol/L)	3.43 ± 0.15	3.16 ± 0.21	2.43 ± 0.37	2.63 ± 0.71	3.13 ± 1.62	2.10 ± 0.10	2.86 ± 0.15	2.56 ± 0.23
HDL(mmol/L)	4.40 ± 0.06	4.50 ± 0.09	3.12 ± 0.25	3.06 ± 0.34	2.88 ± 0.76	3.29 ± 0.24	3.45 ± 0.61	3.83 ± 0.61
LDL(mmol/L)	2.40 ± 0.17	2.56 ± 0.02	2.86 ± 0.48	3.23 ± 0.39	2.96 ± 0.67	3.80 ± 0.81	2.57 ± 0.22	3.07 ± 0.81

注:F 为正对照组(添加 4% 的豆油);O 为氧化油脂负对照组(添加 4% 的氧化豆油);BA1 和 BA2 分别为在 F 组中加入 0.03% 和 0.06% 的胆汁酸复合物的试验组;BO1 和 BO2 分别为在 O 组中加入 0.03% 和 0.06% 的胆汁酸复合物的试验组;U1 和 U2 分别为在 F 组中加入 0.02% 和 0.04% 的 UDCA 的试验组。

3.3　胆汁酸在吉富罗非鱼养殖中的应用效果

3.3.1　罗非鱼的生物学习性与发展现状

罗非鱼原产于非洲尼罗河流域,是鲈形目丽鱼科罗非鱼属、口孵属和刷齿属的鱼类,罗非鱼属包括 100 多个亚种。罗非鱼具有生长快、产量高、食性杂、疾病少、繁殖力强等特点。罗非鱼是我国主要的养殖水产品。其肉质鲜美、少刺、蛋白质含量高、富含人体所需的 8 种必需氨基酸,其中谷氨酸和甘氨酸含量特别高。罗非鱼因以上特点而深受人们喜爱,素有"白肉三文鱼""21 世纪之鱼"之称,近年已成为养殖、加工、出口的热点之一[49]。

罗非鱼生活在淡水和沿海咸淡水水域,为温水性鱼类,适温范围为 20~35 ℃,生长和繁殖的最适温度为 25~32 ℃,水温低于 16 ℃停止摄食,低于 14 ℃开始卧底死亡。罗非鱼为杂食性鱼类,可以充分利用水生昆虫、有机碎屑、附生藻类及蓝藻等生物饲料。罗非鱼繁殖快,苗种易获得,孵出两月后即可达到性成熟,水温达到 20 ℃开始产卵,并每隔 3~4 周会产 1 次卵,卵在雌鱼口腔内孵化,温度在 25~30 ℃时,仔鱼 3~7 d 便可孵出。野生罗非鱼抗病能力强,环境适应力强,生长快速。罗非鱼的养殖主要集中在广东、广西、海南等温度较高的地区,以池塘精养为主。除了内销外,部分企业将罗非鱼制成鱼片、鱼排等出口国外[50]。

3.3.2　我国罗非鱼的养殖与发展现状

联合国粮农组织(FAO)于 1976 年在日本召开的水产增养殖会议上向全世界力荐养殖罗非鱼。此后,众多热带、亚热带和温带国家先后引进罗非鱼,并不断进行品种改良、培育,完善其养殖性状,对其营养需求进行深入研究,已初步形成体系。据 FAO 数据统计和渔业统计年鉴,到 2012 年,全球罗非鱼产量为 515 万 t,其中中国区占全球产量的 30%,合计产量约 155.3 万 t,苗种产量为 219 亿尾。2013 年我国罗非鱼产量达 165.8 万 t,苗种产量达 1029 亿尾。2014 年我国罗非鱼产量为 169.8 万 t,苗种产量达 256 亿尾。我国罗非鱼产量逐年递增,已跃居全球罗非鱼产量大国榜首,同时我国也是全球最大的罗非鱼出口国。

由于罗非鱼的生活习性和对适宜温度、气候的要求，近几年，罗非鱼养殖主要在我国南方的海南、广东、广西、福建和云南5个省区发展迅速。到2014年，海南、广东、广西、福建和云南5个省区的产量分别占全国产量的19.5%、42.1%、18.1%、7.7%和8.4%，合计占全国产量的95.8%；河北、山东、湖南、湖北、江苏、安徽、四川、重庆等省区或直辖市的罗非鱼产量较前几年均有大幅度增加[51]。

3.3.3　我国罗非鱼养殖品种分类

我国罗非鱼养殖起源于20世纪50年代。先后引进和培育的纯种或杂交的罗非鱼品种很多，主要包括：①莫桑比克罗非鱼，它是我国最早引进的罗非鱼品种，1956年和1957年分别由泰国和越南引入广东省试养，个体小，生长速度慢；②尼罗罗非鱼，1978年由中国水产科学研究院长江水产研究所引进，属于罗非鱼中的大型品种，具有无肌尖刺、肉质细嫩、弹性好、味道鲜美等特点，肉质中蛋白质、脂肪、维生素和矿物质营养丰富，具有很高的食用价值，风味堪比比目鱼和鲷鱼；③福寿鱼，它是中国水产科学研究院珠江水产研究所在1978年培育的杂交罗非鱼的子一代，其体型和生活习性与尼罗罗非鱼亲本相同，食性广，对温度要求高，适合在南方地区大面积养殖；④奥利亚罗非鱼，它由广州水产研究所同中国水产科学研究院无锡淡水渔业研究中心从我国台湾地区引入大陆后培育，作为杂交亲本，在1984年面向全国推广养殖；⑤奥尼罗非鱼，为杂交后代，因雄性率高达90%以上被称为“雄性罗非鱼”，杂交优势明显，适应性强，耐低温，可在长江以南的大部分地区自然越冬，生长迅速，形态和肉质优良，出肉率高，养殖效益和食用价值高；⑥彩虹鲷，即红罗非鱼，1981年从我国台湾地区引入大陆，属尼罗罗非鱼和莫桑比克罗非鱼杂交的变异种，形态似真鲷，产量高，肉质好，在我国台湾地区广泛养殖；⑦吉富罗非鱼，是由国际水生生物资源管理中心将4个亚洲国家及地区（泰国、新加坡、以色列、中国台湾）培育养殖的尼罗罗非鱼品系同4个非洲原产地（肯尼亚、塞内加尔、埃及、加纳）的尼罗罗非鱼品系混合养殖选育的优良品系，上海海洋大学于1994年从菲律宾引进的吉富品系罗非鱼第8代是我国的第一批吉富罗非鱼；⑧吉富尼罗罗非鱼，是吉富罗非鱼品系选育过程中获得的良种罗非鱼；⑨吉诺玛罗非鱼，为海南吉富水产品有限公司注册的吉富罗非鱼品牌；⑩新吉富罗非鱼；⑪吉奥罗非鱼，是以吉富罗非鱼为母本、奥利亚罗非鱼为父本杂交培育的罗非鱼一代品种，雄性率高达98%，生长速度快，抗寒能力强[52]。

罗非鱼经过60多年的发展，经过引进、培育、养殖和推广等过程，目前普遍认可的罗非鱼养殖品种是具有生长迅速、个体大、抗寒性好、雄性率高等优势的杂交繁育品种。目前在我国各地区养殖最广泛的罗非鱼品种是吉富罗非鱼和奥尼罗非鱼[53]。

3.3.4　我国罗非鱼养殖模式与面临的问题

南方地区罗非鱼养殖的迅速发展得益于其气候和温度的优势，养殖模式以池塘混养为主；在北方地区，多利用水库网箱、工厂或发电厂余热养殖，近几年在北方考虑到罗非鱼反季节越冬，常采用塑料大棚养殖越冬罗非鱼。大型养殖场（户）常选择循环水，用水泥池进行高密度集约化养殖或采用流水网箱养殖。中小型养殖场（户）采用传统养殖模式，将鱼类和畜禽混养，利用加工后的畜禽粪便和商品饲料投喂罗非鱼，合理利用资源，节约养殖成本；或采用池塘静水养殖，使用辅助增氧设备，投喂商品饲料的养殖模式。

随着罗非鱼养殖快速发展，传统低密度养殖模式逐渐被规模化、集约化、高密度、高投喂的养殖模式替代，罗非鱼生长周期缩短。由于罗非鱼市场价格较低，为节约成本，常使用低质植物类饲料原料，这类饲料中营养物质不均衡，存在抗营养因子，长期投喂不能满足罗非鱼健康快速增长的营养需要，容易发生一系列代谢疾病，加上养殖水环境和药物使用的影响，可能会导致罗非鱼在养殖过程中出现代谢紊乱，因此造成肝脏损伤，影响鱼体健康生长。若不能改变这些现状，则会引起肝脏脂肪代谢负荷增大，代谢失调，使鱼类长期处于亚健康状态，抗应激和抗病性差，抗氧化能力下降，也可能引起鱼类脂肪肝和肝胆综合征等病变，高温季节鱼类易大规模死亡，阻碍罗非鱼养殖业的发展。为促进罗非鱼产业的健康快速发展，在研究罗非鱼基础营养素需求的同时，结合饲料添加剂在鱼类养殖中的应用价值，寻找能够促进罗非鱼生长或改善罗非鱼肝脏代谢功能的饲料添加剂是十分必要的。

吉富罗非鱼，是我国高密度、集约化养殖中重要的养殖对象之一。当前由于罗非鱼市场价格较低，其使用的饲料中的廉价低质原料较多，而长期投喂低质饲料会导致罗非鱼肝脏代谢负荷大，出现代谢紊乱、肝脏脂肪异常沉积、抗应激能力差和易死亡等问题。由于胆汁酸在畜禽和水产养殖动物中具有减轻肝脏代谢负荷、促进生长的作用，胆汁酸可能对罗非鱼也有类似的作用。为此，苟庚午[54]在饲料中添加不同水平的外源胆汁酸，研究胆汁酸对吉富罗非鱼生长性能、体成分、血清生化指标、肝脏和肠道脂肪代谢酶及肝胆形态的影响，获得了预期的数据，为罗非鱼饲料中合理使用胆汁酸提供了理论依据。

3.3.5　胆汁酸在水产养殖领域的研究进展

大量的研究与养殖实践结果显示，饲料中添加适量胆汁酸能够显著提高异育银鲫[20]、军曹鱼[16]、大菱鲆[24]等的生长速度和增重率，提高了饲料转化率，降低了饲料系数。饲料中添加胆汁酸能够提高异育银鲫[12]和军曹鱼[16]肌肉或全鱼粗蛋白质含量，促进了脂类吸收，降低了军曹鱼[16]、大菱鲆[24]体脂和肝脂沉积，提高了日本鳗鲡[55]、牙鲆[56]和大菱鲆[24]脂肪分解酶（脂蛋白脂肪酶、肝脂酶和总脂酶）和脂肪酶的活性，降低了草鱼[57]血清中总胆固醇、高密度脂蛋白胆固醇、低密度脂蛋白胆固醇和甘油三酯的含量。

胆汁酸是肝脏胆固醇分解代谢的终产物，对促进肠道胆固醇、脂肪和脂溶性维生素的营养吸收有重要作用，在消化过程中以胆汁酸盐的形式加强胰脂肪酶的活性，降低脂肪表面张力，有效乳化脂肪，促进脂类消化吸收。此外，胆汁酸作为肝脏再生的重要代谢信号对促进肝脏再生和缓解肝脏损伤有显著作用[58]。近年来，胆汁酸作为饲料添加剂在水产养殖中已开始使用，国内外已有学者报道了饲料中添加外源胆汁酸对草鱼[57]、军曹鱼[16]、大菱鲆[24]、异育银鲫[12]和牙鲆[56]等养殖品种生长、血清生化指标、脂肪代谢酶活性等的影响。结果显示，饲料中添加适量的胆汁酸能促进鲤鱼、鲫鱼和军曹鱼的生长，提高饲料效率；能降低草鱼、罗氏沼虾的体脂沉积，促进脂肪代谢。

3.3.6 饲料中添加胆汁酸对吉富罗非鱼幼鱼生长性能和代谢性能的影响

为了解决罗非鱼养殖过程中出现的问题,苟庚午[54]将胆汁酸应用于罗非鱼的养殖试验,考察胆汁酸对罗非鱼生长性能、代谢性能等的影响。所得数据见表3-3-1,从试验数据可知,饲料中胆汁酸的添加水平显著影响了吉富罗非鱼的生长性能和饲料效率。随着胆汁酸水平的提高,增重率(WGR)、特定生长率(SGR)和饲料转化率(FE)呈先上升后下降的趋势,WGR、SGR和FE在150 mg/kg饲料组达到最大,在1 350 mg/kg饲料组最低。150 mg/kg饲料组与对照组相比,WGR、SGR和FE分别提高了13.63%、2.58%和15.19%;1 350 mg/kg饲料组与对照组相比,WGR、FE分别降低了8.07%、11.44%。50 mg/kg、150 mg/kg和450 mg/kg三组之间的CF无显著差异,但显著高于对照组;1 350 mg/kg饲料组CF最低,较对照组降低了5.03%。胆汁酸添加组的HSI呈先下降后上升趋势,在150 mg/kg饲料组最低。各试验组的存活率(SR)无显著性差异。以饲料中的胆汁酸水平为自变量,以WGR为因变量进行回归分析,得出罗非鱼WGR达到最大时,饲料的胆汁酸水平为189.0 mg/kg。

表3-3-1 饲料中添加胆汁酸对吉富罗非鱼幼鱼生长性能和代谢性能的影响

项目	胆汁酸水平(mg/kg)				
	0	50	150	450	1 350
初始均重IBW(g)	8.18 ± 0.33	8.05 ± 0.30	8.13 ± 0.23	8.23 ± 0.21	8.25 ± 0.26
终末均重FBW(g)	73.99 ± 1.32	76.60 ± 5.76	82.48 ± 1.38	77.07 ± 3.07	69.21 ± 6.00
增重率WGR(%)	805.89 ± 39.15	851.54 ± 10.08	915.74 ± 10.98	836.65 ± 13.44	740.88 ± 12.96
特定生长率SGR(%/d)	4.27 ± 0.02	4.30 ± 0.07	4.38 ± 0.02	4.31 ± 0.04	4.19 ± 0.09
饲料效率FE(%)	73.81 ± 2.16	75.51 ± 4.58	85.02 ± 5.76	74.63 ± 3.38	65.36 ± 1.01
肝体比HSI(%)	2.76 ± 0.20	1.88 ± 0.09	1.63 ± 0.08	1.88 ± 0.05	2.54 ± 0.09
脏体比VSI(%)	9.41 ± 0.30	10.20 ± 0.48	9.49 ± 0.21	10.63 ± 0.21	9.20 ± 0.50
肥满度CF(g/cm^3)	3.98 ± 0.09	4.26 ± 0.10	4.15 ± 0.07	4.25 ± 0.08	3.78 ± 0.26
存活率SR(%)	92.50 ± 2.50	95.48 ± 7.77	94.61 ± 2.86	92.99 ± 7.27	90.94 ± 8.89

饲料中添加胆汁酸能够提高吉富罗非鱼的饲料效率和生长性能,但过量的外源胆汁酸会抑制吉富罗非鱼生长[58]。颉志刚等[11]指出饲料中添加胆汁酸能够显著提高虹鳟的生长速度和增重率。林仕梅等[20]对异育银鲫的研究发现,饲料中添加100 mg/kg胆汁酸,能有效促进异育银鲫的生长速度,使饲料系数降低22.9%。胡田恩等[22]指出,胆汁酸可以通过对脂肪的乳化作用和提高消化酶活性来促进牛蛙对营养物质的消化吸收,提高饲料效率,并建议牛蛙饲料中的胆汁酸添加量为200 mg/kg。饲料中添加过量胆汁酸可能打破了胆汁酸的肠肝循环,破坏了胆囊的结构和功能,使胆汁酸不能在肠道被重复吸收,影响营养物质在肠道内的吸收,进而抑制了罗非鱼生长。

3.3.7　饲料中添加胆汁酸对吉富罗非鱼幼鱼全鱼、肌肉和肝脏营养成分的影响

从表 3-3-2 所示的试验结果可知，与对照组相比，胆汁酸添加组全鱼、肌肉和肝脏粗脂肪含量均显著低于对照组；全鱼粗灰分含量呈现上升趋势；全鱼和肌肉的水分含量无显著差异，胆汁酸水平高于 450 mg/kg 时，肝脏水分含量较对照组显著升高；全鱼粗蛋白质含量在 0、50、150、450 mg/kg 饲料组间无显著变化，1 350 mg/kg 饲料组全鱼粗蛋白质含量显著高于其他试验组，肌肉粗蛋白质含量呈先下降后上升的趋势，对照组和 1 350 mg/kg 饲料组无显著差异，但显著高于 50、150、450 mg/kg 饲料组，肝脏粗蛋白质含量无显著差异。

表 3-3-2　饲料中的胆汁酸水平对吉富罗非鱼幼鱼全鱼、肌肉和肝脏营养成分的影响

项目		胆汁酸水平（mg/kg）				
		0	50	150	450	1 350
全鱼	水分含量（%）	73.20 ± 1.11	72.59 ± 0.26	73.63 ± 1.95	72.27 ± 0.48	71.86 ± 0.55
	粗蛋白质含量（%）	15.05 ± 0.36	15.14 ± 0.08	15.05 ± 0.09	15.22 ± 0.10	16.43 ± 0.37
	粗脂肪含量（%）	7.38 ± 030	5.87 ± 0.15	6.04 ± 0.31	6.87 ± 0.49	6.73 ± 0.22
	粗灰分含量（%）	3.00 ± 0.21	3.63 ± 0.15	3.67 ± 0.09	3.87 ± 0.1	3.93 ± 0.24
肌肉	水分含量（%）	77.24 ± 0.87	78.23 ± 1.25	77.51 ± 1.21	77.81 ± 0.20	76.98 ± 0.70
	粗蛋白质含量（%）	19.17 ± 0.50	18.40 ± 0.21	18.37 ± 0.25	18.57 ± 0.35	19.58 ± 0.61
	粗脂肪含量（%）	1.27 ± 0.13	1.16 ± 0.06	1.00 ± 0.05	0.99 ± 0.12	0.80 ± 0.05
肝脏	水分含量（%）	68.93 ± 1.19	70.48 ± 0.39	69.43 ± 1.50	71.86 ± 1.05	73.60 ± 1.11
	粗蛋白质含量（%）	10.32 ± 0.78	10.51 ± 0.15	10.53 ± 0.26	10.30 ± 0.17	10.69 ± 0.24
	粗脂肪含量（%）	4.34 ± 0.20	4.07 ± 0.10	3.99 ± 0.12	3.91 ± 0.25	2.98 ± 0.23

3.3.8　饲料中添加胆汁酸对吉富罗非鱼血清生化指标的影响

从表 3-3-3 的试验结果可知，随着饲料中胆汁酸水平的提高，血清中 TC、高密度脂蛋白胆固醇（HDL-C）和低密度脂蛋白胆固醇（LDL-C）的含量呈先上升后下降的趋势；甘油三酯（TG）含量随胆汁酸水平的提高而显著下降；胆汁酸添加组血清中的谷草转氨酶（AST）活性在 0、50 和 150 mg/kg 饲料组间无显著性差异，大于 150 mg/kg 时显著上升；谷丙转氨酶（ALT）活性随胆汁酸水平提高呈先下降后上升趋势。

表 3-3-3　饲料中添加胆汁酸对吉富罗非鱼血清生化指标的影响

指标	胆汁酸水平(mg/kg)				
	0	50	150	450	1 350
总胆固醇 TC(mmol/mL)	2.66 ± 0.13	2.68 ± 0.11	2.73 ± 0.09	3.22 ± 0.05	2.84 ± 0.04
高密度脂蛋白胆固醇 HDL-C(mmol/mL)	1.13 ± 0.08	1.31 ± 0.04	1.30 ± 0.06	1.48 ± 0.05	1.17 ± 0.03
低密度脂蛋白胆固醇 LDL-C(mmol/mL)	1.14 ± 0.15	1.76 ± 012	1.81 ± 0.10	1.92 ± 0.05	1.23 ± 0.06
甘油三酯 TG(mmol/mL)	2.73 ± 0.06	2.56 ± 0.03	2.49 ± 0.05	2.51 ± 0.07	2.18 ± 0.03
谷草转氨酶 AST(U/L)	34.33 ± 1.21	35.33 ± 1.63	33.83 ± 2.14	42.67 ± 1.97	54.332 ± 2.94
谷丙转氨酶 ALT(U/L)	27.83 ± 2.31	26.67 ± 2.25	22.67 ± 1.97	29.00 ± 2.83	35.67 ± 1.63

苟庚午的试验结果显示,在饲料中添加胆汁酸提高了血清中 HDL-C 和 LDL-C 的含量,降低了血清中 TG 的含量。胆汁酸能够调节动物体内的胆固醇代谢,添加适量的胆汁酸弥补了内源性胆汁酸的不足,刺激胆汁分泌更多的胆固醇,增加胆汁酸合成的原材料。当胆汁酸水平超过一定值后,胆固醇大量分泌,外源胆汁酸能够满足体内促进脂肪乳化的需要,就会形成胆固醇沉积,血清 TC 升高。西尔旺(Sirvent)等[59]指出饲料中添加胆汁酸能促进 TG 的水解,从而降低血清 TG 含量,从而认为胆汁酸能够降低肝脏载脂蛋白 A-Ⅰ的表达,使 HDL-C 含量降低,最终使血清 TC 水平下降。郭永丽[44]在草鱼的研究中指出,添加外源胆汁酸能够提高草鱼血清中 TC、LDL-C、HDL-C 和 TG 的含量。周书耘等[16]研究表明,饲料中添加胆汁酸能提高军曹鱼血清中 TG 和 HDL-C 的含量,而 TC 和 LDL-C 的含量有所降低。孙建珍等[24]也在大菱鲆试验中表明,在两个脂肪水平下添加胆汁酸均能够降低血清中 TC、LDL-C、HDL-C 和 TG 的含量。上述研究结果与苟庚午的试验略有差异。这可能与饲料脂肪水平和胆汁酸添加量及鱼的种类有关。AST 和 ALT 是肝细胞中重要的转氨酶,是临床医学上肝功能检查的重要指标。血清转氨酶升高反映肝细胞受损,AST、ALT 下降可能是疾病恢复的标志。苟庚午的试验结果显示,血清中 AST 和 ALT 的活性较对照组低,可能说明胆汁酸有助于保护罗非鱼的肝脏。

3.3.9　饲料中添加胆汁酸对吉富罗非鱼肝脏和肠道脂肪代谢酶的影响

从表 3-3-4 的试验结果可知,胆汁酸添加组肝脏中脂肪酶(LPS)、脂蛋白脂肪酶(LPL)、肝脂酶(HL)和总脂酶(TL)活性显著高于对照组。随着胆汁酸水平的升高,上述各项指标活性有显著的上升趋势。胆汁酸添加组肝脏 MDA 含量显著低于对照组,而胆汁酸添加组间无显著差异。 随饲料中胆汁酸水平的提高,肠道中 LPS、TL 和 LPL 活性呈显著的上升趋势,各胆汁酸添加组 LPS、TL 和 LPL 活性显著高于对照组;肠道 HL 活性呈先上升后下降趋势,150 mg/kg 组 HL 活性最高,显著高于 0、50 和 1 350 mg/kg 组。

表 3-3-4　饲料中添加胆汁酸对吉富罗非鱼肝脏脂肪代谢酶的影响

项目	胆汁酸水平（mg/kg）				
	0	50	150	450	1 350
脂蛋白脂肪酶 LPL（U/mg prot）	1.46 ± 0.08	1.67 ± 0.07	1.85 ± 0.13	2.18 ± 0.08	2.16 ± 0.15
肝脂酶 HL（U/mg prot）	1.78 ± 0.09	2.12 ± 0.16	2.42 ± 0.08	2.24 ± 0.13	2.14 ± 0.08
总脂酶 TL（U/mg prot）	3.25 ± 0.15	3.79 ± 0.23	4.27 ± 0.30	4.43 ± 0.18	4.31 ± 0.13
脂肪酶 LPS（U/mg prot）	111.97 ± 2.45	162.43 ± 4.60	192.20 ± 4.60	199.95 ± 2.36	218.25 ± 8.82
肝脏 MDA（nmol/mg prot）	1.63 ± 0.11	1.34 ± 0.12	1.37 ± 0.10	1.39 ± 0.16	1.32 ± 0.17

3.3.10　饲料中添加胆汁酸对吉富罗非鱼体组成的影响

胆汁酸分子具有亲水和亲油两个特性，能降低油水两相间的表面张力，有效乳化脂肪，形成可以悬浮在水中的脂肪酸乳糜颗粒，加速脂肪吸收利用。因此在试验中添加适量外源胆汁酸能够有效促进脂类的吸收，降低体脂、肝脂沉积。周书耘等[16]和孙建珍等[24]分别在报道中指出，在饲料中添加胆汁酸能够降低军曹鱼的体脂沉积和显著降低大菱鲆幼鱼全鱼和肌肉中粗脂肪含量，苟庚午的试验结果与这个结果相近。林仕梅等[20]指出，在饲料中添加胆汁酸提高了异育银鲫的全鱼粗蛋白质含量；周书耘[23]对军曹鱼的研究表明，添加胆汁酸可显著提高肌肉和全鱼的粗蛋白质含量。

3.3.11　饲料中添加胆汁酸对肝脏和肠道脂肪代谢酶的影响

TL 是 LPL 和 HL 的合称，主要参与肝胰脏中脂肪的降解。穆克吉（Mukherjee）[60]研究指出，LPL 主要催化血浆中乳糜微粒和极低密度脂蛋白（VLDL）中的 TG 水解成甘油和脂肪酸。HL 存在于肝内皮细胞表面，对 LDL 和 HDL 的代谢发挥重要作用。孙建珍[24]指出，饲料脂肪水平提高，大菱鲆幼鱼 LPL、HL 和 TL 活性均显著升高，但在两个脂肪水平下添加胆汁酸均能使 HL、LPL 和 TL 活性显著提高。肝胰脏是鱼类进行脂肪酸 β-氧化和调节脂肪累积的重要器官，脂肪分解酶 LPL、HL 的活性直接影响肝胰脏的脂肪代谢。试验中，添加胆汁酸饲料组的 LPL、HL 和 TL 含量均显著高于对照组。这说明添加胆汁酸可改善吉富罗非鱼幼鱼肝脏脂肪的代谢，避免肝脏损伤。

LPS 是鱼类消化食物中的脂肪的重要酶，胆汁酸能够增强 LPS 的活性，显著提高肝脏和肠道 LPS 的活性。在苟庚午的试验中，胆汁酸添加组的鱼肝脏和肠道的 LPS 活性均显著高于对照组，并随着胆汁酸水平的升高而显著升高。这可能与胆汁酸能够激活肝脏和肠道脂肪酶原活性，使 LPS 结合甘油三酯脂滴并催化其水解有关。此外，Maita 等[17]报道了添加胆汁酸能够显著提高日本鳗鲡 LPS 的活性，进而促进脂肪代谢，也证实这一推测的合理性。

3.3.12　饲料中添加胆汁酸对肝脏和胆囊的影响

对试验鱼肝脏石蜡切片的观察表明，对照组、50、150 和 450 mg/kg 组肝脏细胞处于正常状态，细胞核位于肝细胞中央，胞膜清晰可见，有少量空泡，但胆汁酸高水平组（1 350 mg/kg）中，肝脏细胞大量空泡化，细胞核明显偏移，呈现一种病理特征，表明饲料中添加过量胆汁酸会损伤肝细胞。

Russell[61] 发现胆汁酸能有效保持动物体内胆固醇的动态平衡和保持胆固醇的溶解性。Barth[62] 发现胆汁中的胆汁酸和卵磷脂等成分具有特殊的乳化活性，当这些乳化剂与胆固醇结合时，胆固醇就被分散形成可溶性微团而不易沉淀形成结石。体内胆汁淤滞或小肠转运延迟会导致更多的 CA 在肠菌作用下分解成 DCA，促进肠肝循环中胆汁胆固醇的分泌，使胆汁胆固醇饱和度升高，从而形成胆结石。医学研究表明，胆囊通过胆囊收缩素（CCK）等物质调节胆囊收缩，胆囊收缩异常可能形成胆结石。胆囊黏膜具有吸收和分泌功能，形成胆结石后，可能使胆囊失去调节胆汁胆固醇溶解度的能力。在荀庚午的试验中，添加量为 1 350 mg/kg 的组中 98% 的试验鱼均形成胆结石，这可能是由于胆汁酸含量过多，致使肠肝循环频繁甚至紊乱，刺激肝脏和胆汁胆固醇分泌过多，在胆囊达到过饱和状态，浓缩形成胆结石；并且胆囊收缩异常，长期处于这种状态导致胆囊黏膜也失去调节胆汁胆固醇的能力，造成有的胆囊萎缩，有的胆囊肿大，胆汁清亮的异常情况。

3.4　胆汁酸对乌鳢生长性能、消化及物质代谢的影响

3.4.1　乌鳢介绍

乌鳢是鳢科鳢属鱼类，俗称乌鱼、黑鱼和蛇头鱼等。乌鳢为底栖肉食凶猛性鱼类，平时喜生活在沿岸泥底水草丛生的浅水区，潜伏在水草中等待时机追捕食物，夜间有时在水的上层游动。仔鱼以浮游动物为食；幼鱼以水生昆虫、小虾和小鱼为食；成鱼则捕食其他鱼类。乌鳢分布于中国、朝鲜、日本、东南亚、印度和俄罗斯[63]。

乌鳢是肉食性淡水鱼类，比较凶猛，身体有黑色条纹，覆盖鳞片，表面光滑，能够分泌黏液保持体表湿润；由背至腹颜色逐渐变浅，能够生存的水温是 0~40 ℃，其中适宜生长的水温范围是 16~30 ℃，水温影响采食量大小；营养丰富，含肉率高，肌肉间无细小鱼刺，经济价值高，是鱼中珍品。

乌鳢为有胃鱼，胃呈 D 形，胃的黏膜层胃小凹很多，数量因鱼的种类不同而有差异，这种结构有利于改善消化和吸收面积以及肠道在腹腔中的功能，是鱼类的一种适应性结构。乌鳢的消化腺由肝脏和胰脏等组成，其胰腺分散于肝脏中，肉眼不容易辨别出来。肝可以分泌胆汁，合成与贮存糖原，合成胆固醇与血浆蛋白等，肝也用于储存脂滴与多种维生素，灭活、转化有毒物质，而肝巨噬细胞和大颗粒淋巴细胞使其又具有防御功能，它还具有造血潜能以及可合成血浆蛋白等[64]。

乌鳢个体大、生长快、经济价值高。由于鳃上器可耐低氧，因此此鱼便于运输。除天然

水域捕捞外，还应分地散养。在不放养鲢、鳙、草鱼的水库，应对乌鳢进行繁殖保护，并适当加强成鱼捕捞，从而提高产量。

乌鳢鱼肉中蛋白质含量为 18.8%~19.8%，脂肪含量为 0.8%~1.4%，水分含量为 77.9%~80%，灰分含量为 1.1%~1.2%，锌含量为 36.1 mg/kg。乌鳢骨刺少，含肉率高，而且营养丰富，比鸡肉、牛肉所含的蛋白质高。乌鳢作为药用具有去瘀生新、滋补调养等功效；外科手术后，食用乌鳢具有生肌补血、促进伤口愈合的作用，乌鳢具有非常丰富的营养价值。此外乌鳢肉含蛋白质、脂肪、18 种氨基酸等，还含有人体必需的钙、磷、铁等元素及多种维生素[63]。

3.4.2　乌鳢养殖过程中的注意问题

乌鳢对水体中环境因子的变化适应性强，尤其对缺氧、水温和不良水质有很强的适应能力。当水体缺氧时，它可以不时将头露出水面。借助在鳃腔内由第一鳃弓背面的上鳃骨和舌颌骨伸展出的骨片组成的鳃上器，直接呼吸空气中的氧气。因此即使在少水和无水的潮湿地带，也能生存相当长的时间。乌鳢的生存水温为 0~40 ℃，最适水温为 16~30 ℃。当春季水温达到 8 ℃以上时，乌鳢常在水体中上层活动；夏令季节活动于水体的上层；秋季水温下降到 6 ℃以下时，游动缓慢，常潜伏于水深处；冬季水温接近 0 ℃时，则蛰居在水底泥中停食不动。

投喂乌鳢冰鲜鱼时，要注意投喂量不可太多，尤其是夏季高温期间，残留饲料和排泄物会使水体恶化，水质变坏，使乌鳢产生疾病，因此需要经常换水；而养殖污水排放到河流中，又会对生态造成负面影响，不符合国家生态环境建设的目标，阻碍了可持续发展；并且养殖成本高，不易运输和贮存，而高密度养殖，会使疾病传染加快。现在投喂膨化饲料养殖乌鳢是一个趋势，因为膨化饲料具有较好的诱食性，并且鱼体生长快，饲料系数降低，抗病性强，提高了乌鳢的安全和质量[65]。

3.4.3　胆汁酸添加剂对乌鳢生长性能的影响

胆汁酸在水产养殖中广泛应用，为了考察胆汁酸在乌鳢养殖方面的应用价值，陈莎[66]开展了胆汁酸对乌鳢生长性能、消化及物质代谢影响的试验研究。

在试验中，采用每 t 基础日粮添加 1 kg 30% 的胆汁酸考察应用效果。试验开始前，在池塘中放置网箱并固定，消毒后，选择体型均匀、健康的鱼苗进行称重，记录重量和数量，随机将 120 条初始体重为 69.94 g 的乌鳢分成 4 个重复，每个重复 30 条，每天 6：00 和 15：00 进行饲喂，每天 2 次，记录每天的水温变化，记录鱼的死亡数并称重，饲喂过程中注意观察乌鳢的采食以及生长状况，科学调节投喂量，预防疾病。

与对照组相比，饲料中添加了胆汁酸后，乌鳢的 FBW 提高了 7.60%，WGR 提高了 11.67%，SGR 提高了 6.74%，FR 降低了 8.21%，饲料系数降低了 18.18%，成活率差异不显著，但有升高的趋势。

添加胆汁酸能够促进乌鳢生长，降低饲料消耗，这与胆汁酸能够改善脂类代谢和机体稳态有关。这个试验结果与其他研究者的研究成果类似。在军曹鱼饲料中添加胆汁酸,能够促进军曹鱼生长,改善脂肪转运,减少沉积。饲料中的脂类水平增加,军曹鱼幼鱼的日采食量降低。在日粮中添加胆汁酸,与对照组相比,罗氏沼虾、草鱼和异育银鲫的饲料系数显著降低,利用率增加。在虹鳟饲料日粮中,添加复合胆汁酸能够加快生长速度,降低饲料系数[66-67]。

3.4.4 胆汁酸添加剂对乌鳢形体指标和血清生化指标的影响

陈莎[66]将胆汁酸应用于乌鳢的养殖试验,用于考察胆汁酸对其生长与代谢性能的影响。得到的试验结果显示,添加了胆汁酸后,与对照组相比,乌鳢的肝体比、脏体比、肠长比和肥满度差异均不显著;乌鳢肌肉中的水分、粗蛋白质、粗脂肪和粗灰分差异不显著。添加胆汁酸后,粗脂肪含量升高了 30.10% 。

添加了胆汁酸后,与对照组相比,乌鳢的白蛋白(ALB)、总蛋白(TP)、MDA、总超氧化物歧化酶(T-SOD)、ALT、AST 和胰高血糖素(GLY)差异不显著;HDL-C 比对照组升高了 31.40%,LDL-C 降低了 31.39%;血清中 TG 的含量比对照组降低了 105.49%。

肥满度能够检验鱼类的肥瘦,肝体比和脏体比可以检验肝胰脏和内脏的生长发育状况和脂肪贮存的情况。陈莎的研究结果显示,在饲料中添加胆汁酸,对乌鳢形体的影响不显著。查特兹佛蒂斯(Chatzifotis)等[25]研究显示饲料脂类水平对大西洋白姑鱼的形体指标的影响不显著。陈昊杰[67]的研究显示,日粮中添加胆汁酸,草鱼的脏体比和肝体比差异不显著。

3.4.5 胆汁酸添加剂对乌鳢肠道抗氧化指标和肠道消化酶的影响

陈莎的研究结果显示,与对照组相比,添加胆汁酸后,添加胆汁酸组的乌鳢的肠道 T-SOD 和 CAT 差异不显著。但添加胆汁酸组的肠道 MDA 含量比对照组降低了 46.88%。添加胆汁酸对乌鳢肠道消化酶的影响不显著,试验组和对照组肠道消化酶的活性无显著差异。各组间肠道糜蛋白酶和淀粉酶活性的差异不显著。

试验中,添加了适宜含量的胆汁酸,并没有显著提高乌鳢鱼体粗脂肪的含量,只是有升高的趋势,可能与试验条件和添加量有关。王恒[15]在罗氏沼虾日粮中添加胆汁酸进行相关试验,结果显示添加胆汁酸对肌肉水分和粗蛋白质无显著影响,但粗脂肪含量显著降低。孙建珍[68]在大菱鲆幼鱼日粮中添加胆汁酸,结果显示在一定脂肪水平上添加胆汁酸,能显著减少背肌中的水分和粗脂肪,但显著提高粗蛋白质含量。郑宗林等[19]在齐口裂腹鱼幼鱼饲料中添加胆汁酸,结果显示,胆汁酸添加量增加,鱼体肌肉中粗蛋白质先增加后稳定,粗脂肪则是先减少后稳定。雷格斯特(Regost)等[70]的研究发现,日粮的高脂水平对大菱鲆鱼体肌肉质量几乎没有影响。

刘敬升的研究结果显示,胆汁酸能够激活小肠内的脂肪酶原,使其转化为脂肪酶,使该酶结合到甘油三酯脂滴表面上,提高活性,促进脂肪消化,鱼类能够利用它消化食物中的脂肪。武中会等[71]的研究显示,肉鸡日粮中添加胆汁酸复合乳化剂, 21 日龄和 42 日龄肠道内容物脂肪酶、胰蛋白酶和糜蛋白酶活性升高，显著提高了消化酶活性。陈昊杰等[67]的研究显示，草鱼日粮中添加胆汁酸，肠道胰蛋白酶活性无显著差异，脂肪酶活性显著高于对照组。向枭等[72]研究在白甲鱼幼鱼的饲料中添加胆汁酸对肠道的影响，结果显示脂肪添加量增加时，肠道脂肪酶活性先增加后降低。Maita 等[17]、孙建珍[68]的试验结果显示，胆汁酸能够增加日本鳗鲡、大牙鲆幼鱼和牙鲆肠道脂肪酶的活性。曾本和[73]的研究结果显示，在高脂日粮中添加胆汁酸，齐口裂腹鱼的肠道脂肪酶活性随添加水平的增加先升高后趋于稳定。

3.4.6　胆汁酸添加剂对乌鳢肝脏糖代谢和肝脏脂类代谢的影响

陈莎的研究结果显示，在乌鳢的日粮中添加胆汁酸，与对照组相比，添加胆汁酸组乌鳢的丙酮酸羧化酶（PC）活性比对照组降低了 46.26%，添加胆汁酸组乌鳢的 LPL 活性比对照组降低了 64%，果糖-1，6-双磷酸酶（FBPase）活性显著降低，说明胆汁酸可能对乌鳢体内的糖异生产生作用[66]。

Duran-Sandoval 等[74]的研究结果显示，胆汁酸能够降低葡萄糖-6-磷酸酶（G6Pase）和 FBPase 的基因表达，抑制糖异生。陈莎的试验结果显示，PC 活性显著降低，说明胆汁酸对乌鳢体内的糖异生产生影响，这可能是通过影响信号分子 FXR 实现的。

Mead 等[75]的研究结果显示，肝脏能进行脂肪酸的氧化，HL 存在于肝内皮细胞表面，作用于脂蛋白携带的脂类，水解血液循环中的 TG 和磷脂，调节胆固醇从周围组织中转运至肝脏，将 VLDL 转化为 LDL。LPL 是脂质代谢的关键酶，作用于血液中 VLDL 携带的 TG，定位于肝及肝外组织，参与体内脂肪代谢。

陈莎的试验中，添加胆汁酸，肝脏 LPL 显著减少，HL、TL、ALT 与 AST 没有发生显著变化，可能是因为胆汁酸能够改善脂类物质在体内的沉积，这与其他研究者的试验结果有所差异。梭鱼和许氏平鲉[76]肝胰脏 LPL 和 HL 的活性随饲料中脂肪水平的升高呈现升高的趋势。大菱鲆幼鱼饲料中添加胆汁酸，随着添加量增多，肝脏中 LPL 活性先升高后平稳，而 HL 活性显著升高[26]。白甲鱼幼鱼和尼罗罗非鱼肝脏 LPL、HL 和 TL 活性随饲料脂肪水平的升高先升高后降低，最后趋于稳定。高脂日粮中加入胆汁酸，齐口裂腹鱼肝胰脏 HL 与 TL 随加入水平的增加呈现先增加后减少的趋势，但是 LPL 先升高后趋于稳定。

3.4.7　胆汁酸添加剂对乌鳢肠道形态、胃和肝脏组织结构的影响

陈莎研究了胆汁酸添加剂对乌鳢肠道形态、胃及肝脏组织的影响，试验结果显示，在日粮中添加胆汁酸后，乌鳢的前肠绒毛高度比对照组增加了 31.21%，绒毛宽度差异不显著，绒毛面积增加了 21.86%，肌层厚度增加了 10.90%。与对照组相比，添加胆汁酸后，乌鳢的绒毛结构完整，没有肠腺，后肠绒毛的高度高于对照组 12.13%，绒毛宽度差异不显著，绒毛面积高于对照组 48.51%，肌层厚度增加了 31.32%[66]。

添加胆汁酸后，乌鳢的肝脏出现大小不等的脂质空泡，肝细胞核被挤于一边。添加胆汁酸后，乌鳢的前肠超微结构形状大小不一，细胞顶部呈现五边形和六边形，上边布满微绒毛，能够清晰看到细胞之间的分界线，其他组别能够看到密集排列的微绒毛，但是没有看到明显

的裂隙，试验组微绒毛排列得更加紧凑、严密。

试验的结果显示胆汁酸影响肠道绒毛的形态，推测是因为影响了肠道菌群。肝脏出现空泡，可能与胆汁酸乳化脂肪，促进消化吸收有关。

3.5 胆汁酸对斑点叉尾鮰生长性能和生理机能的影响

3.5.1 斑点叉尾鮰介绍

斑点叉尾鮰是主要的淡水养殖种类之一，属于鮰科大型鱼类，最大个体可达 20 kg 以上。天然分布在墨西哥湾沿岸各州、加拿大南部以及大西洋沿岸的部分地区，之后广泛地进入大西洋沿岸，后来被广泛地引种到美国和世界的其他地方，现已成为美国的主要淡水养殖品种和游钓的对象之一，其产量占美国淡水养殖总产量的一半以上。该鱼具有适应范围广、食性杂、适温广、抗病力强、生长快、产量高、饲料易解决、易饲养、肉质鲜嫩、起捕率高、易加工等特点。1984 年由湖北省水产科学研究所引进，1987 年人工繁殖成功，现已经成为我国淡水养殖的主要品种[77]。

斑点叉尾鮰为温水性鱼类，栖息于河流、水库、溪流、回水、沼泽和牛轭湖等水域底层。幼鱼阶段活动较弱，喜集群在池水边缘摄食、活动，随着鱼体长大，游泳能力增强，逐渐转向水体中下层活动。冬天主要在水体底层活动，而且活动能力明显降低。主要以底栖动物、小鱼、虾、水生昆虫、有机碎屑等为食[78]。

为了达到防病、治病和促生长的目的，在养殖过程中，斑点叉尾鮰的饲料中通常要加入外源性药物添加剂。但这些药物由于对人体和环境的危害被严格限制添加，并且在斑点叉尾鮰国际贸易体系中，各国都对药物残留制定了严格的限制标准。目前斑点叉尾鮰养殖的主要问题是在保持快速生长的同时，如何有效保持鱼体正常的生理机能，尤其是鱼体自身的免疫防御能力和体色，以减少疾病的发生，有效控制养殖过程中药物的使用，满足渔产品安全、卫生和色泽的要求[79]。

胆汁酸具有保肝护胆、乳化脂肪和促进色素吸收的功能，在饲料中添加胆汁酸能够促进鱼类生长，改善体色。叶元土对斑点叉尾鮰进行试验，发现在饲料中添加胆汁酸取得了较好的促生长效果。试验结果表明，胆汁酸能够在肠道内乳化脂肪，促进脂肪在肠道内的吸收，改善鱼体的生理机能[80]。

3.5.2 试验设计

为考察饲料添加剂对斑点叉尾鮰生长和生理机能的影响，汪军涛[81]选择食盐、*DL*-肉碱复合物和胆汁酸做添加剂，研究其对斑点叉尾鮰生长性能和鱼体组分的影响。其所做的试验设计如下。

(1)试验材料

试验鱼斑点叉尾鮰从湖北省嘉鱼县购回，为池塘养殖的当年鱼种。经过 20 天暂养后，挑选规格齐全、体格健壮的鱼种，平均重量为（30.6 ± 0.2）g，采用随机分组的方法进行分组。

DL-肉碱复合物（含 50% 的 *DL*-肉碱），胆汁酸（含 15% 的胆汁酸）。

（2）试验设计

本试验设置 1 个对照组，1 个 *DL*-肉碱复合物试验组，1 个 *DL*-肉碱复合物 + 胆汁酸试验组，共计 3 个试验组。每个组设置 3 个平行，共计 9 个养殖桶，每桶 15 尾斑点叉尾鮰，共 135 尾鱼。通过养殖试验可以得出 *DL*-肉碱复合物试验组、*DL*-肉碱复合物 + 胆汁酸试验组与对照组的养殖效果和饲料利用效率；同时，测定鱼体全鱼、肌肉、肝脏蛋白、脂肪、水分的含量，以探讨对斑点叉尾鮰生长性能和鱼体组分的影响。

（3）试验饲料

选用常规饲料原料设计斑点叉尾鮰试验基础配合饲料。以基础饲料作为空白对照，在基础饲料中分别添加 *DL*-肉碱复合物（含 *DL*-肉碱 50%）200 mg/kg，*DL*-肉碱复合物（含 *DL*-肉碱 50%）200 mg/kg+250 mg/kg 胆汁酸（含胆汁酸 15%）共 3 个组。得到 *DL*-肉碱在饲料中的实际含量为 100 mg/kg 和 *DL*-肉碱 100 mg/kg+ 胆汁酸 37.5 mg/kg 的 2 种试验饲料。

3.5.3　生长速度

80 d 养殖试验得到的结果如表 3-5-1 所示，从表 3-5-1 可以看出，*DL*-肉碱复合物 + 胆汁酸组的 SGR 较对照组上升 7.69%。

表 3-5-1　各试验组鱼重量和特定生长率

组别	初始重量（g）	初始平均重量（g）	终末重量（g）	终末平均重量（g）	特定生长率 SGR（%）
对照组	468.3	464.13 ± 3.61	829.7	864.33 ± 31.13	1.04 ± 0.07
	462.0		873.3		
	462.1		890.0		
DL-肉碱复合物组	462.4	461.4 ± 2.55	942.1	930.23 ± 16.42	1.17 ± 0.02
	463.3		937.1		
	458.5		911.5		
DL-肉碱复合物组 + 胆汁酸组	449.8	456.5 ± 6.65	874.7	892.47 ± 47.98	1.12 ± 0.10
	463.1		855.9		
	456.6		946.8		

肉碱在鱼类的营养代谢过程中扮演着关键角色，其是将长链脂肪酸转运进入线粒体进行氧化的唯一载体。脂肪酸的氧化作用是在肝和其他组织的线粒体氧化区进行的。中链脂肪酸可以直接穿过线粒体外膜进入线粒体内，而长链脂肪酸因不能直接穿过线粒体内膜，必须以特殊的转运机制运送脂肪酸进入线粒体基质中，肉碱的含量增加可以促进线粒体内的脂肪酸氧化，提高组织对脂肪酸的氧化作用。这是因为提高组织的肉碱的含量，游离肉碱可以在线粒体内与已酰 CoA 反应，生成已酰肉碱，释放出 CoA-SH，降低线粒体已酰 CoA 的量，并因此降低丙二酸单酰 CoA 的量，解除对脂酶转移酶的抑制，使更多的脂肪酸进入线粒

体进行氧化,使线粒体氧化脂肪酸的能力增强[69]。

3.5.4 饲料利用效率和饲料系数

养殖 80 d 后,得到的饲料系数的结果如表 3-5-2 所示,从表 3-5-2 可以看出,以 *DL*-肉碱复合物 + 胆汁酸组做添加剂的饲料系数与对照组相比下降了 9.14%,饲料效率升高 10.53%。*DL*-肉碱复合物 + 胆汁酸组的饲料利用效率显著高于对照组,饲料系数显著低于对照组。

表 3-5-2 各试验组饲料系数和饲料利用效率

组别	饲料系数 FCR	饲料利用效率(%)
对照组	1.75 ± 0.20	57.48 ± 6.22
DL-肉碱复合物组	1.48 ± 0.05	67.41 ± 2.12
DL-肉碱复合物 + 胆汁酸组	1.59 ± 0.19	63.53 ± 7.43

3.5.5 鱼体全鱼、肌肉和肝脏中水分、蛋白、脂肪的含量的测定

水分、蛋白、脂肪含量是反映鱼体组分的重要指标,各试验组斑点叉尾鮰鱼体全鱼、肌肉、肝脏中水分、蛋白、脂肪的含量测得的结果如表 3-5-3 所示,可以看出,应用在 *DL*-肉碱复合物的基础上补充添加胆汁酸后的饲料,能够降低全鱼、肌肉和肝脏中的水分含量,降低全鱼、肌肉和肝脏的蛋白含量,降低全鱼的脂肪含量,增加肌肉的脂肪含量。试验组较对照组肌肉脂肪含量显著上升。

表 3-5-3 各试验组鱼体全鱼、肌肉、肝脏中水分、干样蛋白、干样脂肪的含量

指标	对照组	*DL*-肉碱复合物组	*DL*-肉碱复合物 + 胆汁酸组
全鱼水分	72.54 ± 1.31	72.28 ± 2.70	73.78 ± 1.44
肌肉水分	79.50 ± 0.18	79.40 ± 0.34	79.70 ± 0.25
肝脏水分	73.69 ± 1.04	74.04 ± 0.46	77.25 ± 5.96
全鱼蛋白	54.67 ± 2.43	54.65 ± 3.98	57.06 ± 2.47
肌肉蛋白	85.27 ± 0.49	80.64 ± 4.35	85.35 ± 0.64
肝脏蛋白	54.35 ± 1.53	46.46 ± 5.52	54.81 ± 2.00
全鱼脂肪	29.88 ± 3.71	28.63 ± 5.74	25.12 ± 3.00
肌肉脂肪	8.51 ± 1.03	10.32 ± 0.39	9.84 ± 0.43
肝脏脂肪	45.12 ± 2.80	45.52 ± 2.84	47.16 ± 2.86

3.5.6 形体指标

汪军涛的试验测得的结果如表 3-5-4 所示,可以看出,在 *DL*-肉碱复合物基础上添加胆

汁酸后所得的饲料，较 *DL*-肉碱复合物单独添加组的肥满度、脏体比和肝体比分别降低 1.43%、4.19% 和 4.76%，这表明在试验条件下，在 *DL*-肉碱复合物基础上添加胆汁酸有降低鱼体肥满度、脏体比和肝体比的趋势。

表 3-5-4　各试验组肥满度、脏体比和肝体比

组别	肥满度	脏体比（%）	肝体比（%）
对照组	1.35 ± 0.10	6.45 ± 1.36	1.15 ± 0.20
DL-肉碱复合物组	1.40 ± 0.12	6.68 ± 1.26	1.26 ± 0.22
DL-肉碱复合物 + 胆汁酸组	1.38 ± 0.08	6.40 ± 1.20	1.20 ± 0.25

3.5.7　转氨酶活性

鱼体转氨酶活性不仅是肝功能的测定指标，同时反映了鱼体对氨基酸代谢作用的强弱。GPT、GOT 是广泛存在于动物组织细胞线粒体内的重要氨基转移酶，在机体蛋白质代谢，特别是氨基酸代谢中起着重要的作用。当肝脏受到损伤时，组织内这种酶的活性就会降低。大量 GPT、GOT 渗入血液，肝脏的 GPT、GOT 活性会明显下降，而血液中 GPT、GOT 的活性明显升高。汪军涛测定了 3 组斑点叉尾鮰肝脏和血清的 GPT 和 GOT 活性，结果如表 3-5-5 所示，试验中各组血清 GOT、GPT 活性远低于肝脏 GOT、GPT 活性，表明试验鱼体的肝脏功能正常，肝脏细胞没有受到明显的损伤。添加 *DL*-肉碱复合物后，肝脏 GPT、GOT 活性较对照组分别提高 0.89% 和 8.99%；在添加 *DL*-肉碱复合物的基础上补充添加胆汁酸后，肝脏 GPT、GOT 活性较 *DL*-肉碱复合物单独添加组分别提高 6.26%、1.60%，表明肉碱复合物的添加有增强肝脏代谢功能的趋势，而胆汁酸的补充则进一步增强了这一趋势。

表 3-5-5　各试验组肝脏、血清的 GPT、GOT 活性

组别	血清 GPT（U/100 mL）	肝脏 GPT（U/100 mL）	血清 GOT（U/100 mL）	肝脏 GOT（U/100 mL）
对照组	2.29 ± 0.60	178.48 ± 11.23	48.57 ± 9.56	181.17 ± 12.35
DL-肉碱复合物组	3.19 ± 0.68	180.06 ± 5.46	37.7 ± 3.39	197.46 ± 4.96
DL-肉碱复合物 + 胆汁酸组	3.51 ± 0.76	191.33 ± 12.69	53.85 ± 13.03	200.61 ± 6.12

3.5.8　非特异性免疫力的测定

SOD 是一种重要的抗氧化酶，在防御机体衰老和生物分子损伤等方面有极为重要的作用，并且与水生生物的免疫水平密切相关，与鱼体清除自由基的能力相关。溶菌酶（LZM）是鱼体非特异性免疫防御机制的重要组成部分，是鱼类组织分泌的一种水解酶，具有破坏细菌细胞壁并对真菌细胞壁和昆虫外骨骼进行有限的水解。

溶菌酶的水平和活性直接关系到鱼类的免疫能力和健康程度。为了反映鱼体的免疫能力和防御能力,汪军涛测定了血清、皮肤黏液的 SOD 和 LZM 活性。结果如表 3-5-6 所示,可以看出, *DL*-肉碱复合物的添加降低了血清和黏液的 SOD 活性,降幅分别为 6.54%、3.87%;增强了黏液 LZM 活性,增幅为 7.09%。

表 3-5-6 各试验组血清、皮肤黏液的 SOD 活性和 LZM 活性

组别	血清 SOD(U/mL)	黏液 SOD(U/mL)	血清 LZM(U/mL)	黏液 LZM(U/mL)
对照组	116.03 ± 3.03	225.27 ± 12.44	0.41 ± 0.03	0.12 ± 0.02
DL-肉碱复合物组	108.44 ± 6.13	216.55 ± 7.06	0.54 ± 0.04	0.13 ± 0.00
DL-肉碱复合物 + 胆汁酸组	150.48 ± 0.80	241.12 ± 6.05	0.62 ± 0.04	0.08 ± 0.01

在 *DL*-肉碱复合物的基础上添加胆汁酸增强了血清和黏液的 SOD 活性,增幅为 38.77% 和 11.35%,差异显著;增加了血清的 LZM 活性,增幅为 14.81%,差异不显著;但降低了皮肤黏液的 LZM 活性,降幅为 38.46%,差异显著。

参考文献

[1] 沈玉帮,张俊彬,李家乐. 草鱼种质资源研究进展 [J]. 中国农学通报,2011,27(7):369-373.

[2] 王玉堂. 池塘养鱼高产新技术 [M]. 北京:农村读物出版社,1994.

[3] 张露,周剑,刘光迅. 草鱼人工繁殖技术研究 [J]. 四川农业科技,2016(7):50-52.

[4] 阳会军,田丽霞,黄俊娃,等. 草鱼的营养需要与饲料营养参数(一)[J]. 广东饲料,2013,22(9):37-39.

[5] WATANABE T. Lipid nutrition in fish [J]. Comparative biochemistry and physiology B: comparative biochemistry,1982,73(1):3-15.

[6] SARGENT J R, HENDERSON R J, TOCHER D R. The lipids[M]//HALVER J E. Fish nutrition. 2nd ed. New York:Academic Press,1989:154-218.

[7] 石亚庆. 两种脂肪水平下湘云鲫饲料中磷酸二氢钙适宜添加量研究 [D]. 重庆:西南大学,2016.

[8] 李金宝. 胆汁酸在脂肪消化吸收中的作用 [J]. 广东饲料,2012,21(4):25-26.

[9] 罗金强. 草鱼饲料磷酸二氢钙适宜添加量及两种乳化剂的应用效果比较研究 [D]. 重庆:西南大学,2017.

[10] 卿兰才,高来,刘学进,等. 乳化剂在水产养殖中的应用 [J]. 饲料与畜牧,2009(7):58-60.

[11] 颉志刚,牛翠娟. 可利康对虹鳟生长的影响 [J]. 饲料研究,2002(10):22,25.

[12] 谭永刚,魏文志,曾党胜. 饲料中添加胆汁酸对异育银鲫生长性能的影响 [J]. 广东饲料,2008,17(1):25-26.

[13] 陈均,卿兰才,郑宗林,等. 高鱼油日粮中添加乳化剂对吉富罗非鱼生长性能的影响 [J].

饲料与畜牧，2009(4)：40-42.

[14] 王纪亭，宋憬愚，李海涛，等. 乳化剂对锦鲤生长及血液生化指标的影响 [J]. 大连水产学院学报，2009，24(3)：257-260.

[15] 王恒. 不同脂肪源及胆汁酸对罗氏沼虾生长性能及脂肪酸组成的影响 [D]. 扬州：扬州大学，2010.

[16] 周书耘，刘永坚，梁海鸥，等. 饲料中添加胆汁酸对军曹鱼生长及体组成的影响 [J]. 南方水产，2010，6(4)：20-25.

[17] MAITA M，TACHIKI H，KAIBARA A. Pharmacological effect of ursodeoxycholic acid in juvenile eel [J]. Nippon suisan gakkaisi，1996，42(1)：129-130.

[18] 李勇，王优军，王雷，等. 不同添加剂及其组合对大菱鲆生长性能与水环境的影响 [J]. 饲料工业，2006，27(10)：25-28.

[19] 郑宗林，曾本和，向枭，等. 饲料中胆汁酸添加水平对齐口裂腹鱼幼鱼生长性能、形体指标及体成分的影响 [J]. 动物营养学报，2016，28(8)：2423-2430.

[20] 林仕梅，叶元土，罗莉. 胆汁酸添加剂对异育银鲫生长的影响 [J]. 广东饲料，2003，12(3)：14-15.

[21] 汪军涛. 饲料中食盐、*DL*-肉碱复合物、胆汁酸对斑点叉尾鮰生长和部分生理机能、体色因子的影响 [D]. 苏州：苏州大学，2008.

[22] 胡田恩，王玲，张春晓，等. 饲料中添加胆汁酸对牛蛙生长性能、体组成和营养物质表观消化率的影响 [J]. 水生生物学报，2015，39(4)：677-685.

[23] 周书耘. 饲料中磷水平和添加胆汁酸对军曹鱼(*Rachycentron canadum*)幼鱼生长、体组成和肝脏组成的影响 [D]. 广州：中山大学，2010.

[24] 孙建珍，王际英，马晶晶，等. 不同脂肪水平下添加胆汁酸对大菱鲆(*Scophthalmus maximus*)幼鱼生长、体组成和脂肪代谢的影响 [J]. 海洋与湖沼，2014，45(3)：617-625.

[25] CHATZIFOTIS S，PANAGIOTIDOU M，PAPAIOANNOU N，et al. Effect of dietary lipid levels on growth，feed utilization，body composition and serum metabolites of meagre(*Argyrosomus regius*)juveniles [J]. Aquaculture，2010，307(1-2)：65-70.

[26] 黄炳山，李宝山，张利民，等. 胆汁酸对大菱鲆幼鱼生长、脂肪代谢酶及血清生化的影响 [J]. 上海海洋大学学报，2015，24(5)：737-744.

[27] 冯伟，王玲，张春晓，等. 饲料脂肪源和乳化剂对牛蛙生长性能、肠道消化酶活性及肝脏生化指标的影响 [J]. 动物营养学报，2015，27(6)：1954-1962.

[28] 周玉，郭文场. 杨振国. 等. 鱼类血液学指标研究的进展 [J]. 上海海洋大学学报，2001，10(2)：163-165.

[29] 张玲，张卫东，张小玲，等. 氯化胆碱、肌醇和胆汁酸对鲤鱼生长、血清生化及免疫指标的影响 [J]. 饲料工业，2008，29(22)：14-16.

[30] 郭永丽，饶碧波，郭慧，等. 胆汁酸添加剂对草鱼抗氧化能力的影响 [J]. 广东农业科学，2009(6)：133-135.

[31] 郑宗林，胡波，卿兰才，等. 脂肪乳化剂对吉富罗非鱼生产性能和血清生化指标的影响 [J]. 饲料博览，2009（2）：21-24.

[32] 肖世玖. 三种添加剂对团头鲂和异育银鲫生长与消化机能的影响研究 [D]. 南京：南京农业大学，2008.

[33] 翟少伟，李剑，陆鹏，等. 不同饲用乳化剂对吉富罗非鱼生长性能和肠道消化酶活性的影响 [J]. 粮食与饲料工业，2015（12）：58-60.

[34] CASPARY W F. Physiology and pathophysiology of intestinal absorption [J]. American journal of clinical nutrition，1992，55（1）：299-308.

[35] 孙逊，杨刚毅. 胆汁酸对糖脂代谢影响的研究现状 [J]. 国际内分泌代谢杂志，2008，28（5）：323-325.

[36] 张红娟，刘玉梅，刘海燕，等. 油脂氧化对水产动物的危害及其预防对策 [J]. 饲料研究，2013（7）：68-71.

[37] 何杰. 饲料添加胆汁酸对异育银鲫生长、氧化损伤修复、内源胆汁酸代谢以及 CyHV-2 免疫保护作用的影响 [D]. 苏州：苏州大学，2018.

[38] 刘敬盛，杨玉芝，王君荣，等. 胆汁酸营养功能及作用机制的研究进展 [J]. 中国饲料，2010（6），35-37.

[39] KIM S-K，MATSUNARI H，TAKEUCHI T，et al. Effect of different dietary taurine levels on the conjugated bile acid composition and growth performance of juvenile and fingerling Japanese flounder *Paralichthys olivaceus* [J]. Aquaculture. 2007，273（4）：595-601.

[40] 赵盼月. 饲料中添加胆汁酸对欧洲鳗鲡幼鱼生长、血清生化指标、肠道菌群及肝脏代谢的影响 [D]. 厦门：集美大学，2019.

[41] JI Y，GU Y，LIU H，et al. The effects of partial replacement of white fish meal by poultry by-product meal and addition of bile acid in feed on growth，digestibility，and serum enzyme activities of the Chinese soft-shelled turtle [J]. Fisheries science，2016，83（1）：1-6.

[42] 叶元土，蔡春芳，许凡，等. 灌喂氧化鱼油使草鱼肠道黏膜胆固醇胆汁酸合成基因通路表达上调 [J]. 水生生物学报，2015，39（1）：90-100.

[43] DEL R D，STEWART A J，PELLEGRINI N. A review of recent studies on malondialdehyde as toxic molecule and biological marker of oxidative stress [J]. Nutrition metabolism and cardiovascular diseases，2005，15（4）：316-328.

[44] 郭永丽. 外源胆汁酸制剂对草鱼生长、抗氧化能力及脂肪代谢的影响 [D]. 广州：华南农业大学，2008.

[45] 朱敏，刘倩琦，郭梅，等. 熊脱氧胆酸对糖尿病大鼠胰岛 β 细胞凋亡的保护作用 [J]. 南京医科大学学报（自然科学版），2008，28（3）：286-290.

[46] 郑永华，蒲富永. 汞对鲤鲫鱼组织转氨酶活性的影响 [J]. 西南农业大学学报，1997，19（1）：41-45.

[47] 徐明清，韩本立，龚建平，等. 熊脱氧胆酸促进肝脏部分切除后肝细胞再生 [J]. 中华肝

脏病杂志，2002，10(2)：103-104.

[48] BOULIAS K，KATRAKILI N，BAMBERG K，et al. Regulation of hepatic metabolic pathways by the orphan nuclear receptor SHP [J]. Embo journal，2005，24(14)：2624-2633.

[49] 汪学杰，刘奕，宋红梅，等. 布氏罗非鱼的三种繁殖生产方法 [J]. 海洋与渔业，2016(9)：52-53

[50] 申玉春. 鱼类增养殖学 [M]. 北京：中国农业出版社，2008.

[51] 王海英，王广军，谢骏，等. 我国罗非鱼养殖概况及其市场分析 [J]. 水产研究，2014(1)：22-28.

[52] 贺燕辉，张红燕，龚赟翀，等. 我国罗非鱼养殖品种及养殖发展分析 [J]. 水产养殖，2009，30(2)：12-14.

[53] 陈德寿. 罗非鱼品种与养殖模式选择效果分析 [J]. 科学养鱼，2007(9)：45-46.

[54] 苟庚午. 四种饲料添加剂在吉富罗非鱼饲料中的应用效果 [D]. 上海：上海海洋大学，2016.

[55] 王会敏，王正平，董旻岳，等. 胆汁酸代谢与调控研究进展 [J]. 国际消化病杂志，2010，30(2)：79-82.

[56] 唐胜球，董小英，孙德文，等. 饲用添加剂胆汁酸的最新研究进展 [J]. 广东饲料，2009，18(1)：32-35.

[57] 曾本和，廖增艳，向枭，等. 胆汁酸对草鱼的生长性能、肌肉营养成分及消化酶活性的影响 [J]. 渔业科学进展，2017，38(2)：99-106.

[58] FAN M，WANG X，XU G，et al. Bile acid signaling and liver regeneration [J]. Biochimica et biophysica acta (BBA)：gene regulatory mechanisms，2015，1849(2)：196-200.

[59] SIRVENT A，CLAUDEL T，MARTIN G，et al. The farnesoid X receptor induces very lowdensitylipoprotein receptor gene expression [J]. Federation of European biochemical societies letters，2004，566(1-3)：173-177.

[60] MUKHERJEE M. Human digestive and metabolic lipases：a brief review [J]. Journal of molecular catalysis B：enzymatic，2003，22(5-6)：369-376.

[61] RUSSELL D W. Fifty years of advances in bile acid synthesis and metabolism [J]. Issues in criminological and legal psychology，2009，50：120-125.

[62] BARTH A，BRAUN J，MÜLLER D. Influence of verapamil and cyclosporin A on bile acid metabolism and transport in rat liver slices [J]. Experimental and toxicologic pathology，2006，58(1)：31-37.

[63] 李明德. 中国经济鱼类生态学 [M]. 天津：天津科学技术出版社，2012.

[64] 刘红梅. 乌鳢消化系统组织学及消化酶的研究 [D]. 青岛：中国海洋大学，2006 .

[65] 胡家军. 广东养殖乌鳢过程中应注意的几个问题 [J]. 渔业致富指南，2006(24)：36-37.

[66] 陈莎. 三种饲料添加剂对乌鳢生长性能、消化及物质代谢影响研究 [D]. 杭州：浙江大学，2017.

[67] 陈昊杰. 胆汁酸对草鱼生长、脂质代谢及肠道微生物区系的影响 [D]. 杨凌：西北农林科技大学，2016.

[68] 孙建珍. 添加胆汁酸对大菱鲆（*Scophthalmus maximus*）幼鱼脂肪利用能力的影响 [D]. 上海：上海海洋大学，2014.

[69] 石军，陈安国，张云刚. *L*-肉碱的生物学功能及其在鱼类营养代谢中的作用 [J]. 水利渔业，2002，22（5）：10-12.

[70] REGOST C，ARZEL J，CARDINAL M，et al. Dietary lipid level，hepatic lipogenesis and flesh quality in turbot（*Psetta maxima*）[J]. Aquaculture，2001，193（3）：291-309.

[71] 武中会，韩向敏. 胆汁酸复合乳化剂对肉鸡生产性能及肠道消化酶活性的影响 [J]. 畜牧兽医杂志，2008，27（5）：1-4.

[72] 向枭，周兴华，陈建，等. 饲料脂肪水平对白甲鱼幼鱼形体指数、脂肪沉积和脂肪代谢酶活性的影响 [J]. 水产学报，2013，37（9）：1349-1358.

[73] 曾本和，向枭，周兴华，等. 高脂饲料中胆汁酸水平对齐口裂腹鱼肠道组织结构及脂肪代谢酶活性的影响 [J]. 水产学报，2016，40（9）：1340 -1348

[74] DURAN-SANDOVAL D，CARIOU B，FMCHART J C，et al. Potential regulatory role of the farnesoid X receptor in the metabolic syndrome [J]. Biochimie，2005，87（1）：93-98.

[75] MEAD J R，IRVINE S A，RAMJI D P. Lipoprotein lipase：structure，function，regulation，and role in disease [J]. Journal of molecular medicine，2002，80（12）：753-769.

[76] 张春暖，王爱民，刘文斌，等. 饲料脂肪水平对梭鱼脂肪沉积、脂肪代谢酶及抗氧化酶活性的影响 [J]. 中国水产科学，2013，20（1）：108-115.

[77] 梅冬生，许正红. 斑点叉尾鮰人工繁育 [J]. 科学养鱼，2019（12）：11-12.

[78] 姬广闻，李同国，常东洲，等. 名特优水产品高效养殖技术 [M]. 郑州：河南科学技术出版社，2000.

[79] 徐里炳. 斑点叉尾鮰高产养殖技术 [J]. 农村百事通，2018（6）：36-37.

[80] 叶元土. 水产动物的营养与饲料研究评价指标体系 [J]，饲料广角，2004（20）：19-21.

[81] 汪军涛. 饲料中食盐、*DL*-肉碱复合物、胆汁酸对斑点叉尾鮰生长和部分生理机能、体色因子的影响 [D]. 苏州：苏州大学，2008.

第 4 章　胆汁酸在特种水产养殖领域的应用研究进展

4.1　胆汁酸对加州鲈鱼生长性能及代谢性能的影响

4.1.1　加州鲈鱼简介

加州鲈鱼，又叫大口黑鲈，是太阳鱼科黑鲈属鱼类。原产于北美，自 20 世纪 80 年代引进国内后，由于经济效益良好，其已成为我国淡水鱼特优养殖品种之一。加州鲈鱼是一种优质淡水鱼类，具有适应性强、生长快、易起捕、养殖周期短等优点，加之肉质鲜美细嫩，无肌间刺，外形美观，深受养殖者和消费者欢迎。中国加州鲈鱼的年产量一直保持在 15 万 t 左右，其中广东省是加州鲈鱼的主要养殖地，年产量占国内总产量的 60% 以上。加州鲈鱼是以肉食为主的杂食性鱼类，人工饲养时，可投喂切碎的小杂鱼作饲料；经驯化后，也可以投喂人工配合饲料[1]。

在池塘中一般活动于中下水层，常藏身于植物丛中。在水温为 1~36 ℃的范围内均能生存，10 ℃以上开始摄食。正常生活时，水中溶解氧要求在 4 mg/L 以上，溶解氧低于 2 mg/L 时，幼鱼出现浮头。最初，加州鲈鱼养殖中大部分以冰鲜小杂鱼为饲料，后来由于冰鲜鱼资源的匮乏，加州鲈鱼的养殖在一定程度上受到了限制，现在主要以人工配合饲料养殖。为加快加州鲈鱼的生长速度，常使用高脂配合饲料，导致其体脂肪偏高，这不仅降低了其肉质品质和可食部分比例，也导致饲料营养物质的浪费，提高了养殖成本。因此，在养殖过程中，提高加州鲈鱼的生长速度，促进加州鲈鱼的脂肪分解代谢，提高体蛋白质沉积，已成为高效环保加州鲈鱼配合饲料亟待解决的问题[2]。

加州鲈鱼的脂肪含量为 0.81%~6.41%，灰分含量为 1.24%~1.41%，水分含量为 72.12%~79.98%，肌肉中 17 种氨基酸总量为 14.19%~16.47%，其中必需氨基酸占氨基酸总量的 4% 以上，远高于草鱼、青鱼、团头鲂和鲤鱼，但低于养殖的和野生的银鲳，证明加州鲈鱼的肌肉蛋白是一种优质蛋白源。

加州鲈鱼引进之初，其养殖高度依赖冰鲜鱼投喂，但是投喂冰鲜鱼不仅严重污染水质、浪费渔业资源，还会增加养殖过程中的发病率，增加养殖成本，对于加州鲈鱼产业的长远发展是非常不利的。因此，开发出营养均衡、可供全程使用的专用配合饲料，是加州鲈鱼养殖产业实现可持续发展的关键。配合饲料引发代谢性肝病使加州鲈鱼在养殖过程中无法全程使用配合饲料。而随着加州鲈鱼全程饲料养殖技术的成熟，养殖量迅速增加，近几年加州鲈鱼的产量如图 4-1-1 所示。

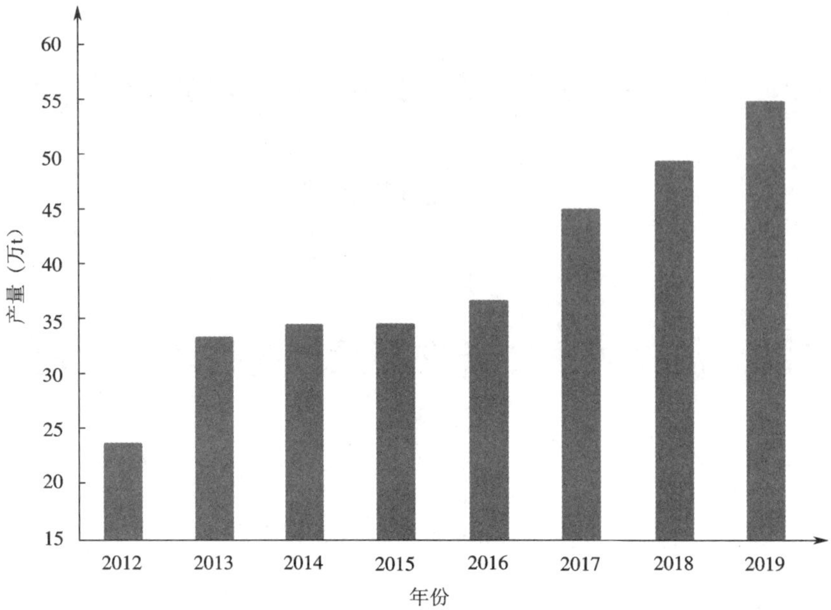

图 4-1-1　我国加州鲈鱼养殖产量的变化趋势

4.1.2　胆汁酸在加州鲈鱼饲料中的有效性评价试验

颉志刚等[3]在 2001 年在虹鳟饲料中添加 0.1% 的胆汁酸，结果表明胆汁酸可以有效提高虹鳟的增重率，其中，试验组的增重率为 93%，而未添加胆汁酸的对照组增重率为 48.5%。李勇等[4]研究了胆汁酸等三种添加剂对大菱鲆生长的影响，结果表明，与对照组相比胆汁酸能够显著提高大菱鲆的增重率。周书耘等[5]研究表明，在军曹鱼饲料中，胆汁酸添加水平为 0.03% 的组的增重率高于对照组和 0.015% 的添加组。此外，林仕梅等[6]以斑点叉尾鮰为研究对象，也得到了相似的结果。以上结果说明适量的胆汁酸能够提高动物的生长性能。陈莎试验的结果表明，添加胆汁酸对加州鲈鱼的生长性能有显著影响，添加 300 mg/kg 胆汁酸能显著提高鱼体的终末均重、特定生长率、摄食率及增重率，但添加 600 mg/kg 胆汁酸的鱼体的特定生长率、增重率及终末均重均与 D0 组（未添加胆汁酸的组）无显著性差异，可能是由于 600 mg/kg 胆汁酸已超出了加州鲈鱼的最适添加量。

马俊霞等[7]就胆汁酸对罗氏沼虾生长和脂肪代谢的影响以及机制进行了研究，结果发现，添加 0.1% 的胆汁酸量能降低肝脏中 ALT、AST 的浓度及碱性磷酸酶的活性，这说明饲料中适量添加胆汁酸制剂能够优化血清中反映肝胰腺损伤状况的指标，有利于罗氏沼虾的健康生长。张玲等[8]研究了胆汁酸对鲤鱼血液生化及免疫指标的影响，结果显示胆汁酸能显著降低 ALT 和 AST 的活性。郭永丽等[9]研究表明在草鱼日粮中添加胆汁酸，可以提高草鱼血液和肝脏总超氧化物歧化酶和谷胱甘肽过氧化物酶的活性。陈莎的试验结果表明，添加 300、600 mg/kg 胆汁酸后，血液中 MDA、SOD、谷胱甘肽硫转移酶（GST）均与 D0 组差异不显著，且 300 mg/kg 胆汁酸能显著提高血浆中的总抗氧化能力。添加 300、600 mg/kg 胆汁酸后，肝脏中 MDA、TBA 均与 D0 组差异不显著，但 600 mg/kg 的胆汁酸能显著提高肝脏中 SOD 的含量。CYP7A1 为合成胆汁酸的限速酶,添加 160、240 mg/kg 胆汁酸能显著提高肝脏中 CYP7A1 含量,能加速胆汁酸的合成。随着胆汁酸添加量的增加,胆囊胆汁酸含量显著提高,其中 D0 组最低,D300 组最高。

分别以摄食率和肝脏中的 TBA 含量为指标,通过折线回归模型获得加州鲈鱼饲料中的胆汁酸最适添加量分别为 283.3 mg/kg 和 253.8 mg/kg。方差分析结果显示饲料中添加 300 mg/kg 胆汁酸,加州鲈鱼获得最高生长性能。在以上添加范围内,胆汁酸有效地降低了加州鲈鱼肝脏中 MDA 的含量,提高了抗氧化能力;通过提高血浆中 HDL-C 的含量显著促进脂肪代谢,同时有效提高了肠道淀粉酶活性。综上所述,加州鲈鱼饲料中胆汁酸的推荐添加量为 253.8~283.3 mg/kg,最高推荐剂量为 300 mg/kg。

4.1.3　胆汁酸在加州鲈鱼饲料中的耐受性评价试验

李勇等[4]研究了胆汁酸等对大菱鲆生长的影响,结果表明与对照组相比,胆汁酸能够显著提高大菱鲆的增重率。陈莎的试验结果显示,饲料中添加 300 mg/kg 胆汁酸能显著提高加州鲈鱼的生长性能,并改善血液胆固醇代谢,提高抗氧化和免疫功能,改善肝脏细胞的结构。添加量为最高推荐添加量(D300)的 2 倍时,生长性能和 D300 组没有显著差异,各指标基本正常。

水产动物的肠道不仅是消化和吸收营养物质的重要部位,而且还要参与免疫反应。肠黏膜是免疫系统的重要组成部分,各种不同类型的免疫细胞存在其中,并且还能够引起局部免疫反应[8-9]。张露露的试验结果表明,各个处理组之间 TG、血尿素氮(BUN)、血糖(GLU)、白蛋白(ALB)、碱性磷酸酶(ALP)均无显著差异。血浆总胆固醇在 D600 和 D1500 组显著升高,主要贡献为 HDL-C,说明添加高剂量胆汁酸仍然具有促进胆固醇代谢的功能。总胆红素呈先上升后下降的趋势,D600 组显著高于 D1500 组。血浆总蛋白显著升高,ALT 呈下降趋势,AST 升高,各试验组 AST 显著高于对照组,血浆 ALP 总体下降,说明胆汁酸具有促进蛋白质代谢的功能。各组总抗氧化能力(T-AOC)、GST 无差异,D1500 组血浆 MDA 显著高于 D300 组,而该组 SOD 和谷胱甘肽过氧化物酶(GSH-PX)亦为各组最高,说明饲料中添加 1 500 mg/kg 的胆汁酸可能引起加州鲈鱼抗氧化指标异常上升,这可能与肝脏和胆囊中过量的胆汁酸的积累有关。综上所述,建议胆汁酸在加州鲈鱼饲料中的耐受剂量为最高推荐剂量的 2 倍。

4.1.4　胆汁酸对加州鲈鱼生长指标的影响

朱龙等[22]将 540 尾胆汁酸分为 6 组(L1、L2、L3、L4、L5、L6),分别投喂胆汁酸添加量为 0、75、150、225、300、450 mg/kg 的饲料,得到胆汁酸对加州鲈鱼生长性能的影响。由表 4-1-1 可知,随饲料中胆汁酸添加量的增加,加州鲈鱼的 WGR、SGR、蛋白质效率(PER)呈先升高后趋于稳定的变化趋势。胆汁酸添加量大于 150 mg/kg 时,WGR、SGR、PER 差异不显著,但显著高于对照组;WGR、SGR 均在胆汁酸添加量为 150 mg/kg 时达到最大,分别为 216.09% 和 1.92%/d,较对照组分别提高了 37.59% 和 22.29%;PER 则在胆汁酸添加量为 225 mg/kg 时最大，为 164.06%，较对照组提高了 31.78%。WGR、SGR、PER 与胆汁酸添加量间的相关关系如图 4-1-2 至图 4-1-4 所示。

表 4-1-1　胆汁酸对加州鲈生长性能的影响

组别	初重(g)	末重(g)	WGR(%)	SGR(%/d)	PER(%)	FCR	SR(%)
L1	12.48 ± 0.34	32.08 ± 0.83	157.05 ± 4.49	1.57 ± 0.03	124.78 ± 6.11	2.06 ± 0.10	94.44
L2	12.86 ± 0.21	35.70 ± 0.68	179.61 ± 2.71	1.71 ± 0.02	147.98 ± 4.46	1.73 ± 0.05	94.44
L3	12.74 ± 0.19	40.27 ± 0.38	216.09 ± 1.94	1.92 ± 0.01	162.90 ± 1.66	1.57 ± 0.02	96.67
L4	12.59 ± 0.09	38.89 ± 1.82	208.76 ± 12.56	1.88 ± 0.07	164.06 ± 3.18	1.56 ± 0.03	100.00
L5	12.77 ± 0.13	39.04 ± 2.062	203.76 ± 17.31	1.85 ± 0.09	163.79 ± 0.72	1.57 ± 0.01	100.00
L6	12.61 ± 0.26	38.04 ± 1.23	201.61 ± 5.28	1.84 ± 0.03	158.46 ± 6.02	1.62 ± 0.06	97.78

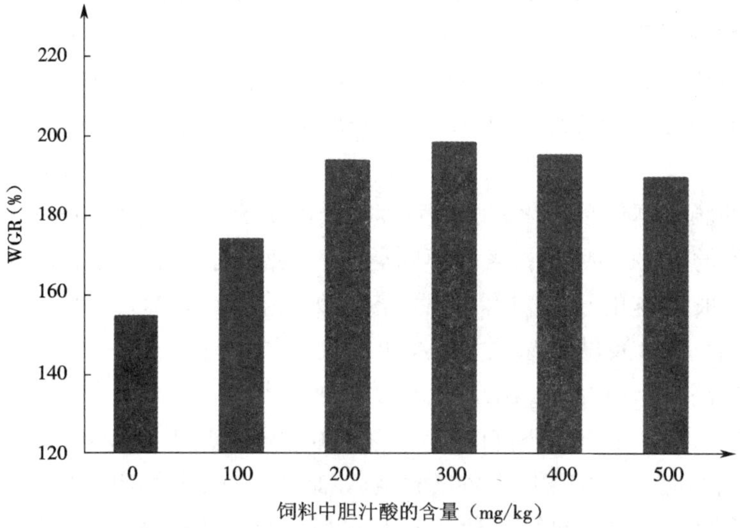

图 4-1-2　胆汁酸与加州鲈鱼 WGR 的关系

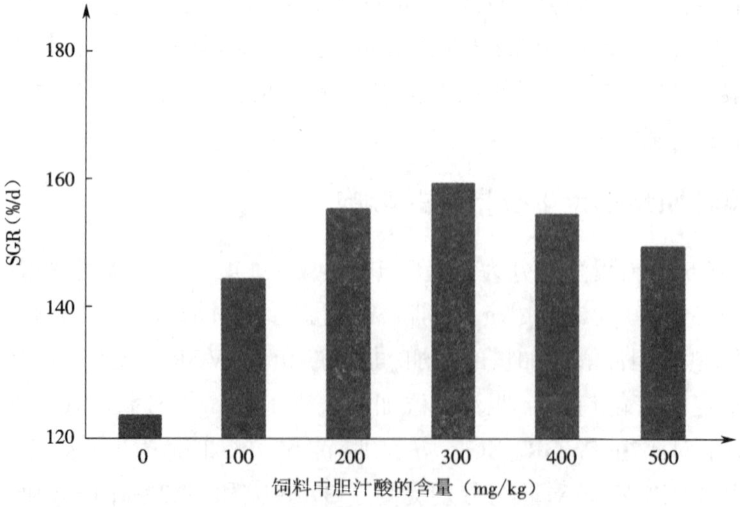

图 4-1-3　胆汁酸与加州鲈鱼 SGR 的关系

加州鲈鱼的 FCR 随饲料胆汁酸添加量的增加呈先降低后趋于稳定的变化趋势。胆汁酸添加量大于 150 mg/kg 时，试验鱼的 FCR 差异不显著，但显著低于对照组，且在胆汁酸添加量为 225 mg/kg 时最低，为 1.56，较对照组降低了 24.27%。胆汁酸添加量与 FCR 的关系如图 4-1-5 所示，FCR 最小时的胆汁酸添加量为 271.05 mg/kg。另外，各试验组加州鲈鱼的成活率差异不显著。

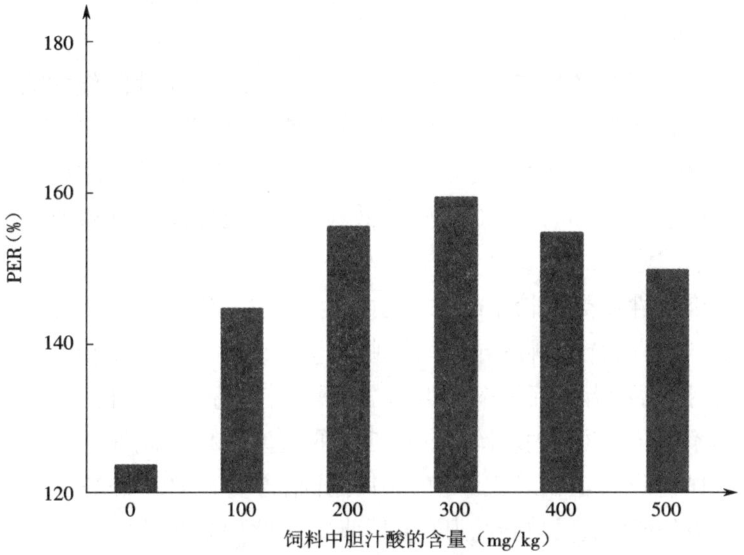

图 4-1-4　胆汁酸与加州鲈鱼蛋白质效率的关系

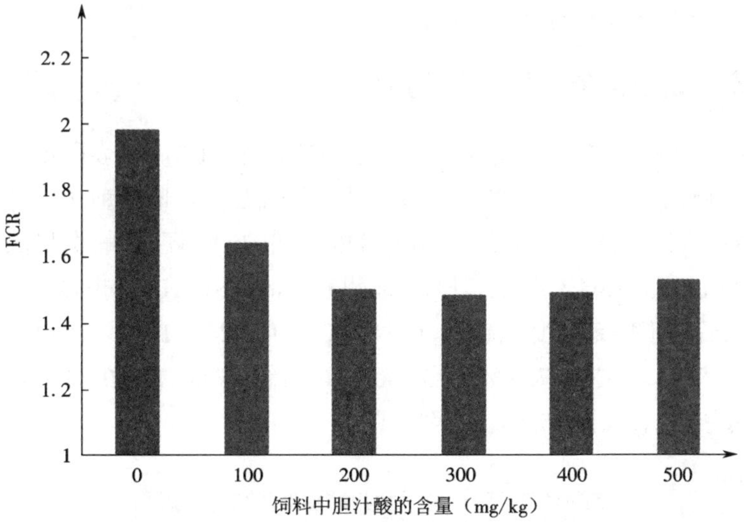

图 4-1-5　胆汁酸与加州鲈鱼饲料系数的关系

上面的试验结果表明，在饲料中添加胆汁酸能提高加州鲈鱼的增重率、特定生长率和饲料蛋白质效率，降低其饲料系数，对加州鲈鱼有良好的促生长作用。Chou 等 [10] 研究表明，胆汁酸能促进脂肪乳化，扩大脂肪与脂肪酶的接触面积，加速脂肪的消化吸收，提高脂肪利用率。脂肪利用率的提高可以减少蛋白质作为能量被消耗，让更多蛋白质作用于鱼类机体的构建，从而促进鱼类生长。说明胆汁酸可促进加州鲈鱼对饲料脂肪和蛋白质的吸收，提高饲料利用率，从而促进其生长，降低料肉比，节约养殖成本。而胆汁酸添加量过多后生长性能下降，可能的原因为：一是胆汁酸含量高时可以促进机体甲状腺激素的分泌，使机体处于过度分解脂肪的状态，从而降低生产性能；二是因为胆汁酸的添加饲料能量得以提高，但整体上饲料的能氮比下降，比例失衡，导致鱼体偏瘦，生长性能下降。但具体的影响机制还有待进一步深入研究。

胆汁酸，胆固醇代谢的终产物，是肝肠循环的核心成员。胆汁酸作为哺乳动物肝病的治疗药物已被广泛研究，但很少有研究关注其营养功能。张露露[11]的研究结果显示，在含有18.7%的淀粉的饲料中添加胆汁酸能够显著改善加州鲈鱼的生长性能，与大菱鲆、虹鳟、大黄鱼的试验结果相同。尽管胆汁酸的促生长效应相同，但最佳剂量却因鱼种和胆汁酸类型的变化而不同。

自然环境中，肉食性鱼类以较小的水生动物为食，食物链中的碳水化合物很少。研究认为高水平碳水化合物是配合饲料诱导加州鲈鱼发生代谢性肝病的主要原因。张露露的研究结果显示，添加胆汁酸后，脂肪沉积率显著增加，而肝脂含量显著下降，说明胆汁酸对加州鲈鱼的脂肪代谢有调控作用，可防止脂肪在肝脏中的过度蓄积。此外，添加胆汁酸后，加州鲈鱼的 HSI 从 3.17 显著降低至相对正常值 2.01。肝脂含量和 HSI 都是鱼类肝脏健康的重要指标。肝脏中脂质的过度积累与脂肪肝（包括脂肪变性到脂肪性肝炎，再到肝硬化）密切相关。HSI 升高是高水平碳水化合物引起的肝脏病变的重要特征之一。本研究表明饲料中添加胆汁酸对加州鲈鱼的脂肪代谢有积极的调控作用，可通过降低肝脏脂质含量和 HSI 改善摄食高糖（18.7%）饲料的加州鲈鱼的肝脏健康。

4.1.5 胆汁酸对加州鲈鱼形体指标的影响

饲料中添加胆汁酸对加州鲈鱼形体指标的影响见表 4-1-2。如表所示，胆汁酸对加州鲈鱼形体指标的影响较显著。随饲料胆汁酸添加量的增加，加州鲈鱼的 CF 呈先升高后趋于稳定的变化趋势，试验组 D160、D240、D300、D600 间的差异不显著，分别较对照组（D0）提高了 20.15%、20.15%、21.64% 和 17.91%。加州鲈鱼的 VSI、HSI 均随饲料胆汁酸添加量的增加而呈先降低后趋于稳定的变化趋势，试验组 D160、D240、D300、D600 的 VSI 分别较对照组降低了 34.41%、37.20%、37.76% 和 37.90%；试验组 D160、D240、D300、D600 的 HSI 分别较对照组降低了 43.13%、44.55%、44.08% 和 44.55%。

表 4-1-2 胆汁酸对加州鲈鱼形体指标的影响

组别	CF（g/cm^3）	VSI（%）	HSI（%）
D0	1.34 ± 0.01	7.15 ± 0.53	2.11 ± 0.09
D80	1.45 ± 0.03	6.08 ± 0.23	1.77 ± 0.08
D160	1.61 ± 0.16	4.69 ± 0.18	1.20 ± 0.06

续表

组别	CF(g/cm³)	VSI(%)	HSI(%)
D240	1.61 ± 0.01	4.49 ± 0.28	1.17 ± 0.01
D300	1.63 ± 0.01	4.45 ± 0.26	1.18 ± 0.03
D600	1.58 ± 0.04	4.44 ± 0.01	1.17 ± 0.02

4.1.6　胆汁酸对加州鲈鱼肌肉成分的影响

胆汁酸对加州鲈鱼肌肉成分的影响如表 4-13 所示，胆汁酸对加州鲈鱼肌肉粗蛋白质和粗脂肪的影响较显著。随胆汁酸添加量的增加，加州鲈鱼的肌肉粗蛋白质含量呈先升高后趋于稳定的变化趋势，且试验组 D160、D240、D300、D600 肌肉粗蛋白质分别较对照组提高了 24.87%、31.19%、30.59% 和 26.89%。加州鲈鱼的肌肉粗脂肪含量随胆汁酸添加量的增加呈先降低后趋于稳定的变化趋势，且试验组 D160、D240、D300、D600 的肌肉粗脂肪分别较对照组降低了 20.03%、19.88%、20.80% 和 19.72%。各试验组水分、灰分含量差异不显著。

表 4-1-3　胆汁酸对加州鲈鱼肌分成分的影响

组别	水分	灰分	粗蛋白质	粗脂肪
D0	76.03 ± 0.61	4.05 ± 0.14	13.24 ± 0.40	6.49 ± 0.27
D80	75.75 ± 0.18	3.94 ± 0.20	15.53 ± 0.28	5.44 ± 0.06
D160	75.96 ± 0.35	4.02 ± 0.04	15.93 ± 0.16	5.19 ± 0.15
D240	75.41 ± 0.27	3.97 ± 0.10	17.37 ± 0.42	5.20 ± 0.09
D300	75.64 ± 0.40	3.93 ± 0.04	17.29 ± 0.37	5.14 ± 0.11
D600	75.70 ± 0.38	3.97 ± 0.09	16.80 ± 0.32	5.21 ± 0.05

4.1.7　胆汁酸对加州鲈鱼生长、形体指标的综合影响

添加胆汁酸对加州鲈鱼生长、形体指标的影响见表 4-1-4。摄食 300 mg/kg、1 500 mg/kg 胆汁酸能够显著提高加州鲈鱼的 FBW、SGR、WGR 和 FR，但加州鲈鱼的 FCR、SR 无显著变化。摄食胆汁酸后，加州鲈鱼的脂肪沉积率(PLV)显著提高，但蛋白沉积率(PPV)无显著变化。添加 1 500 mg/kg 胆汁酸后，加州鲈鱼的 VSI、HSI 及 HL 显著降低。

CF 和 VSI 是衡量鱼类经济价值的重要指标之一。在养殖过程中，CF 的变化情况可以反映鱼类的营养状况 [12]。而 VSI 常用胆汁酸添加量(mg/kg)来评价动物摄入能量的分配状况，VSI 高则可食比例低。本试验中，饲料中添加胆汁酸的试验组的加州鲈鱼的 CF 较对照组提高了 8.20%~21.64%；VSI 较对照组降低了 14.97%~37.90%。这说明饲料中添加胆汁酸可改善加州鲈鱼的营养状况，减少内脏能量的沉积，增加加州鲈鱼的可食部分比例，提高其利用价值。其原因可能是：首先，胆汁酸能改善动物肠道和肝胰脏健康，使其具有良好

的消化吸收功能;其次,胆汁酸可通过提高甲状腺激素的活性,促使多余的脂肪分解,提高饲料脂肪利用率,防止脂肪在腹腔、肝脏组织中不断积累,从而改善酮体品质。

表 4-1-4 添加胆汁酸对加州鲈鱼生长、形体指标的影响

指标	B0	B300	B1500
FBW(g)	34.7 ± 0.71	39.7 ± 1.08	39.5 ± 1.32
WGR(%)	465 ± 13.7	534 ± 14.4	537 ± 26.5
SGR(%/d)	2.47 ± 0.03	2.66 ± 0.04	2.65 ± 0.05
FR(%/d)	1.45 ± 0.02	1.53 ± 0.02	1.57 ± 0.02
FCR	0.74 ± 0.01	0.74 ± 0.01	0.76 ± 0.01
SR(%)	98.9 ± 0.70	98.3 ± 1.67	98.9 ± 1.41
PPV(%)	46.45 ± 1.09	47.0 ± 1.46	44.7 ± 1.28
PLV(%)	91.7 ± 4.49	116 ± 5.89	107 ± 8.16
VSI(%)	7.61 ± 0.26	7.93 ± 0.33	7.14 ± 0.21
HSI(%)	3.17 ± 0.26	2.57 ± 0.27	2.01 ± 0.14
HL(%)	2.76 ± 0.12	1.98 ± 0.19	2.25 ± 0.18

饲料中添加胆汁酸显著改善了加州鲈鱼的肝脏组织学,D0 组的 12 个样本中有 10 个样本出现肝纤维化,而 D300 组仅有 2 个肝纤维化样本, D1500 组未见肝纤维化样品。炎症是消除细胞损伤的起始原因并会启动组织修复的保护性反应,其中炎性细胞因子起着至关重要的作用。组织修复的过程伴随着促炎性细胞因子与抗炎性细胞因子的失衡到再平衡。本研究结果显示,300 mg/kg 胆汁酸显著上调促炎性细胞因子和抗炎性细胞因子的信使核糖核酸(mRNA)的表达水平。而当胆汁酸的添加量达到 1 500 mg/kg 时,炎性细胞因子 mRNA 的表达水平均显著下调。

4.1.8 胆汁酸对加州鲈鱼形体成分和肝脂肪的影响

饲料中添加不同剂量的胆汁酸对加州鲈鱼形体成分和肝脂肪的影响见表 4-1-5。鱼体蛋白、水分、灰分及肝脏脂肪均不存在显著性差异;鱼体脂肪差异显著,且 D0 组最低,添加胆汁酸后,鱼体脂肪增加。

表 4-1-5 不同剂量胆汁酸对加州鲈鱼形体成分和肝脂肪的影响

指标		D0	D80	D160	D240	D300	D600
鱼体	脂肪	8.19 ± 0.43	10.25 ± 0.46	10.62 ± 0.83	11.30 ± 0.64	10.98 ± 0.63	9.26 ± 0.39
	蛋白	16.21 ± 0.61	15.69 ± 0.28	16.04 ± 0.22	15.88 ± 0.15	15.98 ± 0.23	15.98 ± 0.34
	水分	73.34 ± 0.97	74.29 ± 0.39	73.26 ± 0.84	73.27 ± 0.23	73.42 ± 0.41	74.08 ± 0.59
	能量	8.29 ± 0.33	8.07 ± 0.21	8.12 ± 0.23	8.42 ± 0.10	8.50 ± 0.23	8.39 ± 0.16
	灰分	3.40 ± 0.15	3.50 ± 0.30	3.36 ± 0.03	3.32 ± 0.04	3.34 ± 0.04	3.35 ± 0.05
肝脏	脂肪	2.76 ± 0.11	2.47 ± 0.30	2.58 ± 0.23	2.22 ± 0.23	2.45 ± 0.52	2.84 ± 0.68

林仕梅等[6]报道，在饲料中添加胆汁酸可以显著提高异育银鲫全鱼粗蛋白质含量。周书耘等[5]研究报道，在饲料中添加胆汁酸能显著降低军曹鱼全鱼和肌肉脂肪含量，提高其粗蛋白质含量。王恒[13]报道，在饲料中添加胆汁酸能显著降低罗氏沼虾全体和肌肉中的粗脂肪含量。胆汁酸降低水产动物体脂肪的机制鲜见研究报道，而对小鼠的研究表明，在饲料中添加胆汁酸可激活褐色脂肪细胞表面 G 蛋白偶联胆汁酸受体（TGR5），提高胞内环腺苷酸（cAMP）水平，进而促进Ⅱ型脱碘酸酶（D2）的表达，提高甲状腺激素水平，而甲状腺激素增多可加强机体的基础代谢，从而提高脂肪的代谢效率，这说明胆汁酸可以通过调节动物体的激素水平而影响动物的脂肪代谢。

4.1.9　胆汁酸对加州鲈鱼血浆脂肪代谢指标及抗氧化功能的影响

饲料中添加胆汁酸对加州鲈鱼血浆脂肪代谢指标的影响见表 4-1-6。各个处理组的 TG、ALP、BUN、GLU、ALB 均不存在显著性差异。D240 组 TC 含量最高且显著高于 D0 组。HDL 有显著性差异，且 D240、D600 组显著高于 D0 组。总胆红素（TBILI）存在不规律的显著差异。饲料中添加胆汁酸对加州鲈鱼血浆抗氧化功能的影响见表 4-1-7。血浆中 MDA、GST 各组间均无显著性差异，其中 D160 组 MDA 含量最高，D300 组 MDA 含量最低。D0 组 SOD 含量显著低于 D600 组。血浆中 T-AOC 含量随着胆汁酸添加量的增加呈上升趋势，其中 D300 组显著高于 D0 组。D0 组血浆中 GSH-PX 含量显著低于 D160、D240、D300、D600 组，与 D80 组差异不显著。

表 4-1-6　不同剂量胆汁酸对加州鲈鱼血浆脂肪代谢指标的影响

指标	D0	D80	D160	D240	D300	D600
TC（mmol/L）	1.64 ± 0.22	1.64 ± 0.08	2.55 ± 0.47	2.67 ± 0.37	1.88 ± 0.22	2.63 ± 0.31
TG（mmol/L）	2.96 ± 0.68	2.51 ± 0.47	2.97 ± 0.56	3.01 ± 0.55	2.29 ± 0.46	3.69 ± 0.85
TBILI（mmol/L）	9.581 ± 1.43	10.75 ± 1.27	6.94 ± 2.51	10.54 ± 0.92	9.69 ± 1.98	13.77 ± 1.84
HDL（mmol/L）	0.22 ± 0.03	0.25 ± 0.04	0.21 ± 0.04	0.40 ± 0.06	0.33 ± 0.04	0.41 ± 0.03
ALP（U/L）	406.00 ± 63.34	327.00 ± 21.16	377.00 ± 43.70	354.71 ± 48.34	339.63 ± 34.27	324.78 ± 19.07
BUN（mmol/L）	1.30 ± 0.14	1.30 ± 0.13	1.71 ± 0.15	1.36 ± 0.07	1.67 ± 0.22	1.50 ± 0.16
GLU（mmol/L）	3.59 ± 0.92	3.64 ± 0.55	1.64 ± 0.22	3.13 ± 0.48	3.44 ± 0.57	2.49 ± 0.18
ALB（g/L）	4.91 ± 0.36	5.59 ± 0.45	2.13 ± 0.10	6.39 ± 0.81	6.07 ± 0.57	5.88 ± 0.24

表 4-1-7　不同剂量胆汁酸对加州鲈鱼血浆抗氧化功能的影响

指标	D0	D80	D160	D240	D300	D600
MDA（μmol/L）	16.44 ± 1.45	14.50 ± 1.26	17.92 ± 1.84	15.73 ± 1.19	14.27 ± 0.82	17.17 ± 1.16
SOD（U/mL）	7.18 ± 1.15	9.60 ± 1.46	8.12 ± 1.50	11.62 ± 1.41	11.42 ± 1.67	11.99 ± 0.95
T-AOC（U/mg prot）	3.55 ± 0.37	3.74 ± 0.46	4.71 ± 0..22	4.51 ± 0.90	5.14 ± 1.31	4.44 ± 0.24
GST（U/mg prot）	54.94 ± 2.71	52.36 ± 9.19	47.84 ± 7.23	44.75 ± 5.74	65.24 ± 11.23	64.27 ± 7.53
GSH-PX（U/mg prot）	21.94 ± 3.05	31.57 ± 4.97	54.89 ± 10.51	90.79 ± 12.34	79.9 ± 8.51	88.14 ± 6.61

4.1.10　胆汁酸对加州鲈鱼肝脏组织中的相关指标的影响

饲料中添加胆汁酸对加州鲈鱼肝脏组织中的相关指标的影响见表 4-1-8。肝脏 GSH-PX、T-AOC 差异显著,其中 D160 组肝脏 GSH-PX 含量最高，D300 组 T-AOC 含量最高。D600 组肝脏 GST 含显著低于 D0 组。D0 组肝脏 MDA 含量显著高于 D240、D300 组。肝脏 SOD 含量差异显著,且 D600 组与 D0 组的差异显著。肝脏 CYP7A1 含量有显著性差异,且 D160 组显著高于 D0 组。肝脏 TC 没有显著差异,肝脏 TBA 随饲料中胆汁酸的添加呈现上升趋势,并在 D240 组达到平台期。依据折线回归模型,以加州鲈鱼肝脏 TBA 含量为指标时,饲料中胆汁酸的最适添加量为 253.8 mg/kg。

表 4-1-8　不同剂量胆汁酸对加州鲈鱼肝脏指标的影响

指标	D0	D80	D160	D240	D300	D600
GSH-PX(U/mg prot)	110.82 ± 19.43	89.42 ± 19.22	210.50 ± 45.20	150.49 ± 16.09	198.70 ± 31.08	188.15 ± 17.95
GST(U/mg prot)	166.76 ± 23.75	133.73 ± 12.47	193.53 ± 42.78	189.18 ± 28.52	128.40 ± 16.98	93.62 ± 13.21
MDA(μmol/L)	5.42 ± 1.31	2.71 ± 0.46	52.3 ± 0.96	2.47 ± 0.64	1.84 ± 0.24	3.14 ± 0.36
T-AOC(U/mg prot)	0.82 ± 0.07	0.81 ± 0.07	0.76 ± 0.10	0.84 ± 0.06	1.84 ± 0.24	0.96 ± 0.13
SOD(U/mL)	4.19 ± 0.36	3.89 ± 0.33	3.40 ± 0.43	5.00 ± 0.43	4.36 ± 0.31	5.57 ± 0.72
TC(mmol/g)	0.43 ± 0.56	0.50 ± 0.09	0.46 ± 0.09	0.34 ± 0.03	0.47 ± 0.05	0.35 ± 0.07
TBA(μmol/mL)	146.93 ± 8.90	200.80 ± 24.90	187.28 ± 32.00	236.90 ± 31.95	220.14 ± 13.99	239.30 ± 36.89
CYP7A1(pg/mL)	1 172.13 ± 37.34	1 350.29 ± 83.99	1 555.55 ± 33.28	1 472.33 ± 45.97	1 128.01 ± 54.61	1 435.16 ± 140.91

4.1.11　胆汁酸对加州鲈鱼肠道消化酶活性及胆汁酸含量的影响

饲料中添加胆汁酸对加州鲈鱼肠道消化酶活性及胆汁酸含量的影响见表 4-1-9。由表 4-1-9 可以得出,各处理组之间前肠淀粉酶和中肠脂肪酶不存在显著性差异。各处理组中、后肠淀粉酶含量差异显著:D300 组中肠淀粉酶显著高于 D600 与 D1500 组;D300 组后肠淀粉酶显著低于 D600 组。胆囊胆汁酸含量差异显著,胆囊总胆汁酸随着胆汁酸添加量的增加急剧增加,其中 D0 组最低,D1500 组最高。

表 4-1-9　不同剂量胆汁酸对加州鲈鱼肠道消化酶活性及胆汁酸含量的影响

指标		D0	D300	D600	D1500
前肠 PI	淀粉酶 AMS(U/mg prot)	0.51 ± 0.06	0.57 ± 0.03	0.55 ± 0.07	0.48 ± 0.05
	脂肪酶 LPS(U/mg prot)	14.48 ± 1.98	16.97 ± 5.55	12.70 ± 1.69	15.17 ± 1.39
	总胆汁酸 TBA(μmol/mL)	666.51 ± 81.42	271.51 ± 51.58	244.17 ± 15.85	243.85 ± 21.55

续表

指标		D0	D300	D600	D1500
中肠 MI	淀粉酶 AMS（U/mg prot）	0.30 ± 0.08	2.11 ± 0.30	1.01 ± 0.25	0.22 ± 0.03
	脂肪酶 LPS（U/mg prot）	12.21 ± 1.80	10.01 ± 2.18	10.11 ± 2.50	10.12 ± 2.12
	总胆汁酸 TBA（μmol/mL）	1 427.92 ± 392.76	186.48 ± 17.77	180.98 ± 23.76	262.50 ± 24.48
后肠 DI	淀粉酶 AMS（U/mg prot）	0.66 ± 0.06	0.43 ± 0.05	0.80 ± 0.18	0.68 ± 0.03
	脂肪酶 LPS（U/mg prot）	12.21 ± 2.07	9.59 ± 1.86	8.31 ± 1.87	9.39 ± 2.75
	总胆汁酸 TBA（μmol/mL）	216.04 ± 45.01	99.44 ± 0.56	266.94 ± 10.81	279.36 ± 23.48
胆囊	总胆汁酸 TBA（μmol/mL）	4 432.07 ± 336.64	19 472.77 ± 1 609.06	21 710.89 ± 2 076.66	22 129.89 ± 1 180.30

4.1.12　胆汁酸对加州鲈鱼肝脏组织学、炎症反应及凋亡的影响

加州鲈鱼的肝脏样品中，共发现三种主要表型：未见明显异常肝脏、脂肪变性肝脏和纤维化肝脏。未见明显异常肝脏的肝细胞排列规则、轮廓清晰；脂肪变性肝脏表现为肝细胞空泡化严重；纤维化肝脏中出现大量的胶原信号并蓄积大量糖原。对照组的 12 个样品中，10 个样品出现纤维化，2 个样品出现肝脏脂肪变性；B300 组与对照组相比，肝脏健康程度有所改善，12 个样品中，仅 2 个样品出现肝脏纤维化，6 个样品出现脂肪变性，4 个样品未见明显异常；B1500 组肝脏健康改善最为明显，12 个样品中，仅 2 个样品表现为脂肪变性，10 个样品未见明显异常。三种肝脏表型中，脂肪变性、纤维化表型 cleaved-caspase-3 信号显著多于未见明显异常肝脏。但是，仅纤维化表型出现大量 DNA 损伤信号。

4.1.13　胆汁酸对加州鲈鱼糖脂代谢的影响

添加胆汁酸对加州鲈鱼血浆糖脂代谢的影响见表 4-1-10。添加胆汁酸后，加州鲈鱼血浆 TC、HDL-C 显著升高，GLU、TG、HDL-C/TC 含量未受影响。

表 4-1-10　添加胆汁酸对加州鲈鱼血浆糖脂代谢指标的影响

指标	B0	B300	B1500
GLU（mmol/L）	3.59 ± 0.92	3.44 ± 0.57	3.59 ± 0.55
TG（mmol/L）	2.96 ± 0.68	2.29 ± 0.46	3.56 ± 0.36
TC（mmol/L）	1.64 ± 0.22	1.88 ± 0.22	2.38 ± 0.20
HDL-C（mmol/L）	0.22 ± 0.03	0.37 ± 0.05	0.55 ± 0.04
HDL-C/TC	0.17 ± 0.05	0.21 ± 0.03	0.25 ± 0.02

添加胆汁酸对加州鲈鱼肝脏中糖脂代谢的影响见图 4-1-6。摄食胆汁酸后,加州鲈鱼肝脏糖异生关键酶基因 PEPCK、G6Pase 的表达水平显著下降。添加胆汁酸对 FBPase 的基因表达水平无显著影响(图 4-1-6(a))。胆汁酸显著诱导蛋白激酶(AKT)的激活,磷酸化蛋白激酶 B(P-AKT)、P-AKT/AKT 水平均显著上升(图 4-1-6(b))。摄食胆汁酸后,加州鲈鱼肝脏脂肪酸合成关键酶基因 ACC1、FAS,甘油三酯合成关键酶基因 LIPIN1、DGAT1 及脂肪细胞增殖、分化关键调控核因子 PPARγ 的 mRNA 相对表达水平显著降低。脂肪水解相关基因也受到摄食胆汁酸的显著影响。肝脏甘油三酯水解关键酶基因 HSL、MGL 的 mRNA 相对表达水平显著降低。摄食胆汁酸对甘油三酯水解关键酶基因 ATGL 及 β-氧化相关基因 CPT1α、PPARα 无显著影响(图 4-1-6(c))。随着胆汁酸添加量的增加,加州鲈鱼肝脏中 cAMP 含量呈上升趋势,其中 B1500 组 cAMP 含量显著高于对照组(图 4-1-6(d))。

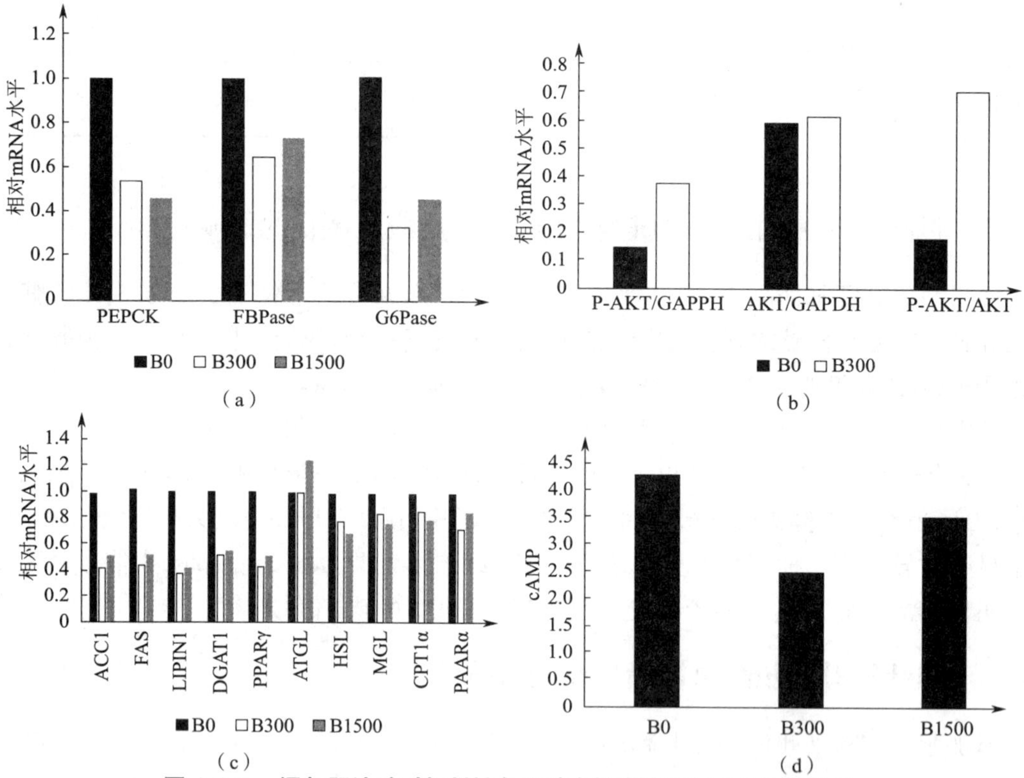

图 4-1-6　添加胆汁酸对加州鲈鱼肝脏中糖脂代谢相关指标的影响

(a)糖异生关键酶基因 mRNA 相对表达水平($n=8$)　(b)P-AKT 和 AKT 蛋白表达水平($n=3$)

(c)脂肪代谢相关基因 mRNA 相对表达水平($n=8$)　(d)cAMP 含量($n=8$)

4.1.14　胆汁酸对加州鲈鱼胆汁酸代谢的影响

摄食胆汁酸对加州鲈鱼胆汁酸代谢影响显著(图 4-1-7)。添加 300、1 500 mg/kg 胆汁酸,胆固醇合成关键酶基因 HMGCR、胆汁酸合成关键酶基因 CYP7A1 的 mRNA 表达水平显著下降。此外,B1500 组 RXRα 的基因表达水平显著下降,B300 组 SHP 的基因表达水平显著上升。添加胆汁酸对 CYP8B1、FXR 的基因表达水平无显著影响。

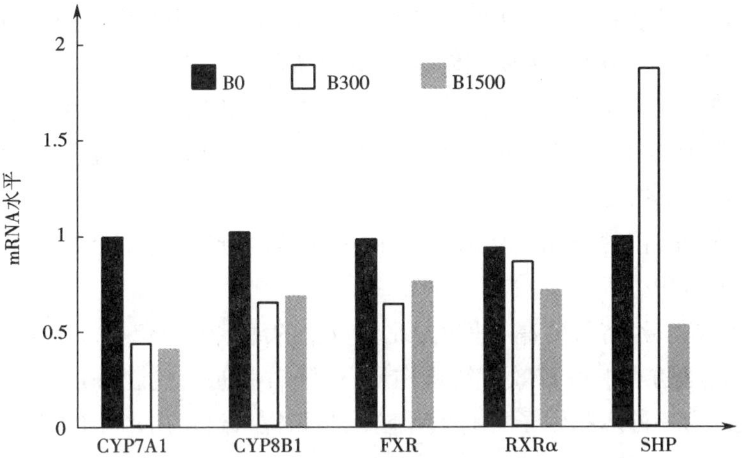

图 4-1-7　添加胆汁酸对肝脏胆汁酸代谢相关基因的 mRNA 相对表达水平的影响

添加 300、1 500 mg/kg 胆汁酸后，胆囊中胆汁酸含量显著上升，而前肠、中肠中 TBA 含量显著下降。添加胆汁酸对后肠 TBA 含量无显著影响。

4.1.15　添加胆汁酸对加州鲈鱼血浆生化指标的影响

添加胆汁酸后，血浆 ALT 显著降低，AST、TP 显著升高；血浆 ALB 未受显著影响（表 4-1-11）。

表 4-1-11　添加胆汁酸对加州鲈鱼血浆生化指标的影响

指标	B0	B300	B1500
ALT（U/L）	27.9 ± 3.25	16.50 ± 2.62	12.70 ± 2.03
AST（U/L）	9.68 ± 1.76	22.40 ± 5.09	27.40 ± 4.89
TP（g/L）	12.20 ± 1.24	26.70 ± 3.22	21.10 ± 3.25
ALB（g/L）	4.91 ± 0.36	6.07 ± 0.57	5.82 ± 0.51

4.2　胆汁酸对大菱鲆生长性能和脂肪利用的影响

4.2.1　大菱鲆介绍

大菱鲆又称蝴蝶鱼，原产于法国、英国等欧洲国家的大西洋北部海域，为底栖性冷水性鱼类。大菱鲆性格温驯、体型优美、肌肉丰厚白嫩、骨刺极少、内脏团小、出肉率高，其鳍边含有丰富的胶质，口感滑爽滋润，有近似甲鱼的裙边和海参的风味，营养价值很高，是理想的保健和美容食品。其幼鱼色彩斑斓、绚丽多姿，有“肉味像冷水性鱼类，而身姿却似热带鱼”的美誉。近年来，相继成为欧洲各国开发的优良海水养殖鱼类之一，市场十分看好鲜活大菱鲆，大菱鲆是一个很有发展前途的优良养殖品种。

大菱鲆在自然环境中的摄食习性为肉食性，幼鱼期摄食甲壳类，成鱼则捕食小鱼、虾等。在人工养殖条件下，经驯化后，主要用鲜杂小鱼为黏合剂与鱼粉、各种维生素及专用粉末饲料制成软颗粒投喂，饲料系数一般为 1 ∶ 1~1 ∶ 1.5。日投喂量为：体重在 200 g 以下，每天投喂 3~4 次；体重为 200 g 以上，每天投喂 2~3 次；体重为 300~500 g，每天投喂 2 次。每天投饵量为鱼体重的 1.5%~2%。

大菱鲆生长迅速，正常情况下从体长 5 cm 的小苗进行养殖，7 个月即可长到尾重 500 g 左右，达到商品规格[14]。

大菱鲆肉味鲜美、经济价值高，是我国北方重要的海水养殖鱼类。大菱鲆对蛋白质的需求较高，提高饲料脂肪水平可有效节约蛋白质，但随着脂肪的过度添加，脂肪肝等疾病随之产生，而胆汁酸作为一种降脂因子可有效预防因脂肪摄入过量所产生的负面影响[15]。

4.2.2 胆汁酸在大菱鲆养殖中的研究进展

孙建珍[16]研究在不同脂肪水平下添加胆汁酸对大菱鲆生长和脂肪利用的影响，其胆汁酸添加量为厂家推荐量的 1.5%。黄炳山等[17]进一步研究得出，胆汁酸的最适添加量为 0.09%。毕铮铮[18]在其基础上以大菱鲆为研究对象，在 10% 和 14% 两种脂肪水平下，添加 0% 或 0.09% 胆汁酸，设计四种配合饲料，研究胆汁酸对大菱鲆生长性能、抗氧化能力及脂肪代谢的影响，为大菱鲆配合饲料中胆汁酸的应用提供理论参考。

4.2.3 日粮中添加胆汁酸对大菱鲆的影响

毕铮铮[18]开展胆汁酸对大菱鲆生长性能和脂肪利用的影响研究，该研究中试验饲料的主要蛋白源为鱼粉和豆粕，以鱼油作为主要脂肪源，通过调整配合饲料中鱼油、羧甲基纤维素和胆汁酸的含量，配制 4 种试验饲料，粗脂肪含量分别为 10%、10%、14%、14%，按顺序分别命名为 C10、B10 和 C14、B14 组，每组设 3 个重复组。

4.2.3.1 日粮中添加胆汁酸对大菱鲆生长性能的影响

毕铮铮[18]的试验结果（表 4-2-1）显示，在 10% 脂肪水平下，添加胆汁酸的试验组与不添加胆汁酸的对照组相比，FBW 和 WGR 显著升高，FCR 和 VSI 显著降低，SGR、PER、SR 无显著差异，但均有升高的趋势。在 14% 脂肪水平下，添加胆汁酸的试验组与不添加胆汁酸的对照组相比，FBW、WGR、PER、CF 显著升高，FCR 和 VSI 则显著降低，SGR 和 SR 具有升高的趋势，HSI 有下降的趋势，但效果均不显著。

表 4-2-1 日粮中添加胆汁酸对大菱鲆生长性能的影响

指标	组别（胆汁酸含量（%））			
	C10（0%）	B10（0.09%）	C14（0%）	B14（0.09%）
IBW（g）	23.16 ± 0.11	23.12 ± 0.02	23.15 ± 0.03	23.11 ± 0.17
FBW（g）	32.43 ± 1.22	34.76 ± 0.12	36.76 ± 0.71	39.81 ± 0.24
WGR（%）	40.14 ± 4.37	50.35 ± 0.69	58.82 ± 2.75	72.48 ± 2.77

续表

指标	组别(胆汁酸含量(%))			
	C10(0%)	B10(0.09%)	C14(0%)	B14(0.09%)
SGR(%/d)	0.81 ± 0.08	0.97 ± 0.01	1.10 ± 0.04	1.30 ± 0.04
FR(%/d)	0.94 ± 0.30	1.11 ± 0.11	1.10 ± 0.05	1.07 ± 0.01
FCR	1.27 ± 0.01	1.20 ± 0.05	0.99 ± 0.04	0.85 ± 0.01
PER(%)	1.61 ± 0.02	1.73 ± 0.06	2.05 ± 0.07	2.37 ± 0.03
CF(%)	2.98 ± 0.01	3.04 ± 0.04	3.03 ± 0.06	3.25 ± 0.08
VSI(%)	5.44 ± 0.04	5.24 ± 0.05	5.49 ± 0.10	5.14 ± 0.01
HSI(%)	0.99 ± 0.04	0.83 ± 0.06	1.11 ± 0.12	1.00 ± 0.01
SR(%)	94.45 ± 4.81	97.23 ± 4.81	91.67 ± 8.34	97.22 ± 4.81

在饲料脂肪水平为 10% 和 14% 时,添加 0.09% 胆汁酸能显著提高试验鱼的 FBW 和 WGR,降低 FCR 和 VSI,且添加胆汁酸组试验鱼的 PER 和 CF 均显著高于不添加胆汁酸的样品组,表明胆汁酸对大菱鲆的促生长作用明显。其原因可能是:胆汁酸通过加速脂肪乳化,从而增加了脂肪酶接触脂肪的面积,促进脂肪在小肠内的消化吸收。饲料中添加胆汁酸促进了虹鳟的生长,降低了饲料系数;有效改善了异育银鲫的生长性能,提高饲料转化率,降低了内脏比;对大菱鲆生长性能有促进作用,其鱼体增重率也显著升高。

在饲料脂肪水平为 14% 时,饲料中添加 0.09% 胆汁酸,试验组的 PER 和 CF 显著高于未添加胆汁酸的组,而在饲料脂肪水平为 10% 时,添加相同浓度的胆汁酸, PER 和 CF 虽有上升趋势,但差异不显著,原因可能是脂肪能够替代蛋白作为能量被消耗,具有节约蛋白的效果,脂肪水平升高, PER 也随之显著升高。胆汁酸添加量为 0.09%,低于孙建珍 [16] 1.5% 的胆汁酸添加量,但试验结果相同,说明在不同脂肪水平下降低胆汁酸的添加量,可以达到相同的降脂效果。曾本和等 [19] 研究在高脂饲料中添加 0 mg/kg、75 mg/kg、150 mg/kg、300 mg/kg 四个不同水平的胆汁酸对齐口裂腹鱼的影响,结果表明,以脂肪代谢酶活性为指标时, 75~150 mg/kg 为适宜的胆汁酸添加量。胡田恩等 [20] 通过对牛蛙的研究也进一步表明,在基础饲料中添加 0 mg/kg、100 mg/kg、200 mg/kg、300 mg/kg 胆汁酸,以肝胰脏脂肪分解代谢功能为指标,200 mg/kg 为最适添加量。说明胆汁酸的添加量根据不同的物种、年龄、食性和环境等因素具有一个最适量,而不是越高越好。

4.2.3.2　日粮中添加胆汁酸对大菱鲆鱼体成分的影响

表 4-2-2 所示的是在 10% 的脂肪水平下,添加胆汁酸的试验组与不添加胆汁酸的对照组的大菱鲆鱼体成分的结果,大菱鲆鱼体水分、粗蛋白质、粗脂肪和灰分均无显著差异。在 14% 的脂肪水平下,添加胆汁酸的试验组与其对照组相比,大菱鲆鱼体水分、粗蛋白质、粗脂肪和灰分均无显著差异。在两种脂肪水平下,试验组与对照组相比,粗蛋白质呈上升趋势,粗脂肪呈下降趋势。

表 4-2-2 日粮中添加胆汁酸对大菱鲆鱼体成分的影响

指标	组别(胆汁酸含量(%))			
	C10(0%)	B10(0.09%)	C14(0%)	B14(0.09%)
水分(%)	79.29 ± 1.16	79.07 ± 0.70	78.98 ± 1.28	78.26 ± 0.45
粗蛋白质(%)	73.23 ± 1.77	74.67 ± 0.28	75.47 ± 0.32	77.18 ± 0.84
粗脂肪(%)	7.83 ± 0.81	6.73 ± 0.19	8.96 ± 0.99	7.67 ± 0.75
灰分(%)	13.97 ± 1.74	15.27 ± 6.09	12.47 ± 0.10	14.51 ± 0.20

王恒[13]对罗氏沼虾的研究表明,饲料添加胆汁酸对全虾水分和粗蛋白质含量无显著影响,但可以降低全虾粗脂肪含量;林仕梅等[21]对异育银鲫的研究也得出添加胆汁酸可以降低鱼体粗脂肪含量;朱龙等[22]关于胆汁酸对加州鲈鱼生长、形体及肌肉粗成分的影响的研究也表明,胆汁酸可以显著降低其肌肉脂肪含量,对肌肉中的水分和粗灰分含量的影响不显著;孙建珍[16]研究在两个脂肪水平下添加胆汁酸对鱼脂类代谢能力的影响,结果表明,添加胆汁酸可显著降低鱼体粗脂肪的含量,说明胆汁酸具有促进脂类物质消化吸收的作用。

4.2.3.3 日粮中添加胆汁酸对大菱鲆肝脏脂肪酶的影响

表 4-2-3 所示是在 10% 的脂肪水平下,添加胆汁酸的试验组与不添加胆汁酸的对照组大菱鲆肝脏脂肪酶的结果,由表 4-2-3 可知,在 10% 的脂肪水平下,添加 10% 的胆汁酸与不添加胆汁酸的样品相比,脂蛋白脂肪酶、肝脂酶和总酯酶活性均显著升高。在 14% 的脂肪水平下,添加胆汁酸的样品组与不添加胆汁酸的对照组相比,脂蛋白脂肪酶、肝脂酶和总酯酶活性均显著升高。

表 4-2-3 日粮中添加胆汁酸对大菱鲆肝脏脂肪酶的影响

指标	组别(胆汁酸含量(%))			
	C10(0%)	B10(0.09%)	C14(0%)	B14(0.09%)
脂蛋白脂肪酶(U/mg prot)	2.98 ± 0.68	4.49 ± 0.66	5.04 ± 0.21	7.07 ± 0.32
肝脂酶(U/mg prot)	1.37 ± 0.45	3.21 ± 0.39	3.56 ± 0.35	4.96 ± 0.85
总脂酶(U/mg prot)	4.35 ± 1.13	7.68 ± 1.07	8.60 ± 0.55	12.03 ± 1.17

脂肪酶是机体肝脏内消化吸收的关键酶,脂蛋白脂肪酶和肝脂酶是参与脂肪 β 代谢分解的 2 种关键酶,合称为总酯酶。饲料中添加胆汁酸的试验组大菱鲆,均表现出较高的 LPL、HL 和 TL 活性。曾本和等[23]试验发现添加胆汁酸可以使齐口裂腹鱼肝胰脏中的脂肪代谢酶活性升高,表明胆汁酸可以将鱼体肝脏内的 LPL、HL 激活,使其活性升高,促进脂肪消化。Sirvent 等[24]认为,胆汁酸能增高载脂蛋白 A-Ⅴ 和 C-Ⅱ 基因 mRNA 的表达水平,激活肝胰脏 LPL 的活性,并通过将脂肪乳化成乳糜颗粒,促进肝细胞肝脂酶的分泌,调节甘油三酯的代谢,同时胆汁酸能够激活 FXR-α,通过诱导 SHP 表达来调节肝细胞中与高密度脂蛋白代谢相关的转运载体。毕铮铮[18]的研究结果表明,胆汁酸通过提升大菱鲆肝胰脏脂肪代谢酶的活性,来促进鱼体对饲料脂肪的利用。

4.2.3.4　日粮中添加胆汁酸对大菱鲆幼鱼消化酶的影响

表 4-2-4 所示是在 10% 的脂肪水平下，添加胆汁酸的试验组与不添加胆汁酸的对照组大菱鲆鱼幼鱼消化酶的结果，由表 4-2-4 可知，在 10% 的脂肪水平下，添加胆汁酸的样品与不添加胆汁酸的样品相比，肠道脂肪酶、胃蛋白酶和肠道淀粉酶均显著升高；在 14% 的脂肪水平下，添加胆汁酸的样品与不添加胆汁酸的相比，肠道淀粉酶和肠道脂肪酶显著升高，胃蛋白酶有升高的趋势，但差异不显著。

表 4-2-4　日粮中添加胆汁酸对大菱鲆幼鱼消化酶的影响

指标	组别（胆汁酸含量（%））			
	C10（0%）	B10（0.09%）	C14（0%）	B14（0.09%）
胃蛋白酶（U/g prot）	210.19 ± 050	274.79 ± 14.60	293.97 ± 12.68	312.99 ± 4.78
肠道淀粉酶（U/g prot）	0.28 ± 0.02	0.40 ± 0.04	0.41 ± 0.03	0.58 ± 0.04
肠道脂肪酶（U/g prot）	82.86 ± 3.35	94.44 ± 2.67	94.96 ± 0.97	131.47 ± 6.95

消化酶活性是鱼体对营养物质吸收、利用的重要指标，消化酶活性的升高有助于提高饲料转化效率，改善鱼体生长状况。饲料中添加胆汁酸后投喂草鱼，可以显著促进肠道蛋白酶和 AMS 的活性的提升，还发现添加胆汁酸可以使齐口裂腹鱼的 LPS 活性得到显著提高。毕铮铮 [18] 的研究结果发现，饲料中添加胆汁酸对大菱鲆胃蛋白酶、LPS 和 AMS 的活性均有显著提升效果。胡田恩等 [20] 同样在牛蛙的研究中证实胆汁酸可以提高其肠道蛋白酶的活性，但对 AMS 的活性无影响；翟少伟等 [25] 认为，胆汁酸可以显著提高吉富罗非鱼蛋白酶的活性，但对其 AMS 的活性无影响。这与毕铮铮的试验的结果存在一定差异，分析原因可能是，试验鱼的种类不同，生长阶段也有差异。

4.2.3.5　日粮中添加胆汁酸对大菱鲆抗氧化能力的影响

表 4-2-5 是在 10% 的脂肪水平下，添加胆汁酸的试验组与不添加胆汁酸的对照组大菱鲆抗氧化能力的结果，由表 4-2-5 可知，两种脂肪水平下，添加胆汁酸的组与不添加胆汁酸的组相比，SOD、CAT、GSH-PX 和 T-AOC 均有升高的趋势，而 MDA 的含量则呈现下降的趋势，但差异均不显著。

表 4-2-5　日粮中添加胆汁酸对大菱鲆抗氧化能力的影响

指标	组别（胆汁酸含量（%））			
	C10（0%）	B10（0.09%）	C14（0%）	B14（0.09%）
SOD（U/mg prot）	18.78 ± 2.24	21.82 ± 1.63	19.69 ± 3.40	22.23 ± 0.42
CAT（U/mg prot）	257.88 ± 7.71	264.99 ± 3.86	265.26 ± 6.43	272.98 ± 10.49
GSH-PX（U/mg prot）	41.88 ± 8.85	44.02 ± 6.06	31.71 ± 6.16	42.85 ± 0.64
T-AOC（U/mg prot）	2.44 ± 0.05	2.66 ± 0.11	2.66 ± 0.01	2.75 ± 0.06
MDA（nmol/mg prot）	2.18 ± 1.01	1.22 ± 0.45	2.36 ± 0.13	1.72 ± 0.74

动物细胞在氧化与抗氧化平衡的适宜条件下才能存活。动物机体内会产生大量的自由基,与细胞膜、细胞器膜上的多不饱和脂肪酸产生反应,生成脂质过氧化产物,例如 MDA。SOD 是金属酶,属于生物体内重要的抗氧化酶之一,能够清除体内的超氧自由基,将机体内的超氧自由基转化为 H_2O_2,从而保护机体细胞免受氧化应激的损伤。GSH-PX 是广泛存在于生物体内,能与 CAT、SOD 协同作用,达到清除自由基,保护机体免受氧化损伤的一类重要的抗氧化巯基化合物。郭永丽等[9]在日粮中添加胆汁酸,60 天后发现草鱼的 SOD 活性显著高于未添加组;胡田恩等[20]在牛蛙的日粮中分别添加 0、100、200、300 mg/kg 胆汁酸,结果表明胆汁酸添加量为 200 mg/kg 时,牛蛙肝脏 SOD 的活性为最大值,MDA 含量低于其他处理组。毕铮铮在试验中添加胆汁酸后,试验对象的 SOD、GSH-PX、CAT 均有上升趋势,MDA 呈相反的变化趋势,但各组间无显著差异。试验结果与上述试验结果不同,但趋势大致相同,原因可能是添加胆汁酸提高了大菱鲆的抗氧化能力,但由于试验对象不同,养殖时间不同,所以未在试验中呈现出显著性。

4.2.3.6 日粮中添加胆汁酸对大菱鲆肌肉脂肪酸的影响

表 4-2-6 所示是在 10% 的脂肪水平下,添加胆汁酸的试验组与不添加胆汁酸的对照组大菱鲆鱼肌肉脂肪酸的测定结果。如表 4-2-6 所示,4 组大菱鲆的肌肉脂肪酸具有共同特点,即多不饱和脂肪酸(PUFA)> 饱和脂肪酸(SFA)> 单不饱和脂肪酸(MUFA);不饱和脂肪酸中,DHA(C22:6n-3)含量最高(29.33%~32.21%),其次是 EPA(C20:5n-3)(6.82%~7.83%)、C18:2n-6(5.21%~6.23%)、C20:4n-6(2.24%~2.87%)、C22:5n-3(2.27%~2.59%);饱和脂肪酸中,C16:0 含量最高(19.50%~21.03%),其次是 C18:0(4.42%~5.04%)、C14:0(2.00%~2.60%);单不饱和脂肪酸中,C18:1n-9 含量最高(9.08%~9.65%),其次是 C16:1n-7(2.75%~3.69%)、C18:1n-7(2.91%~3.04%)。

B10 组与 C10 组相比,脂肪酸 C18:4n-3 含量差异显著。添加胆汁酸后,MUFA、PUFA、n-6PUFA 含量升高,SFA、n-3PUFA 含量下降;EPA 含量显著增加,ARA(C20:4n-6)、DHA 含量及 n-3/n-6 呈下降趋势。

B14 组与 C14 相比,有 4 种脂肪酸(C18:4n-3、C22:5n-6、ARA、DHA)含量差异显著,其中 B14 组的 C18:4n-3 含量约为 C14 组的 2 倍。添加胆汁酸后,SFA、MUFA 的含量升高,PUFA 的含量显著降低,n-3 PUFA、n-6 PUFA 的含量降低;不饱和脂肪酸中,ARA、DHA 含量显著下降,EPA 含量略升,n-3/n-6 下降,规律与 10% 的脂肪水平组相同。

表 4-2-6 日粮中添加胆汁酸对大菱鲆肌肉脂肪酸的影响

指标	组别(胆汁酸含量(%))			
	C10(0%)	B10(0.09%)	C14(0%)	B14(0.09%)
C14:0	2.28 ± 0.20	2.56 ± 0.11	2.00 ± 0.16	2.60 ± 0.66
C15:0	0.41 ± 0.04	0.39 ± 0.00	0.33 ± 0.01	0.38 ± 0.02
C16:0	21.03 ± 0.38	19.59 ± 0.94	19.50 ± 0.51	19.74 ± 0.59
C17:0	0.34 ± 0.02	0.34 ± 0.01	0.36 ± 0.00	0.35 ± 0.020

续表

指标	处理(胆汁酸 %)			
	C10(0%)	B10(0.09%)	C14(0%)	B14(0.09%)
C18:0	4.99 ± 0.23	4.70 ± 0.29	5.04 ± 0.32	4.42 ± 0.18
C20:0	0.25 ± 0.30	0.39 ± 0.10	0.26 ± 0.06	0.34 ± 0.08
SFA	29.29 ± 0.38	27.99 ± 1.16	27.48 ± 0.65	27.82 ± 0.08
C16:1n-7	3.03 ± 0.23	3.44 ± 0.20	2.75 ± 0.28	3.69 ± 0.67
C18:1n-9	9.25 ± 0.18	9.65 ± 0.48	9.08 ± 0.81	9.59 ± 0.59
C18:1n-7	2.99 ± 0.06	2.91 ± 0.04	3.04 ± 0.16	2.98 ± 0.07
C20:1	1.17 ± 0.18	1.44 ± 0.27	1.02 ± 0.25	1.19 ± 0.02
C22:1	0.61 ± 0.14	0.78 ± 0.30	0.52 ± 0.10	0.58 ± 0.11
MUFA	17.06 ± 0.70	18.22 ± 1.24	16.41 ± 1.43	18.04 ± 1.32
C18:2n-6	5.73 ± 0.13	6.23 ± 0.17	5.21 ± 0.62	5.24 ± 0.48
C18:3n-3	0.51 ± 0.02	0.73 ± 0.13	0.44 ± 0.03	0.66 ± 0.25
C18:4n-3	0.66 ± 0.14	1.15 ± 0.16	0.52 ± 0.10	1.01 ± 0.31
C20:2n-6	0.42 ± 0.01	0.43 ± 0.30	0.36 ± 0.02	0.39 ± 0.02
C20:3n-3	0.11 ± 0.03	0.13 ± 0.02	0.09 ± 0.01	0.12 ± 0.03
C22:4n-6	0.19 ± 0.01	0.21 ± 0.04	0.31 ± 0.02	0.26 ± 0.02
C22:5n-3	2.27 ± 0.02	2.44 ± 0.19	2.59 ± 0.15	2.42 ± 0.07
C22:5n-6	0.97 ± 0.04	0.89 ± 0.02	1.19 ± 0.13	1.03 ± 0.01
C20:4n-6	2.43 ± 0.09	2.24 ± 0.09	2.87 ± 0.28	2.53 ± 0.17
C20:5n-3	6.82 ± 0.01	7.26 ± 0.08	7.52 ± 0.29	7.83 ± 0.64
C22:6n-3	31.40 ± 0.58	30.22 ± 0.69	32.21 ± 1.43	29.33 ± 1.25
PUFA	51.88 ± 0.44	52.34 ± 0.80	53.70 ± 0.87	51.21 ± 1.03
n-3 PUFA	35.33 ± 0.40	35.09 ± 0.92	36.23 ± 1.28	33.93 ± 0.80
n-6 PUFA	9.73 ± 0.14	9.99 ± 0.19	9.95 ± 0.99	9.45 ± 0.46
n-3/n-6	3.63 ± 0.06	3.51 ± 0.16	3.64 ± 0.45	3.59 ± 0.10

毕铮铮测定的大菱鲆肌肉的 n-3/n-6 为 3.51~3.64，孙建珍研究饲料中鱼油为 10% 和 18% 的条件下，添加胆汁酸对大菱鲆幼鱼肌肉脂肪酸的影响，结果表明，饲料中添加胆汁酸可显著提高肌肉 MUFA、PUFA 含量，但对 SFA 含量无显著影响。毕铮铮在 10% 和 14% 两个脂肪水平下添加 0.09% 的胆汁酸，发现添加胆汁酸对大菱鲆幼鱼肌肉脂肪酸 SFA 无显著影响，10% 组的 MUFA 略有升高，14% 组的 MUFA 略有升高、PUFA 显著下降，与孙建珍的研究结果不完全一致，可能是由试验添加的鱼油中各脂肪酸含量的差异导致的。总之，脂肪水平高低以及胆汁酸的添加量均可能对试验结果产生影响，其最适的胆汁酸浓度与脂肪水平组合仍需要进行探索。

脂肪是中性脂质和类脂质的总称，是鱼虾类生长必需的一类营养物质，参与各组织器官中细胞膜的合成,脂肪中的磷脂是细胞膜的组成部分,还可以促进维生素的吸收。在肉食性鱼类日粮中增加油脂添加量,可使更多的蛋白质用于生长,从而节约蛋白质,但是这种节约作用是有限度的。而过量添加油脂,会导致鱼体内脂肪的蓄积,降低肌肉品质和实际可食部分,更会使鱼体罹患肝脏疾病,且抗病能力下降。

随着营养性脂肪肝等问题的普遍发生,胆汁酸作为一种降脂因子被广泛应用于水产养殖业中。毕铮铮以大菱鲆为研究对象,设置胆汁酸添加量相同,但脂肪水平不同的 3 种配合饲料,研究添加胆汁酸后脂肪水平不同对大菱鲆生长性能、消化酶活性、抗氧化能力和脂肪代谢的影响。

4.2.4 不同脂肪水平下添加胆汁酸对大菱鲆的影响

毕铮铮[18]将粗脂肪含量分别为 10%、14%、18% 的三组命名为 B10、B14 和 B18 组,每组设三个重复组,在三种饲料中分别添加 0.09% 的胆汁酸,以此考察不同脂肪水平下添加胆汁酸对大菱鲆的影响。

4.2.4.1 不同脂肪水平下添加胆汁酸对大菱鲆生长性能的影响

由表 4-2-7 可知,不同脂肪水平下添加胆汁酸的 B10、B14、B18 三组相比,随着脂肪水平的升高,FBW、WGR、SGR 和 PER 均显著升高,FCR 则显著降低。三组试验鱼 CF 和 HSI 随饲料脂肪水平的增加而增加,当饲料脂肪水平达 14% 时继续增加饲料脂肪水平,大菱鲆 CF 和 HSI 则不再有显著变化。在试验期间个别组的大菱鲆有死亡的现象,但无显著差异。

试验中,在饲料中添加相同胆汁酸,且饲料中脂肪水平低于 18% 时,随饲料脂肪水平的增加,大菱鲆的 WGR、SGR、PER 均显著升高, FCR 显著下降,证明胆汁酸对大菱鲆有明显的促进生长的作用。其原因可能是:胆汁酸能够通过扩大脂肪与脂肪酶的接触面积,从而促进脂肪乳化,加速脂肪的消化吸收,提高饲料利用率,降低饲料系数,从而促进鱼类生长。

随着脂肪水平的增加,蛋白质效率提高,可以降低蛋白质作为能量被消耗的量,让更多蛋白质在鱼类机体构建上发挥作用,同样达到促进鱼类生长的目的,孙建珍[16]在不同脂肪水平的饲料中添加胆汁酸对大菱鲆进行研究,结果表明,试验鱼的 WGR、SGR 和 PER 随着脂肪水平的增加呈先升高后下降的趋势, 16% 的脂肪组达到最大值, FCR 呈相反趋势,可能是由于试验用鱼大小不同造成试验结果的差异,杨俊江[26]的研究表明脂肪水平为 15% 和 18% 时,对于 10.02 g 和 102.8 g 的斜带石斑(*Epinephelus coioides*)幼鱼, 10.02 g 的幼鱼的增重效果更好。试验中胆汁酸的添加量为 0.09%,是以黄炳山等[17]对大菱鲆饲料中添加胆汁酸的研究中所得的最适添加量为依据,低于孙建珍[16]1.5% 的添加量,但是对于大菱鲆的生长效果的作用基本相同,说明饲料中添加低水平的胆汁酸,可以达到同样的促生长效果。

表 4-2-7 不同脂肪水平下添加胆汁酸对大菱鲆生长性能的影响

指标	组别		
	B10	B14	B18
IBW(g)	23.12 ± 0.02	23.11 ± 0.17	23.13 ± 0.11

续表

指标	组别		
	B10	B14	B18
FBW(g)	34.76 ± 0.12	39.81 ± 0.24	42.01 ± 0.15
WGR(%)	50.35 ± 0.69	72.48 ± 2.77	81.23 ± 1.39
SGR(%/d)	0.97 ± 0.01	1.30 ± 0.04	1.58 ± 0.21
FR(%/d)	1.11 ± 0.11	1.07 ± 0.01	1.02 ± 0.03
FCR	1.20 ± 0.05	1.07 ± 0.01	1.02 ± 0.03
PER(%)	1.73 ± 0.06	2.37 ± 0.03	2.71 ± 0.04
CF(%)	3.04 ± 0.04	3.25 ± 0.08	3.21 ± 0.02
VSI(%)	5.24 ± 0.05	5.14 ± 0.01	5.21 ± 0.08
HSI(%)	0.83 ± 0.06	1.00 ± 0.01	1.09 ± 0.00
SR(%)	97.23 ± 4.81	97.23 ± 4.81	95.24 ± 5.89

4.2.4.2　不同脂肪水平下添加胆汁酸对大菱鲆表观消化率的影响

由表 4-2-8 可知,添加胆汁酸后,干物质表观消化率和粗蛋白质表观消化率随着脂肪水平的升高而显著升高,且在 B18 组达到最高。

表 4-2-8　日粮中添加胆汁酸对大菱鲆消化酶的影响

指标	组别(脂肪水平(%))		
	B10(10%)	B14(14%)	B18(18%)
干物质	42.67 ± 0.35	60.57 ± 0.64	64.54 ± 0.59
粗蛋白质	87.86 ± 0.25	89.64 ± 0.43	92.84 ± 0.35

大菱鲆具有如下生理消化特点:肉食性鱼类,消化能力强;以吞咽为主的摄食方式,咀嚼少;有胃而肠道短。消化率是评定饲料营养成分可利用性的重要指标,植物性蛋白源因存在抗营养因子而不利于养殖动物的消化吸收。蛋白质表观消化率和干物质的表观消化率反映了鱼体对外源蛋白质的分解和吸收水平[27]。在虹鳟鱼的研究中发现,添加角黄素会降低脂肪表观消化率,但随着日粮中脂肪水平的升高,脂肪表观消化率也随之升高。但在吉富罗非鱼和雌性水貂的研究中发现,饲料脂肪水平对两种表观消化率均无显著影响;吕云云等[28]对圆斑星鲽的研究发现,蛋白质表观消化率存在随着饲料中脂肪水平的升高而增加的趋势,但无显著性差异,干物质表观消化率在脂肪水平为 8% 和 12% 时无显著影响,但都显著低于 16% 水平组。试验中,两种表观消化率均随脂肪水平的升高而显著升高,与上述试验结果不同,原因可能是,由于饲料中添加胆汁酸,增加了脂类物质与大菱鲆消化道的接触面积,促进了脂肪的消化,降低了蛋白作为能量来源的消耗,增加了蛋白质的吸收利用,提升了蛋白质的表观消化率。

4.2.4.3 不同脂肪水平下添加胆汁酸对大菱鲆肝脏脂肪酶的影响

由表 4-2-9 可知，添加胆汁酸后，大菱鲆脂蛋白脂肪酶、肝脂酶随着饲料脂肪水平的升高而升高，且差异显著；总酯酶随着饲料脂肪水平升高而升高，B14 组与 B18 组差异不显著，但均显著高于 B10 组。

表 4-2-9 不同脂肪水平下添加胆汁酸对大菱鲆肝脏脂肪酶的影响

指标	组别（脂肪水平（%））		
	B10（10%）	B14（14%）	B18（18%）
脂蛋白脂肪酶（U/mg prot）	4.49 ± 0.66	7.07 ± 0.32	8.86 ± 0.41
肝脂酶（U/mg prot）	3.20 ± 0.39	4.96 ± 0.85	6.91 ± 0.19
总脂酶（U/mg prot）	7.68 ± 1.07	12.03 ± 1.17	15.78 ± 0.21

适宜的饲料脂肪水平可以提高饲料利用率和脂肪代谢效率，但过量的脂肪摄入会积累在鱼类的肝脏、肠壁以及腹腔等部位，导致鱼类对营养物质的代谢紊乱，降低养殖动物的免疫力。肝脏分泌的肝脂酶和脂蛋白脂肪酶作为细胞溶酶体中的水解酶，是肝脏分解脂肪的最主要的关键酶，对体内总甘油三酯的代谢起调节作用。如表 4-2-9 所示，B18 组试验鱼肝脏中的 HL 和 LPL 活性达到最高。颉江等在宽体沙鳅幼鱼的研究中发现，随着脂肪水平的升高，肠道脂肪酶及肝脏肝脂酶和脂蛋白脂肪酶活性显著升高。毕铮铮的试验结果显示，添加胆汁酸后，HL 和 LPL 活性的变化趋势与其试验结果基本一致，说明胆汁酸不仅可以提升肝脏脂类代谢的能力，而且在脂肪水平为 18% 时，不会对大菱鲆肝脏造成脂类物质代谢功能障碍。

4.2.4.4 不同脂肪水平下添加胆汁酸对大菱鲆消化酶的影响

由表 4-2-10 可知，添加胆汁酸，随着脂肪水平的升高，大菱鲆胃蛋白酶、肠淀粉酶和肠脂肪酶均呈现上升趋势，B14 组和 B18 组均显著高于 B10 组，但 B14 组与 B18 组差异不显著。

养殖动物对外源性营养物质的吸收和利用受到消化酶活性的影响，缺少消化酶会导致对饲料营养成分的不完全分解，容易导致疾病。鲁耀鹏等 [29] 在对红螯螯虾幼虾的试验中发现，饲料脂肪水平对蛋白酶活性无影响，但 AMS 活性呈抛物线趋势，且为 7%~9% 时达到最大值，脂肪水平为 11% 时出现下降，AMS 活性呈现逐渐下降的趋势。

在试验中，添加胆汁酸后，随着脂肪水平的升高，大菱鲆蛋白酶和 LPS 均呈现上升趋势，在 18% 脂肪水平达到峰值，AMS 在 14% 的脂肪水平达到最大值，但 14% 与 18% 的脂肪水平组差异不显著。这与上述试验结果不一致，可能由于饲料中添加了胆汁酸，小肠内的脂肪酶原转变为有活性的脂肪酶需要胆汁酸的刺激，胆汁酸能增强其酶活性，这在牙鲆的试验中也得以印证，饲料中添加胆汁酸能够提高牙鲆肠道脂肪酶的活性。毕铮铮的试验中，蛋白酶和 AMS 也显著提升，这可能是由于外源胆汁酸和机体自身合成的胆汁酸经肝肠循环进入肝后，经肝细胞处理以后，再经胆道排入肠道，从而促进肠道消化酶的分泌，胆汁对肠道内的 pH 值进行调节，使消化酶活性增强。

表 4-2-10　不同脂肪水平下添加胆汁酸对大菱鲆消化酶的影响

指标	组别（脂肪水平（%））		
	B10（10%）	B14（14%）	B18（18%）
胃蛋白酶（U/mg prot）	274.80 ± 14.60	312.99 ± 4.79	330.18 ± 3.55
肠淀粉酶（U/mg prot）	0.40 ± 0.04	0.58 ± 0.04	0.54 ± 0.04
肠脂肪酶（U/mg prot）	94.43 ± 2.67	131.47 ± 6.95	136.02 ± 4.48

4.2.4.5　不同脂肪水平下添加胆汁酸对大菱鲆抗氧化能力的影响

由表 4-2-11 可知，添加胆汁酸后，随着饲料脂肪水平的升高，三组试验鱼 SOD、CAT 和 T-AOC 均呈现先升高再降低的趋势，但无显著差异，GSH-PX 活性随脂肪水平升高而降低，MDA 则相反，随脂肪水平的升高而升高，但均无明显差异。

表 4-2-11　不同脂肪水平下添加胆汁酸对大菱鲆抗氧化能力的影响

指标	组别（脂肪水平（%））		
	B10（10%）	B14（14%）	B18（18%）
SOD（U/mg prot）	21.82 ± 1.63	22.23 ± 0.42	20.67 ± 3.28
CAT（U/mg prot）	264.98 ± 3.86	272.97 ± 10.49	252.02 ± 15.53
GSH-PX（U/mg prot）	44.02 ± 6.06	42.85 ± 0.64	40.95 ± 0.46
T-AOC（U/mg prot）	267 ± 0.11	2.75 ± 0.57	2.61 ± 0.57
MDA（nmol/mg prot）	1.2 ± 0.45	1.32 ± 0.22	1.46 ± 0.36

T-AOC 和 SOD 活性是评估养殖水生动物抗氧化能力的重要指标，当机体氧化应激时，抗氧化酶可及时发挥清除产生的氧自由基的功能，清除如超氧阴离子（O_2^-）和过氧化氢（H_2O_2），以保护机体免受氧化损伤。当大量的氧化自由基在生物体内产生并与多不饱和脂肪酸等抗氧化脂类发生反应时，会引发脂质过氧化，经分子内的环化、裂解等步骤，最终降解产生 MDA，当 MDA 和体内脂质、蛋白质、核酸等大分子进行反应，养殖水生动物清除自由基的能力降低，进而对机体造成伤害。本试验研究发现，不同饲料脂肪水平对大菱鲆的抗氧化能力活性均无显著差异，B14 组的 CAT、SOD 和总抗氧化能力均有升高趋势，GSH-PX 活性有下降的趋势，MDA 含量上升。鲁耀鹏[29]的研究表明，饲料脂肪水平对红螯螯虾幼虾的抗氧化能力无影响，但对松浦镜鲤[30]、红鳍东方鲀[31]、梭鱼[32]等鱼类的研究证明，适量提高饲料中的脂肪含量可显著提高抗氧化能力。朱婷婷等[33]投喂大口黑鲈不同脂肪百分比的饲料，对 SOD 和 GSH-PX 活性及 MDA 含量的影响均不显著，CAT 先升高后降低，与毕铮铮的试验研究结果一致。过量的脂肪水平会导致大菱鲆的抗氧化能力降低，而抗氧化酶活性的增加是维持氧化和抗氧化的平衡，MDA 含量仍升高，表明外源性脂肪对细胞脂质过氧化反应具有一定的诱导作用，导致抗氧化酶活性降低，降低机体免疫应激能力，可能是原来

运用维持平衡的抗氧化酶被氧化应激所消耗。

4.2.4.6 不同脂肪水平下添加胆汁酸对大菱鲆肌肉脂肪酸组成的影响

在 SFA 中，C14：0、C15：0、C16：0 和 C18：0 各组间差异不显著，在 18% 的脂肪水平下 C17：0 显著升高，而 C20：0 却显著下降。在 MUFA 中，C18：1n-9 和 C22：1 各组间无显著差异，B18 组的 C16：1n-7 和 C18：1n-7 显著高于 B10，而 C20：1 则显著低于 B10。在 PUFA 中，C18：3n-3、C18：4n-3、C20：3n-3、C22：5n-3 和 DHA 各组间差异不显著，在 18% 的脂肪水平下，C22：4n-6 和 EPA 显著升高，而 C18：2n-6、C20：2n-6 则显著下降，C22：5n-6 和 ARA 在 B14 组中显著升高。不同脂肪水平的大菱鲆的肌肉脂肪酸组成满足 PUFA> SFA> MUFA，n-3/n-6 比值呈先上升后下降的趋势；SFA、MUFA、PUFA 的含量均无显著差异。

不同脂肪水平下添加胆汁酸对大菱鲆肌肉脂肪酸组成有显著影响。孙建珍[16]在胆汁酸为 1.5% 的条件下得出结论：饲料中添加油脂改变了 SFA、MUFA、PUFA、n-3 PUFA、n-6 PUFA 的百分含量。毕铮铮研究发现，添加胆汁酸后，三个不同脂肪水平对大菱鲆肌肉中 SFA、MUFA、PUFA 的含量无显著影响。在饲料中添加 4.3%~20.1% 的 5 个脂肪水平并投喂海鲈 10 周后，其肌肉中的 EPA、DHA 含量与脂肪水平呈正相关性。Cahu[34]对海鲈的研究结果表明，膳食脂肪水平的增加导致鱼体肌肉中 n-3 含量降低，MUFA 增加。日粮中添加胆汁酸后，试验鱼肌肉中的 EPA 含量与脂肪水平呈正相关性，肌肉中的 n-3 含量的变化趋势与海鲈鱼体中脂肪酸的变化趋势相似，但毕铮铮的试验结果显示，其变化程度不显著，且 MUFA 含量无显著变化，这可能与试验鱼的鱼种、规格、食性、生长环境等因素有关。

4.2.5 不同脂肪源日粮中添加胆汁酸对大菱鲆的影响

4.2.5.1 不同脂肪源日粮中添加胆汁酸对大菱鲆幼鱼生长性能的影响

大量的研究表明，鱼油是水产养殖动物饲料最为优质的脂肪源。近些年其价格上涨，在不影响鱼类生长的基础上，讨论植物油部分替代的可行性和选择合适的脂肪源和脂肪水平成为研究重点。由于不同的脂肪源中必需脂肪酸的缺乏或者脂肪酸组成的不平衡，会对养殖动物的生长和饲料利用率产生影响。毕铮铮的试验结果显示，所添加的脂肪源组成对大菱鲆的增重率、特定生长率和摄食率均无显著差异，这表明大菱鲆对豆油表现出很好的吸收和利用能力。陆游等[35]研究表明，对黄颡鱼投喂添加椰子油、苏子油、葵花籽油和鱼油与葵花籽油 1：1 混合油的饲料时，各组的生长性能无显著差异。陈家林等[36]在饲料中添加了 64% 的豆粕，研究结果表明，不同脂肪源对异育银鲫的生长指标和饲料摄食率有显著影响，可能原因是添加过量的植物蛋白源造成饲料中高不饱和脂肪酸含量过低，抑制幼鱼的生长和存活率。脂肪作为饲料中的机体能量来源能够起到更好的利用效率和节约饲料蛋白的作用。刘玮等[37]研究表明混合油能够显著降低草鱼稚鱼的饲料系数，与毕铮铮的试验研究结果一致，且蛋白质效率在鱼油：豆油 = 1：1 时显著升高。刘玮等[38]证明豆油的添加可以提高饲料的营养组成和有利于团头鲂的蛋白质合成与沉淀。对红姑鱼投喂以玉米油为主要脂肪源的混合油饲料和对罗非鱼投喂用猪油替代鱼油的饲料会导致饲料中必需脂肪酸的缺乏，鱼体会发生脂肪肝病。毕铮铮的试验中，用豆油替代鱼油无论比例如何，均显著升高了大菱鲆的肝体比与脏体比，可能与上述试验的原因相同。

4.2.5.2　不同脂肪源日粮中添加胆汁酸对大菱鲆鱼体成分的影响

王骥藤等[39]研究了相同脂肪水平的鱼油、豆油、菜籽油和亚麻油对曹军鱼幼鱼的影响，结果鱼油组的粗蛋白质含量高于其他三组植物油的结果。张媛媛等[40]研究了含 5.4% 的鱼油、豆油等四种不同油脂的饲料对异育银鲫的生长、体成分的影响，结果显示粗蛋白质含量在各组间均无差异。

毕铮铮的试验结果表明大菱鲆幼鱼全鱼的粗蛋白质含量，鱼油组 > 混油组 > 豆油组，这个结果与张媛媛等得到的结果不一致。Bendiksen 等[41]认为，可能因为相同脂肪水平下鱼油中丰富的必需脂肪酸提高了饲料的营养价值，从而促进了鱼体蛋白质的合成，导致鱼油组粗蛋白质含量较其他组更高。

有关脂肪源不同的饲料对鱼体粗脂肪的影响，陈家林等[36]研究了多种脂肪源饲料对异育银鲫体组成的影响，结果显示鱼油组和豆油组之间全鱼的粗蛋白质无显著差异。李思萌等[42]研究了鱼油、豆油等 7 种不同脂肪源对大菱鲆幼鱼生长、体组成的影响，结果表明不同脂肪源对体成分中的粗脂肪无影响。这个试验与上述研究结果存在一定差异，粗脂肪含量为鱼油组 < 混油组 < 豆油组，且鱼油组和豆油组差异显著。

4.2.5.3　不同脂肪源日粮中添加胆汁酸对大菱鲆肝脏脂肪酶的影响

LPL 能催化极低密度脂蛋白和乳糜微粒所携带的甘油三酯水解，使之成为甘油和脂肪酸，对机体脂肪的蓄积状况起到决定性作用。HL 可作为水解酶和转运酶，改变磷脂、甘油三酯的大小和密度并促进胆固醇和脂蛋白微粒主动运输进入肝脏细胞内，并参与高密度脂蛋白胆固醇的代谢。黄裕等[43]研究表明，小麦胚芽油的添加可提高半滑舌鳎幼鱼肝脏 LPL 和 HL 的酶活性，促进脂肪代谢。与毕铮铮的试验研究结果不一致，在毕铮铮的试验中，大菱鲆肝脏 LPL 和 HL 以及 TL 无显著差异。脂代谢酶活性的高低反映了鱼体对脂肪的分解能力，大菱鲆肝脏脂肪酶活性随替代水平的升高反而降低，这表明在试验条件下，豆油的添加可能降低脂肪的分解，大菱鲆不能有效利用豆油。

4.2.5.4　不同脂肪源日粮中添加胆汁酸对大菱鲆消化酶的影响

已有研究证明，饲料中的化学成分影响鱼体消化酶的活性，导致鱼类自身的生长状况及对营养的利用率不同。饲料的营养成分是影响鱼体肠道消化酶活性的重要因素，消化酶活性可作为判定鱼体消化能力的指标。有研究发现，饲料中的脂肪会诱导肠道分泌脂肪酶，进而使饲料中的脂肪含量和 LPS 的活性呈现相关性。胃蛋白酶可将蛋白质水解，其受到饲料中的蛋白含量以及蛋白源的影响。毕铮铮的试验中，不同脂肪源饲料对大菱鲆胃蛋白酶的活性无显著影响，可能是因为各组饲料在蛋白水平的差异无显著性。毕铮铮的试验结果显示不同脂肪源对大菱鲆肠道 AMS 的活性没有显著影响，说明不同脂肪源对淀粉酶的影响有限。

4.2.5.5　不同脂肪源日粮中添加胆汁酸对大菱鲆抗氧化能力的影响

养殖动物最重要的抗氧化保护作用来自 SOD、GSH-PX 和 CAT 等抗氧化酶，这些酶可使 O_2^- 和 H_2O_2 在体内的含量稳定。T-AOC 则是机体内抗氧化能力的总体体现，是抗氧化酶和非酶促抗氧化物质两方面抗氧化能力的总和。MDA是脂质过氧化的最终产物,细胞膜的正常结构和功能在脂质过氧化中被破坏。毕铮铮的试验中不同脂肪源对大菱鲆肝脏抗氧化酶的活性均无显著影响,但GSH-PX和CAT在鱼油∶豆油=1∶1时有升高的趋势,MDA有降低的趋势。在饲料中用大豆油替代鱼油对银鲳幼鱼的研究表明,组织抗氧化能力有所升高但各组间差异不显著。Peng等在黑鲷的试验中发现用豆油替代鱼油能够降低肝胰脏中MDA的含量,提高鱼体肝脏中SOD和CAT的活性。对于不同脂肪源在不同组织中的抗氧化能力作用不同的问题,归其原因可能是所涉及鱼体的种类、食性、大小的不同[44]。

4.2.5.6　不同脂肪源日粮中添加胆汁酸对大菱鲆肌肉脂肪酸的影响

众多研究表明,不同饲料脂肪源对鱼体脂肪酸的组成有显著影响,并且鱼体脂肪酸的组成与饲料脂肪酸的组成有很大的相关性,即饲料脂肪酸的组成和含量对鱼类肌肉的脂肪酸组成和含量均有影响。鱼油含有丰富的n-3不饱和脂肪酸,尤其是EPA、DHA含量丰富,豆油中富含C18∶2n-6、C18∶3n-3。李思萌等[33]研究表明,大菱鲆幼鱼肌肉中n-3不饱和脂肪酸在投喂鱼油+豆油处理组的含量最高。Tocher[45]研究植物油替代鱼油对鱼体组织脂肪酸组成的影响结果显示,鱼油被替代后,鱼体中组中C18脂肪酸含量高于其他组,n-3水平相对较少。与毕铮铮的试验研究结果相似,大菱鲆肌肉中鱼油试验组的EPA、DHA含量显著高于其他组,同时豆油组C18∶2n-6、C18∶3n-3显著高于其他两组。此外,随着豆油部分替代至全部替代鱼油,n-3 PUFA含量呈现递减趋势,豆油组的n-3 PUFA含量显著低于其他两组,鱼油组和混油组无显著差异[46]。因此,综合考虑到饲料成本、大菱鲆幼鱼的营养需求和食用价值,豆油可部分替代鱼油作为大菱鲆的脂肪源,关于替代比例,还需要进一步研究。

4.3　胆汁酸对欧洲鳗鲡幼鱼生长及肝脏代谢等性能的影响

4.3.1　鳗鲡的养殖与市场介绍

鳗鲡(*Anguilla japonica*)是鳗鲡科鳗鲡属鱼类,广泛分布于日本北海道至菲律宾间的西太平洋淡水域,包括岛屿与亚洲大陆等注入太平洋的大、小河川溪流。在中国,鳗鲡分布于渤海、黄海、东海、南海沿岸及其江河,台湾各河口区与其中、下游。

鳗鲡是一种肉味鲜美、营养丰富、具有滋补调养功效的上等食用鱼类。自20世纪90年代中期以来,我国鳗鲡产量一直居世界首位。目前,鳗鲡主产区在福建和广东,主要的养殖品种为日本鳗鲡、欧洲鳗鲡和美洲鳗鲡。

在鳗鲡养殖过程中,如何提高鳗鲡的产量和品质是企业主一直关注的问题。随着饲料中能量的提高,鱼类养殖过程中会出现脂肪代谢问题,胆汁酸是常用的乳化剂,在动物体内起到促进脂肪和类脂物质消化和吸收的作用,因此,近年来胆汁酸在鱼类养殖中有广泛应用。Maita等[47]的研究显示,在饲料中添加胆汁酸可以提高日本鳗鲡肠道蛋白酶和脂肪酶活性。赵盼月[48]将胆汁酸用于鳗鲡养殖过程,研究胆汁酸对鳗鲡生长性能、血液生化指标、肠道健康等方面的影响。

赵盼月[48]以欧洲鳗鲡幼鱼为试验动物，通过研究饲料中添加胆汁酸对精养池循环水养殖条件下欧洲鳗鲡的生长性能、血清生化指标、肠道消化酶活性、肠道菌群多样性、肝脏脂肪代谢酶及肝脏抗氧化能力的影响，评价胆汁酸对欧洲鳗鲡的促生长效果得到如下结果。

4.3.2　饲料中添加胆汁酸对欧洲鳗鲡幼鱼生长性能的影响

不同处理组欧洲鳗鲡幼鱼生长性能的情况见表 4-3-1。由表 4-3-1 可知，BA1 和 BA2 组的 WGR 和 SGR 均显著高于对照组，BAl 和 BA2 组间无显著差异。各处理组间 FR、FCR、CF、HSI 和 VSI 均无显著差异。

表 4-3-1　饲料中添加胆汁酸对欧洲鳗鲡幼鱼生长性能的影响

项目	对照组	BA1 组	BA2 组
IBW（kg/池）	683.0 ± 21.5	692.7 ± 24.8	669.0 ± 23.6
FBW（kg/池）	901.0 ± 60.4	983.5 ± 9.1	946.1 ± 34.1
WGR（%）	31.77 ± 2.75	42.14 ± 3.52	41.43 ± 1.68
SGR（%/d）	0.25 ± 0.02	0.32 ± 0.02	0.32 ± 0.01
FC（kg/池）	571.6 ± 18.8	626.3 ± 8.8	621.7 ± 10.5
FR（%/d）	0.66 ± 0.22	0.68 ± 0.01	0.70 ± 0.02
FCR	2.67 ± 0.22	2.17 ± 0.12	2.25 ± 0.07
CF（g/cm^2）	0.20 ± 0.02	0.21 ± 0.02	0.21 ± 0.01
HSI（%）	1.29 ± 0.18	1.38 ± 0.19	1.32 ± 0.20
VSI（%）	3.61 ± 0.55	3.79 ± 0.63	3.68 ± 0.39

试验结果显示，饲料中添加 500 mg/kg 或 1 000 mg/kg 胆汁酸提高了欧洲鳗鲡幼鱼的 WGR 和 SGR，说明胆汁酸可以促进欧洲鳗鲡生长。

鱼类肠道的消化酶活性可以作为评价饲料中营养成分消化、吸收和利用情况的重要指标。赵盼月的试验结果显示，在饲料中添加胆汁酸可以提高欧洲鳗鲡的脂肪酶和蛋白酶的活性，这与胆汁酸添加在日本鳗鲡、草鱼、齐口裂腹鱼、吉富罗非鱼、大菱鲆、牙鲆、牛蛙饲料中的结果类似。胆汁酸可能是通过降低肠道内毒素的吸收量，抑制有害菌的增殖，促进有益菌的增殖，提高肠道消化酶（包括蛋白酶和脂肪酶）的活性。此外，可能还与胆汁酸激活脂肪酶原形成有活性的脂肪酶有关[49]。

不同处理组欧洲鳗鲡幼鱼的肠道消化酶活性变化情况见图 4-3-1。可以看出，不同处理组的肠道淀粉酶无显著差异，BAl 组和 BA2 组肠道脂肪酶和蛋白酶的活性显著高于对照组，胆汁酸添加组的两种酶活性接近。

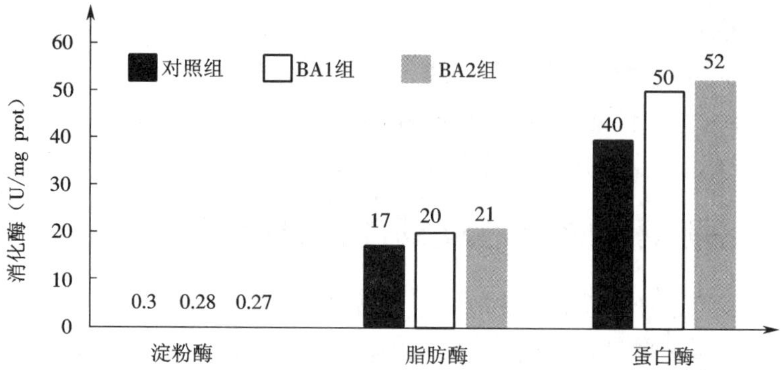

图 4-3-1　饲料中添加胆汁酸对欧洲鳗鲡幼鱼肠道消化酶的影响

4.3.3 饲料中添加胆汁酸对欧洲鳗鲡幼鱼血清生化指标的影响

赵盼月的研究结果如表 4-3-2 所示，由此可以看出，与对照组相比，在饲料中添加胆汁酸，试验组的血清 BUN、TC、TG 和 LDL-C 水平以及 GOT 和 GPT 活性降低，在饲料中添加 0.5 g/kg 组和 1 g/kg 组间均无显著差异；血清免疫球蛋白 M（IgM）和 C3 含量、ACP 和 LZM 活性显著升高，添加 0.5 g/kg 组和 1 g/kg 组间差异不显著（LZM 活性除外），0.5 g/kg 组的 LZM 活性显著高于 1 g/kg 组；1 g/kg 组的血清 AKP 活性升高，0.5 g/kg 组与对照组及 1 g/kg 组均无显著差异。各处理组间 HDL-C 水平接近[5]。

表 4-3-2　饲料中添加胆汁酸对欧洲鳗鲡幼鱼血清生化指标的影响

项目	对照组	BA1 组	BA2 组
BUN（mmol/L）	9.86 ± 0.01	8.57 ± 0.27	8.52 ± 0.27
GLU（mmol/L）	12.86 ± 0.23	14.28 ± 0.95	13.65 ± 0.55
TC（mmol/L）	21.47 ± 0.46	19.69 ± 0.52	19.05 ± 0.41
TG（mmol/L）	11.96 ± 0.45	10.35 ± 0.16	10.47 ± 0.28
HDL-C（mmol/L）	8.09 ± 0.60	8.50 ± 1.22	9.82 ± 0.37
LDL-C（mmol/L）	8.72 ± 0.06	7.22 ± 0.38	6.28 ± 0.57
GOT（U/L）	12.48 ± 0.72	9.46 ± 0.24	9.15 ± 0.92
GPT（U/L）	58.57 ± 2.43	40.15 ± 2.36	43.79 ± 2.39
IgM（μg/mL）	32.78 ± 3.79	54.38 ± 8.40	55.85 ± 3.67
C3（μg/mL）	777.78 ± 24.39	855.75 ± 12.80	880.84 ± 29.42
AKP（金氏单位/100 mL）	0.81 ± 0.08	1.00 ± 0.03	1.19 ± 0.11
ACP（金氏单位/100 mL）	1.97 ± 0.16	2.79 ± 0.12	2.64 ± 0.32
LZM（U/mL）	0.80 ± 0.11	2.32 ± 0.01	1.68 ± 0.07

血清中的 BUN 含量可以反映机体的蛋白质代谢状况，当鱼类健康状况良好时，血清中的 BUN 含量处于较低水平。胆汁酸添加组的 BUN 水平显著降低，这可能与饲料中添加胆汁酸增加肝脏细胞中的氨基酸利用率有关。血清转氨酶（GOT 和 GPT）是反映肝功能的主

要敏感指标之一，正常情况下在血液中的水平较低，当鱼类肝细胞受损或通透性增高时，大量的 GPT 和 GOT 释放到血液中，导致肝脏中转氨酶的活性下降，血清 GOT 升高，说明肝细胞受到损伤的可能性增加，血清 GPT 升高意味着肝脏发生炎症的可能性增加。张露露 [11] 的研究表明，饲料中添加胆汁酸可以降低 GOT 活性，升高 GPT 活性，对大口黑鲈血清 GLU 水平和 BUN 含量无显著影响。对凡纳滨对虾的研究结果显示，在含杜仲提取物的饲料中添加胆汁酸可以提高肝脏中 GOT 和 GPT 活性，也间接说明降低了血清中 GOT 和 GPT 活性。试验结果显示，BUN 水平、GOT 和 GPT 活性均显著降低，说明胆汁酸具有提高蛋白质利用效率、改善肝脏功能的作用 [50]。

鱼类特异性免疫系统尚不够发达，其非特异性免疫系统在维持机体健康中发挥了重要作用。AKP、ACP 和 LZM 普遍存在于动物的各组织中，是机体生长代谢、保持内环境稳定和维持机体健康所必需的酶，能够反映吞噬细胞消化摄入病原菌的非特异性免疫能力。饲料中的胆汁酸提高了欧洲鳗鲡血清中 AKP、ACP 和 LZM 的活性。这与胆汁酸添加在大菱鲆饲料中的结果一致。研究表明，饲料中添加胆汁酸可以提高鲤鱼、凡纳滨对虾血清中 LZM 的活性。IgM 是动物机体发育过程中最早合成和分泌的抗体，也是初次体液免疫应答中最早出现的免疫球蛋白，最先参与机体抗感染途径。补体系统中的 C3 是抗体的补充成分，参与机体的非特异性免疫反应，帮助识别病原，配合抗体发挥免疫黏附作用，促进吞噬细胞吞噬病原菌。欧洲鳗鲡饲料中添加胆汁酸提高了血清中的 IgM 和 C3 水平，说明胆汁酸提高了机体免疫功能，可能是通过降低机体中细菌内毒素的吸收量，减少了内毒素对肝脏等造成的损伤 [51]。

4.3.4　饲料中添加胆汁酸对欧洲鳗鲡幼鱼肝脏脂肪代谢酶活性或水平的影响

不同处理组欧洲鳗鲡幼鱼肝脏代谢酶活性或水平的变化情况见表 4-3-3。由表 4-3-3 可以看出，与对照组相比，胆汁酸添加组的肝脏 LPL、HL 和 TL 活性显著升高，脂肪酸合成酶（FAS）和 ACC 的水平显著降低，0.5 g/kg 组和 1 g/kg 组间均无显著差异，BA2 组 ACC 的活性与对照组无显著差异 [50]。

表 4-3-3　饲料中添加胆汁酸对欧洲鳗鲡幼鱼肝脏代谢酶活性或水平的影响

项目	对照组	BA1 组	BA2 组
LPL（U/mg prot）	0.57 ± 0.03	0.87 ± 0.07	0.77 ± 0.05
HL（U/mg prot）	0.74 ± 0.06	1.08 ± 0.06	0.90 ± 0.06
TL（U/mg prot）	1.31 ± 0.09	1.95 ± 0.11	1.65 ± 0.11
FAS（ng/mg prot）	1.79 ± 0.07	1.50 ± 0.07	1.43 ± 0.04
ACC（ng/mg prot）	0.90 ± 0.09	0.71 ± 0.02	0.85 ± 0.04
MDH（U/mg prot）	2.66 ± 0.05	2.78 ± 0.09	2.63 ± 0.30

4.3.5 饲料中添加胆汁酸对欧洲鳗鲡幼鱼脂肪代谢的影响

肝脏是鱼类进行脂肪代谢的主要场所,发生脂肪的合成、分解、转运等代谢过程。肝脏中脂肪代谢酶的活性或水平可以反映机体脂肪代谢状态。LPL 和 HL 是鱼类肝脏中进行脂肪分解代谢的两种关键酶,两者合称为 TL。LPL 主要由脂肪细胞和巨噬细胞分泌合成,可以将血液中的乳糜微粒、极低密度脂蛋白中的甘油三酯分解为游离脂肪酸和甘油,从而降低血液的 TC 水平[52]。HL 由肝脏细胞合成,可以促进 LDL 和乳糜微粒残粒进入肝细胞,参与 HDL 逆转运和其残粒的分解。赵盼月的试验中,饲料中添加胆汁酸提高了肝脏中 LPL、HL 和 TL 脂肪分解酶的活性,降低了肝脏中的脂肪沉积,说明肝脏中的脂肪分解代谢加强。饲料中添加胆汁酸提高了肝脏中 LPL、HL 和 TL 等脂肪分解酶的活性,降低了肝脏中的脂肪沉积。Sirvent 等[24]报道,胆汁酸能够增加载体蛋白 A-Ⅴ和 C-Ⅱ的表达,激活 LPL,并通过脂肪乳化的乳糜微粒,促进肝脏分泌 HL。

FAS 和 ACC 是鱼类肝脏中进行脂肪酸合成代谢的关键酶, ACC 催化乙酰 CoA 形成丙二酰 CoA,FAS 催化乙酰 CoA 和丙二酰 CoA 合成脂肪酸,两者在脂肪酸合成过程中起着重要作用。肝脏中 ACC 与 FAS 的水平可以反映脂肪酸合成速度的快慢。本试验中,饲料中添加胆汁酸后 FAS 和 ACC 水平降低,说明胆汁酸降低了欧洲鳗鲡肝脏中脂肪酸的合成速度。研究表明,草鱼高脂饲料中添加胆汁酸可以提高肉碱脂酰转移酶(CPT-1)的活性,降低 ACC 活性,与本试验的结果接近。肝脏中脂肪沉积降低可能是加入胆汁酸后,脂肪分解代谢 LPL 和 HL 的活性增强,合成代谢 FAS 的活性降低,导致肝脏中的脂肪含量降低。从肝脏组织切片中可看出,对照组肝脏中可以看到明显的脂肪空泡,而在 BA1 组和 BA2 组肝脏中几乎没有脂肪空泡,说明饲料中添加胆汁酸减少了肝脏中脂肪沉积,这点在肝脏常规成分的变化中也得到证实。因此,上述有关结果说明胆汁酸可以调节脂肪分解与合成代谢,通过增强脂肪分解代谢 LPL 和 HL 活性,降低合成代谢 FAS 和 ACC 水平,从而降低肝脏中脂肪含量。

血液中的 TG、TC、LDL-C 和 HDL-C 等脂类物质总称为血脂,其水平的变化,可以反映出机体的脂类代谢状况和健康水平。血清中 TG 和 TC 水平是反映肝脏脂肪代谢的重要指标;血清中 HDL-C 水平升高, LDL-C 水平下降,有利于清除组织和血清中的胆固醇。试验中,饲料中添加胆汁酸降低了血清中 TC、TG 和 LDL-C 水平,对 HDL-C 水平影响不显著,表明胆汁酸在一定程度上降低了欧洲鳗鲡幼鱼的血脂水平。这与饲料胆汁酸降低大菱鲆血清中 TG、TC、LDL-C 和 HDL-C 的水平,以及草鱼血清中 TC 和 HDL-C 水平的结果类似。但也有研究报道,饲料胆汁酸可提高军曹鱼血液中 TG 和 HDL-C 的水平,降低 TC 水平;提高大口黑鲈血清 TC 和 HDL-C 水平,对 TG 水平无显著影响,以及使草鱼血清 TG、TC、LDL-C 和 HDL-C 的水平显著升高[69]。可见,饲料中添加胆汁酸对不同鱼类血脂水平的影响不一致,可能与不同试验中的鱼类品种,饲料中的脂肪水平、胆汁酸水平等方面的差异有关。对胆汁酸降低鱼类血脂的机制的研究较少,有研究表明胆汁酸能够提高载体蛋白 A-Ⅴ和 C-Ⅱ的表达,促进 TG 水解,从而降低 TG 水平。

研究表明,饲料中添加适量的胆汁酸可降低军曹鱼、大菱鲆、齐口裂腹鱼、牛蛙全鱼中的脂肪含量，提高蛋白质含量。研究表明，高脂饲料中添加胆汁酸提高了草鱼全鱼和肌肉中蛋白质和脂肪的沉积；添加适量胆汁酸可以降低全鱼脂肪含量，提高全鱼粗蛋白质含量；适量水平的胆汁酸可以提高异育银鲫全鱼蛋白质的沉积。赵盼月的试验结果显示，饲料中添加胆汁酸降低了肌肉中的脂肪含量，对蛋白含量影响不显著，对全鱼中蛋白质和脂肪的含量没有影响。

4.3.6　饲料中添加胆汁酸对欧洲鳗鲡幼鱼肝脏抗氧化指标的影响

肝脏在鱼体内占据重要的地位，承担排泄、代谢、解毒和营养吸收等重要的生理功能，是体内自由基产生较多的部位，但正常状态下肝脏自由基处于一种不断产生与清除的动态平衡状态。自由基的清除是机体内的抗氧化系统（包括抗氧化酶系统和非抗氧化酶系统）在发挥功能。其中，抗氧化酶系主要包括 SOD、CAT 和 GSH-PX 等，非酶系主要包括维生素 C、维生素 E 和谷胱甘肽（GSH）。CAT 通常会和 SOD 共同作用，SOD 可以直接捕获 O_2^- 并与之发生歧化反应生成氧化性较小的物质 H_2O_2，之后被下游的 CAT 清除。GSH-PX 能够消除机体内的 H_2O_2 和脂质过氧化物，使谷胱甘肽转变为氧化型的谷胱甘肽，起到保护机体的作用。GSH 作为 GSH-PX 反应底物，可以参与 GSH-PX 清除自由基的途径，又可以直接与生物体内的氧自由基结合。T-AOC 是衡量机体内抗氧化系统功能整体状况的综合性指标。MDA 是自由基攻击生物膜中的多不饱和脂肪酸引发脂质过氧化作用的代谢产物，其含量的高低反映出细胞受损的程度[53]。

不同处理组欧洲鳗鲡幼鱼的肝脏抗氧化指标变化见表 4-3-4。由表 4-3-4 可以看出，与对照组相比，胆汁酸添加组肝脏 T-AOC 水平显著升高；0.5 g/kg 组 SOD 活性和 GSH 水平显著增加，1 g/kg 组与对照组、0.5 g/kg 组间均无显著差异；MDA 水平显著降低。不同处理组 CAT 活性接近。

表 4-3-4　饲料中添加胆汁酸对欧洲鳗鲡幼鱼肝脏抗氧化指标的影响

项目	对照组	BA1 组	BA2 组
T-AOC（U/mg prot）	0.23 ± 0.01	0.26 ± 0.01	0.29 ± 0.01
SOD（U/mg prot）	219.11 ± 2.68	248.69 ± 12.80	243.56 ± 2.08
CAT（U/mg prot）	49.76 ± 2.10	49.34 ± 4.01	51.96 ± 2.03
GSH（μmol/g prot）	22.56 ± 0.35	26.54 ± 1.31	24.06 ± 0.37
MDA（nmol/mg prot）	1.28 ± 0.03	1.18 ± 0.00	1.17 ± 0.01

在赵盼月的试验中，0.5 g/kg 组的肝脏 T-AOC 水平、SOD 活性、GSH 水平升高，MDA 水平降低，CAT 活性无显著变化，说明胆汁酸提高了肝脏抗氧化能力，可减少机体的氧化损伤。1 g/kg 组 SOD 活性和 GSH 水平比 BAl 组略有下降，与 0.5 g/kg 组和对照组间均无显著差异。这可能是因为高水平的胆汁酸具有一定的细胞毒性，影响了 SOD 和 GSH 的生成。研究表明，饲料中添加适量水平的胆汁酸可以提高草鱼血清中的 SOD 活性；提高牛蛙肝脏中 SOD 和 GSH-PX 活性，降低 MDA 含量；这些报道的结果与赵盼月的试验类似。但也有

研究发现，胆汁酸对鲤鱼血清 SOD 活性的影响不显著；对投喂高脂饲料草鱼肝脏 SOD 的活性无影响，但 MDA 含量升高。胆汁酸对水产动物抗氧化能力的改善作用存在一定的差异，这可能与胆汁酸的添加水平，试验动物的种类、营养水平、生理状态、养殖条件等有一定的关系。胆汁酸提高肝脏抗氧化的能力可能与其可改善肝脏的功能有关。

4.3.7　饲料中添加胆汁酸对欧洲鳗鲡幼鱼常规成分的影响

不同处理组欧洲鳗鲡幼鱼常规成分的情况见表 4-3-5。由表 4-3-5 可以看出，饲料胆汁酸对全鱼的粗脂肪、粗蛋白质和粗灰分均无显著影响。与对照组相比，0.5 g/kg 组和 1 g/kg 组的肝脏和肌肉脂肪含量显著降低，肝脏蛋白含量显著升高，0.5 g/kg 组和 1 g/kg 组间无显著差异。

表 4-3-5　饲料中添加胆汁酸对欧洲鳗鲡幼鱼常规成分的影响

项目	常规成分	对照组	BA1 组	BA2 组
全鱼	粗脂肪（%）	27.44 ± 0.44	27.37 ± 0.23	27.38 ± 0.63
	粗蛋白质（%）	14.11 ± 0.37	14.57 ± 0.53	14.12 ± 0.18
	粗灰分（%）	1.48 ± 0.02	1.52 ± 0.05	1.52 ± 0.08
肌肉	粗脂肪（%）	24.49 ± 0.46	23.16 ± 0.29	23.64 ± 0.34
	粗蛋白质（%）	15.29 ± 0.06	15.74 ± 0.46	15.68 ± 0.17
	粗灰分（%）	0.90 ± 0.03	0.97 ± 0.01	0.92 ± 0.02
肝脏	粗脂肪（%）	6.56 ± 0.19	5.35 ± 0.48	5.44 ± 0.38
	粗蛋白质（%）	9.49 ± 0.18	10.17 ± 0.11	9.92 ± 0.04
	粗灰分（%）	0.95 ± 0.01	0.97 ± 0.01	0.95 ± 0.01

4.3.8　饲料中添加胆汁酸对欧洲鳗鲡幼鱼肝脏中不同种类胆汁酸水平的影响

欧洲鳗鲡幼鱼饲料中添加胆汁酸，使肝脏中不同种类的胆汁酸水平总体呈上升趋势，这与大口黑鲈饲料中添加胆汁酸的效果类似，这可能是饲料胆汁酸进入肠道后促进了肠肝循环，肝脏通过肠肝循环重吸收回肝脏的胆汁酸水平增多所致。试验结果表明，在检测的 14 种胆汁酸中含量最多的是 TCA，占到 82% 以上，其次是 TCDCA，占到 13% 以上，其他 12 种胆汁酸含量较低。初级胆汁酸由肝脏中胆固醇直接衍生得到，而次级胆汁酸不能直接在肝脏中合成，要通过肠肝循环被肝脏重吸收后储存在胆囊中。胆汁酸主要和牛磺酸结合，形成 TCA 和 TCDCA，因此检测到的主要是 TCA 和 TCDCA。研究表明，TCA 和 TCDCA 是鱼类肝脏中最主要的胆汁酸，而虹鳟胆汁中 CA 的含量最高，其次是 CDCA。张晶等 [54] 检测到草鱼肝脏中的 CA 水平为（728.68 ± 303.11）ng/mg，未检测到 CDCA 及次级胆汁酸。其原因可能是：①欧洲鳗鲡幼鱼肝脏中有较多的牛磺酸或甘氨酸与胆汁酸结合形成结合型胆汁酸，所以欧洲鳗鲡肝脏中可以检测到较多的结合型胆汁酸和次级胆汁酸种类，故 TCA 和 TCDCA 水平较高；②不同鱼类肝脏合成胆汁酸的能力不同，肝脏中胆汁酸的成分也会有差异；③不同鱼类品种、饲料营养水平、养殖条件等可能影响机体胆汁酸代谢的方面也存在差异。

牛磺酸和次牛磺酸代谢可以为鱼类提供生长必需的牛磺酸,它们不参与蛋白质合成,但能与胆汁酸结合形成牛磺胆酸,促进脂肪分解代谢。牛磺酸由蛋氨酸、胱氨酸和半胱氨酸的中间代谢产物半胱亚磺酸,在半胱亚磺酸脱羧酶的作用下脱羧去二氧化碳,形成亚牛磺酸再经氧化得到。靶向代谢组学分析结果显示,饲料中添加胆汁酸在一定程度上促进了肝脏中不同种类胆汁酸的产生。非靶向代谢组学的结果中,肝脏牛磺酸含量下降说明胆酸结合牛磺酸的能力增强,导致牛磺酸含量降低,也可以在一定程度上解释胆汁酸靶向代谢组学的结果。胆汁酸添加组胆酸未显著增加,可能机体所需牛磺酸量增多,促使牛磺酸和次牛磺酸代谢增强。

此外,胆汁酸添加组肝脏的差异代谢物主要归属为氨基酸类、脂肪酸类、有机酸类和维生素类等物质,但富集后的代谢通路更多地在指向氨基酸代谢,这可能是肝脏中氨基酸代谢通路的变化程度大于脂类代谢所致,结合肝脏常规成分的结果,可以认为饲料中添加胆汁酸主要对欧洲鳗鲡幼鱼的氨基酸代谢和脂类代谢产生作用。

4.4　胆汁酸对牛蛙肝脏化学组成、抗氧化和代谢酶活性的影响

4.4.1　牛蛙介绍

牛蛙俗名美国水蛙,属于两栖纲无尾目蛙科,是一种大型食用蛙,其肉质细嫩,味道鲜美,营养丰富。1959 年牛蛙从古巴引入我国,20 世纪 90 年代左右开始在我国被大范围推广养殖。近年来,牛蛙已成为我国水产养殖重要的名特水产品之一。牛蛙在我国福建、广东、浙江等沿海地区均有较大规模养殖,养殖产量逐年递增,牛蛙产量已达 15 万 t。

牛蛙是集食用、药用和皮用于一身的大型经济蛙类。牛蛙肉是上乘美味食品和高级的保健药膳,是一种高蛋白、低脂肪、低胆固醇的健康食品;同时,牛蛙肉还有很高的药用价值,其性平、味甘,具有滋补解毒的功效,夏季食用可避免皮肤生疮毒,手术患者食用可促进伤口愈合,肝、肺病患者食用可明显增进食欲。此外,牛蛙皮是优质的乐器材料,上等的制革原料,还可提炼高级豁胶;牛蛙油可制优质油脂,牛蛙脑垂体是高效的催产激素,牛蛙的下脚料可制优质饲料。牛蛙还是良好的试验动物,是忠实的植保卫士。人工养殖的牛蛙生长快,产量高,成本低,价值高,具有很高的经济效益[55]。

4.4.2　牛蛙的养殖与市场状况

近年来,随着我国高密度、集约化水产养殖模式的快速发展,越来越多的养殖动物出现肝脏脂肪大量积累的现象,肝脏是动物最重要的代谢器官之一,其损伤或病变极易造成动物营养代谢失调,免疫系统紊乱。患有脂肪肝的水生动物通常表现为应激能力低下,死亡率高,饲料利用率低。而蛋白与能量的比值不合理,日粮中维生素、必需脂肪酸和胆碱等含量不足,一般被认为是诱导水生动物肝脏脂肪过度沉积的主要原因。Seixas-Filho 等[56]发现养殖过程中牛蛙极易发生肝脏疾病,而高密度养殖、高频率投喂的养殖方式以及营养不均衡

的饲料、不稳定的环境条件等诸多因素常引起养殖牛蛙肝脏病变，并可能进一步诱导其他疾病的发生，所以，急需寻求一种有效的降脂护肝方法，以维护牛蛙肝脏的健康，促进牛蛙养殖业的可持续发展。

4.4.3　试验饲料配方与制备方法

基础饲料粗蛋白质约 41%，粗脂肪约 7%，以鱼粉和豆粕为主要蛋白源，棕榈油为主要脂肪源，面粉为主要糖源，外加多种维生素和多种矿物质等配制而成。胆汁酸纯度为 99.1%，其中猪胆酸和猪脱氧胆酸总和为 78.9%，鹅脱氧胆酸 20.2%，由山东龙昌动物保健品有限公司提供。分别向每千克基础饲料中添加 0、100、200 和 300 mg 胆汁酸配制出 4 种等氮等能的试验饲料。原料经粉碎机粉碎后，过 60 目筛，各原料按比例逐级混匀后加油揉匀，再加适量的去离子水进一步搓匀经水产饲料膨化机制成直径为 4.0 mm 的膨化颗粒饲料，自然阴干后密封储存在 -20 ℃的冰箱中备用。

4.4.4　饲料中添加胆汁酸对牛蛙肝脏化学成分的影响

表 4-4-1 是饲料中添加胆汁酸对牛蛙肝脏化学成分的测定结果。由表 4-4-1 可知，饲料中添加 100 mg/kg 胆汁酸时，肝脏粗脂肪含量较对照组显著降低，当胆汁酸添加量为 200 和 300 mg/kg 时，脂肪含量与对照组无显著差异，而肝脏水分与脂肪变化趋势相反。饲料中添加胆汁酸对肝脏中粗蛋白质和粗灰分含量均无显著性影响。

表 4-4-1　饲料中添加胆汁酸对牛蛙肝脏化学成分的影响（n =3）

指标	胆汁酸添加量（mg/kg）			
	1	100	200	300
水分	68.57 ± 1.50	71.81 ± 0.38	69.23 ± 0.53	70.01 ± 0.67
粗蛋白质	14.92 ± 0.95	15.94 ± 0.49	14.95 ± 0.12	15.79 ± 0.61
粗脂肪	0.73 ± 0.55	4.96 ± 0.09	6.52 ± 0.12	6.68 ± 0.33
粗灰分	1.37 ± 0.16	1.40 ± 0.07	1.26 ± 0.16	1.27 ± 0.09

已有学者表明，饲料中添加适量的胆汁酸可以降低大菱鲆[57]、草鱼[58]的肝脏脂肪含量。Gilat 等[59]认为，饱和脂肪酸能在体内与胆酸结合形成脂肪酸-胆酸结合物（FABACs），FABACs 可通过抑制羟基甲基戊二酸单酰辅酶 A 还原酶抑制胆固醇的合成促进胆固醇向胆酸的转化，从而通过减少胆固醇含量来降低大鼠肝组织中脂肪含量。也有资料表明胆汁酸能通过激活 G 蛋白偶联胆汁酸受体（TGR5），刺激小鼠褐色脂肪组织分解供能，因此肝脏脂肪含量的降低也可能是胆汁酸作用下能量代谢增强的结果。也有学者报道，脱氧胆酸作为脂肪酸转运蛋白（FATP5）活性的一种抑制剂，而 FATP5 的主要功能是促进长链游离脂肪酸（LCFA）向肝脏的转运，脱氧胆酸可以利用这种机制限制过多的 LCFA 的摄入，说明胆汁酸可通过减少脂肪酸的来源进而减少脂肪在肝脏的沉积。然而，疏水性胆汁酸具有细胞毒性，鹅脱氧胆酸对肝脏的毒性与剂量有关，当饲料中 CDCA 的浓度为 0%~0.3% 时小鼠未表

现出明显毒理症状，高于 0.3% 时毒性明显。

胡田恩等[20]的试验结果表明对照组牛蛙肝脏的脂肪含量为 6.73%，而添加 100 mg/kg 胆汁酸组牛蛙肝脏脂肪含量迅速下降到 4.96%，说明饲料中添加胆汁酸有助于减少肝脏脂肪的沉积，降低脂肪肝的潜在风险。当胆汁酸添加量为 200 和 300 mg/kg 时，脂肪含量与对照组并无差异，但较 100 mg/kg 组显著升高，可能是因为其中的疏水性胆汁酸在一定程度上抑制线粒体的氧化磷酸化水平，降低胞内三磷酸腺苷（ATP）的合成速率，从而降低脂质的分解代谢。

4.4.5　饲料中添加胆汁酸对牛蛙肝脏抗氧化酶活性和丙二醛含量的影响

表 4-4-2 是饲料中添加胆汁酸后牛蛙肝脏抗氧化指标的测定结果。由表 4-4-2 的数据可知，饲料中添加胆汁酸显著提高了肝脏 GSH-PX 活性。当胆汁酸添加量为 200 mg/kg 时，SOD 活性显著高于其他组。MDA 含量呈先降低后升高的趋势，其中当添加量为 200 mg/kg 时最低，而 300 mg/kg 时 MDA 含量显著升高。各试验组间肝脏 CAT 活性无显著差异（表 4-4-2）。

表 4-4-2　饲料中添加胆汁酸对牛蛙肝脏抗氧化指标的影响（n =3）

指标	胆汁酸添加量（mg/kg）			
	1	100	200	300
SOD（U/mg prot）	13.01 ± 0.11	12.80 ± 0.32	14.10 ± 0.18	12.64 ± 0.09
GSH-PX（U/mg prot）	21.50 ± 0.03	27.31 ± 1.57	25.94 ± 0.22	26.83 ± 2.09
CAT（U/mg prot）	9.87 ± 0.69	9.44 ± 0.46	10.20 ± 0.11	11.74 ± 1.19
MDA（U/mg prot）	2.46 ± 0.04	2.26 ± 0.12	2.14 ± 0.09	2.70 ± 0.09

动物细胞生存需要适当的氧化与抗氧化平衡，当自由基的产生量超过机体的抗氧化能力时，就会造成氧化损伤。抗氧化酶在体内能构成一个重要的清除活性氧簇（ROS）的防御系统，SOD 以超氧阴离子为底物，将其还原成 H_2O_2，而 H_2O_2 继而可被 CAT 分解为水和氧气，也可被 GSH-PX 分解成水。已有研究发现高浓度的疏水性胆汁酸具有细胞毒性，易造成部分肝脏机能的降低或缺失，影响 SOD 的生成，并且当机体受到严重胁迫时也会抑制 SOD 基因的表达。胡田恩的研究结果显示，添加 300 mg/kg 胆汁酸时，牛蛙肝脏的 SOD 活性显著降低，说明 300 mg/kg 的添加水平可能对试验牛蛙肝脏细胞产生毒性，从而降低 SOD 的活性。然而，200 mg/kg 胆汁酸组牛蛙肝脏的 SOD 活性显著高于对照组，说明该剂量的胆汁酸对肝细胞没有明显的毒副作用，并且能提高牛蛙的抗氧化能力，抑制自由基产生，类似的结果在鸡的研究中也有报道[60]。GSH-PX 是动物体内重要的抗氧化酶，能特异性地催化谷胱甘肽还原，清除机体内有毒的过氧化物，保护生物膜和生物大分子免受氧化损伤。对牛蛙的试验结果显示，饲料中添加胆汁酸组牛蛙肝脏 GSH-PX 的活性均显著高于对照组，说明胆汁酸能增强机体对抗活性氧的能力。郭永丽等[9]在草鱼的研究中也有相似的结果。丙二醛是脂肪酸过氧化代谢的产物，具有很强的生物毒性，是衡量肝脏受损伤程度的重要指标[22]。

在牛蛙试验中,饲料中添加 200 mg/kg 胆汁酸显著降低了牛蛙肝脏 MDA 的含量,说明饲料中添加适量胆汁酸能降低牛蛙肝脏脂质的过氧化作用,减轻生物毒性损伤。但结果表明,当添加量达到 300 mg/kg 时, MDA 含量急剧上升,可能是高剂量疏水性胆汁酸改变了黄嘌呤脱氢酶的分子构象,暴露了氧化活化位点,使自由基增加,也可能是胆汁酸对肝细胞的毒性作用,抑制了抗氧化酶(如 SOD)的活性,不利于自由基的清除,最终导致 MDA 增加,具体机制还有待进一步研究。由此可见,饲料中添加适宜量的胆汁酸能够提高机体抗氧化酶的活性,保护肝脏免受氧化损伤, 而 300 mg/kg 以上的胆汁酸会加剧牛蛙的肝脏氧化损伤。

4.4.6 饲料中添加胆汁酸对牛蛙肝脏代谢酶的影响

表 4-4-3 是饲料中添加胆汁酸后牛蛙肝脏 GOT、GPT、LPL 和 HL 活性的测定结果。由表 4-4-3 的数据可知,随着胆汁酸添加量的增加,谷草转氨酶活性呈先升高后下降的趋势,当添加 100 mg/kg 时谷草转氨酶活性最高,各组之间的谷丙转氨酶活性无显著性差异。饲料中添加胆汁酸显著影响了酶的活性,当胆汁酸添加量为 100 和 200 mg/kg 时, HL 和 LPL 的活性较对照组均显著降低。

表 4-4-3 饲料中添加胆汁酸对牛蛙肝脏 GOT、GPT、LPL、HL 活性的影响(n =3)

指标	胆汁酸添加量(mg/kg)			
	1	100	200	300
GOT(U/mg prot)	25.34 ± 0.96	28.36 ± 1.27	25.31 ± 1.03	22.80 ± 1.49
GPT(U/mg prot)	29.40 ± 1.85	32.39 ± 3.32	34.48 ± 3.23	32.05 ± 1.43
LPL(U/mg prot)	21.62 ± 1.04	17.18 ± 0.46	17.50 ± 1.03	20.66 ± 1.87
HL(U/mg prot)	14.02 ± 0.80	10.14 ± 0.70	9.96 ± 1.03	11.15 ± 1.73

GOT 和 GPT 是存在于细胞线粒体中的氨基转移酶,在心肌细胞和肝脏中活性最高。GOT 主要催化 α-酮戊二酸与天冬氨酸转氨基作用生成谷氨酸和草酰乙酸,而 GPT 主要在 α-酮戊二酸和丙氨酸的转氨基过程起作用[61],其活性的高低反映肝脏对蛋白质的代谢强度。随着饲料胆汁酸添加量的升高,肝脏 GOT 活性表现出先升高再降低的趋势,当胆汁酸添加量为 100 mg/kg 时,GOT 活性显著高于对照组,说明胆汁酸有利于提高肝细胞内氨基酸的代谢能力。而当添加量为 300 mg/kg 时, GOT 活性显著降低,可能是鹅脱氧胆酸对肝细胞线粒体产生了毒性[62],而 GOT 是存在于线粒体内的酶,因而其酶活性会受到鹅脱氧胆酸的影响。肝脏不仅是氨基酸的代谢器官,也是机体进行脂肪酸 β 代谢和调节脂肪蓄积的主要器官,其中 LPL 和 HL 是参与脂肪分解的关键酶。LPL 主要催化乳糜微粒和极低密度脂蛋白中甘油三酯水解,对机体脂质蓄积状况产生决定性作用。郑珂珂等[63]发现,组织脂肪含量高能诱导 LPL 基因的表达,而牛蛙试验的结果也发现肝脏 LPL 活性与肝脂肪含量的变化趋势具有很高的一致性。这说明胆汁酸不是通过 LPL 和 HL 途径降低牛蛙肝脏脂肪的沉积的。由此可见,饲料中添加适量的胆汁酸可增强牛蛙肝脏氨基酸代谢能力和不依赖酯酶的

脂肪调节能力。

4.4.7　饲料添加胆汁酸对牛蛙肝脏外部形态的影响

表 4-4-4 显示的是牛蛙肝脏组织的病理变化特征。在试验中，解剖牛蛙后发现肠系膜少量脂肪蓄积，肝脏大小正常，不同处理组的肝脏颜色各有差异。对照组肝脏颜色淡红，有油腻感，胆囊颜色为茶褐色，有白点分布。100 和 200 mg/kg 胆汁酸组牛蛙肝脏属于正常颜色；300 mg/kg 组肝脏紫黑，并出现大面积的白斑，解剖后用手指轻轻按压离体肝脏，发现该组肝脏质地偏硬、无弹性。

表 4-4-4　牛蛙肝脏组织病理变化特征

指标	胆汁酸添加量（mg/kg）			
	1	100	200	300
肝脏颜色	淡红、附白点	褐色	褐色	紫黑、附白点
肝脏硬度	正常	正常	正常	硬

目前，脂肪肝或者脂肪肝病在养殖鱼类尚没有获得公认的客观标准。在对人的脂肪肝的诊断上，一般将肝脏粗脂肪含量为 5%~10% 定性为轻度脂肪肝。而动物的肝脏脂含量与其种类、食性、性别和生长阶段有关，因此，确立牛蛙脂肪肝和脂肪肝病的判断标准，是将来需要开展的研究。在牛蛙试验中，在饲料中添加 300 mg/kg 胆汁酸的组牛蛙肝脏质地偏硬、无弹性，表明肝脏可能有纤维化现象。已有研究表明，鹅脱氧胆酸能间接激活表皮生长因子受体（EGFR）而上调肝细胞中的早期生长反应基因 -1（Egr-1），而 Egr-1 能直接或间接作用增加肝细胞内某些促炎介质进而诱导肝纤维化[64]。牛蛙研究中高剂量胆汁酸组牛蛙肝脏抗氧化酶活性降低，MDA 含量显著升高，说明高剂量疏水性胆汁酸可能诱导肝脏线粒体产生过量的活性氧，也有报道认为氧化应激和细胞器功能失调是造成肝纤维化的另一个重要原因，这些可能是摄食高剂量饲料胆汁酸的牛蛙肝脏变硬的原因。此外，有报道认为疏水性胆汁酸可通过多种途径诱导肝细胞损伤[65]，因此，高剂量的胆汁酸对牛蛙肝脏细胞的毒性机制尚有待进一步研究。根据本试验的肝脏外部形态和生化指标分析结果，饲料中添加 300 mg/kg 胆汁酸会引起牛蛙肝脏组织纤维化。

4.5　不同脂肪源及胆汁酸对罗氏沼虾生长性能及脂肪酸组成的影响

4.5.1　罗氏沼虾介绍

罗氏沼虾是长臂虾科沼虾属动物，主要分布于孟加拉国、文莱、柬埔寨、中国、印度、印度尼西亚、马来西亚、缅甸、巴基斯坦、菲律宾、新加坡、斯里兰卡、泰国。

罗氏沼虾属杂食性动物,不同的生长发育阶段,其要求的食物组成是不同的。刚孵出的蚤状幼体至第一次蜕皮之前,以自身卵黄为营养物质。第一次蜕皮之后,开始摄食小型浮游动物,在人工养殖条件下,主要投喂丰年虫无节幼体或轮虫;经多次蜕皮之后,个体逐渐长大,可摄食煮熟的鱼肉碎片、鱼卵、蛋品等,以及其他细小、适口的动物性饲料。经淡化后的幼虾,食性转化为杂食性,主要以水生昆虫幼体、小型甲壳类、水生蠕虫、其他动物尸体以及有机碎屑幼嫩植物碎片等为食物。到了成虾阶段,食性更杂,包括水生昆虫软体动物、蚯蚓、小鱼虾、各种动物尸体、水生植物、着生藻类、谷物、豆类等。当饥饿时还会自相残食。在人工养殖条件下,其食物组成主要是人工投喂的商品饲料。罗氏沼虾在水温 20~30 ℃时摄食旺盛,18 ℃以下摄食量减少[66]。

罗氏沼虾营养丰富,可食部分含蛋白质 20.5%,与中国对虾相当,脂肪含量为 1.97%,略高于中国对虾。罗氏沼虾味道鲜美,是深受广大消费者欢迎的名贵水产品,亦可出口创汇,在中国已形成开发养殖热潮。但是由于罗氏沼虾适温范围较窄,上市时间集中,因此必须因地制宜发展养殖[67]。

我国自 1976 年在国内引种成功后,罗氏沼虾的养殖规模迅速扩展。历年来,其养殖模式不断优化,技术水平不断提高,经营思路不断创新,形成了独特的产加销一体化的区域性产业特色,为当地农民增收、农业增效做出了重要贡献。罗氏沼虾养殖业的快速发展,推动了饲料等相关产业及罗氏沼虾营养学的发展,特别是在精养、半精养模式下,养殖更多地依靠人工配合饲料为其提供营养。然而作为配合饲料生产的理论基础和技术支撑,人们对罗氏沼虾营养需要和营养生理的基础研究工作还明显滞后于养殖生产,特别在罗氏沼虾的脂肪营养方面,目前的研究主要集中在罗氏沼虾饲料中蛋白质、脂肪和矿物质的适宜添加量,对于不同脂肪源、脂肪源配比及胆汁酸对罗氏沼虾生长及脂肪代谢的研究还鲜有报道。

4.5.2 虾类脂肪营养

(1)脂肪的营养功能

三大营养物质包括脂肪、蛋白质和糖类。其中脂肪单位质量含有的能量最高。蛋白质是水产动物最重要的营养物质,但成本较高,在养殖领域,应用脂肪具有节约蛋白质的作用。王吉桥等[68]研究认为对虾对糖的利用率较低,除纤维素和几丁质外,利用率随糖链组成复杂度的增加而增加,而且糖类可能会影响氨基酸的吸收。杨凤[69]也认为虾类对碳水化合物的利用率较低,尤其是多糖;Hokazeno 等[70]研究发现当虹鳟肠中含有 10 mmol 葡萄糖时,中肠对 *L*-赖氨酸的吸收率从 26.64% 降为 12.34%,后肠的吸收率从 23.24% 降至 5.40%。可见虾类对糖的利用率较低,但是其能够较好地利用脂肪,因此脂肪作为虾类的能量来源就显得极为重要。

脂肪除了可以作为虾类的能量来源外,还为虾类提供生长所需的必需脂肪酸(Essential Fatty Acid, EFA),这个功能是其他营养物质无法替代的。脂肪还可以作为脂溶性维生素的载体,并作为某些维生素和激素的合成原料,以及组织细胞的构成成分。

饲料原料本身含有一定水平的脂质,但是多数原料的油脂含量较低,且处于非游离状态，无法作为脂溶性维生素的溶剂，影响脂溶性维生素的利用。因此在饲料中添加油脂具有较好的营养学功能，如提供虾类生长必需的脂肪酸、固醇类物质，作为虾类的能量来源，提高饲料的适口性，提高饲料效率，促进脂溶性维生素的吸收、利用等。

（2）脂肪酸的种类

脂肪酸是脂类的关键成分，脂肪酸可按不同原则进行分类。按饱和度分类可将其分为饱和脂肪酸和不饱和脂肪酸，不饱和脂肪酸又可以按照不饱和程度分为单不饱和脂肪酸和多不饱和脂肪酸。饱和脂肪酸（SFA），主要包括 C14：0、C16：0、C18：0，单不饱和脂肪酸（MUFA）主要有 C14：1、C16：1、C18：1、C20：1 等，多不饱和脂肪酸（PUFA）主要包括 C18：2n-6、C18：3n-3、C20：4n-6、C20：5n-3、C22：6n-3 等。也有人把含 20 C 以上的 PUFA 称为高不饱和脂肪酸（HUFA）。

此外，机体可以自行合成，不必依靠食物供应的脂肪酸称为非必需脂肪酸，其包括单不饱和脂肪酸和饱和脂肪酸。而机体不能合成，必须从食物中摄取，且维持动物正常生长活动必需的脂肪酸，称为必需脂肪酸，其均为多不饱和脂肪酸。

4.5.3　虾类脂肪代谢

（1）虾类脂肪代谢过程

虾类脂类代谢过程包括脂类的合成与分解。脂类在水产动物体内可以贮存在肝脏以及脂肪组织中，可以在线粒体中进行氧化供能，也可以转化成其他成分。

虾类脂肪的合成主要有两种途径：一是对饲料中脂肪的直接吸收；二是将蛋白质和糖类的代谢产物通过肝脏转化并合成脂肪。脂肪的合成需要两种底物前体：一是 α-磷酸甘油，主要来源于糖代谢的磷酸二羟丙酮和磷酸甘油；二是脂肪酸，由 FAS 复合体系催化乙酰辅酶 A 和丙二酰单酰辅酶 A 转变而成。经过酯化作用后肝脏中合成的脂肪酸，变成 TG、磷酸酯、胆固醇酯等，再由脂蛋白转运至其他组织中利用或在脂肪组织中贮存。

脂肪的分解，当水产动物摄取的能量不足时为了满足能量的需要，将动员贮存于脂肪组织细胞中的甘油三酯，产生游离脂肪酸（free fatty acids，FFA）和甘油，从脂肪组织中扩散进入血液。游离脂肪酸可被肌肉组织和肝脏摄取和利用，产生能量。肝脏也能将游离脂肪酸转化为甘油三酯，在脂肪组织中沉积起来[71]。

（2）不同脂肪源对虾类生长的影响

脂肪源中脂肪酸的不饱和程度、组成、比例是影响其营养价值高低的主要因素。不同来源脂肪的脂肪酸组成和含量存在差异，大豆油中含有 52.99% 的亚油酸和 22.71% 的油酸，而菜籽油中含有 45.14% 的油酸和 19.13% 的亚油酸。不同种类水产动物对必需脂肪酸的种类和数量的需求也不尽一致。海水鱼油富含 n-6 和 n-3 系列的 HUFA，与 HUFA 含量较低的动物油和植物油相比，海水鱼油及海水鱼油和植物油的混合油对虾蟹类的营养价值较高。Lim 等[72]对凡纳滨对虾（*Litopenaeus vannamei*）脂肪源的研究结果表明，各种脂肪的促生长效果依次是鲱鱼油 > 亚麻籽油 > 豆油 > 玉米油 > 硬脂酸油 > 椰子油 > 红花油，并且虾体脂肪酸的组成反映了饲料油脂中脂肪酸的组成，尤其是不饱和脂肪酸的组成。Xu 等[73]

研究认为亚麻酸作为中国对虾必需脂肪酸的营养价值高于亚油酸；李爱杰等[74]在基础饲料中添加豆油和鱼油进行试验，发现添加豆油对罗氏沼虾的存活率和生长无促进作用，而添加0.5%的鱼油就能满足罗氏沼虾的营养需求。Reigh等[75]研究发现，加入1%的亚油酸时罗氏沼虾的生长速度加快，而加入1%的亚麻酸时则发现罗氏沼虾的生长速度降低。

Wen等[76]用鳀鱼油、亚麻籽油、豆油、菜籽油、红花油和猪油作为脂肪源研究其对克氏原螯虾(*Procambarus clarkii*)生长影响的试验中，发现在增重率和饲料效率上由高到低的次序为鳀鱼油>亚麻籽油>豆油>菜籽油>红花油>猪油。在半纯化饲料中分别以鳀鱼油、豆油、猪油作为脂肪源，研究其对中华绒螯蟹(*Eriocheir sinensis*)的产卵力、孵化率和受精卵脂肪酸组成的影响，结果表明鳀鱼油组的表现最好，猪油效果最差，豆油虽然提高了蟹的产卵力，但没有显著提高孵化率。

(3)虾类脂肪需要量研究

饲料中的脂肪是虾类重要的能源物质，在饲料中适当添加脂肪不仅可有效地促进虾类生长，还可以起到节约蛋白质的作用。郑述河等[77]研究认为体长为1~4 cm的罗氏沼虾幼虾粗脂肪的适宜添加量是7%~9%；体长为4~6 cm的沼虾其粗脂肪的适宜含量为5%~7%；而体长大于6 cm的成虾其粗脂肪的适宜含量为4%~5%。Sheen等的研究结果表明，当饲料中添加混合油脂，即鳕鱼肝油和玉米油比例为2∶1时，对罗氏沼虾的生长有促进作用；且添加2%~10%的脂肪均能满足罗氏沼虾对脂肪的营养需求，但是脂肪含量过高会降低罗氏沼虾的生长率。周洪琪等[83]的研究结果表明，饲料中豆油3%、鱼油2.5%、胆固醇0.5%时，3%的磷脂就能满足中国对虾的营养需求。Sheen等[84]研究表明，在油脂、碳水化合物的较小比例范围内，草虾日粮中油脂的含量为4%~11.3%均适宜。戚少燕等[80]研究认为中华绒螯蟹溞状幼体至大眼幼体对脂肪的需求量为6%，大眼幼体至0.1 g幼蟹的脂肪需求量为7%，体重1 g以上的幼蟹的脂肪需求量为6.8%。肖国强[81]的研究结果表明，中华绒螯蟹Z3-Z4(3期溞状幼体至4期溞状幼体)阶段饲料中脂肪的最适含量为6%~12%。Z5M(5期溞状幼体至大眼幼体)阶段饲料中脂肪的最适含量为8%~12%。

4.5.4 虾类必需脂肪酸营养研究

虾类可以利用糖类和蛋白质代谢产生的乙酰辅酶A，经过一系列生化过程合成非必需脂肪酸，主要是n-7、n-9和n-11系列脂肪酸，不能或只能少量合成n-3系列和n-6系列脂肪酸，因此这些脂肪酸必须从食物中获得。所以n-3系列和n-6系列脂肪酸被认为是水产动物的必需脂肪酸。并且与温水性、淡水性虾类相比，海水性、冷水性种类需要更多的n-3高不饱和脂肪酸。一般认为，甲壳类动物四种必需的脂肪酸分别是亚油酸(C18：2n-6，LOA)、亚麻酸(C18：3n-3，LNA)、二十碳五烯酸(C20：5n-3，EPA)和二十二碳六烯酸(C22：6n-3，DHA)。Mayra等[82]对南美白对虾(*Litopenaeus vannamei*)幼虾的研究表明n-3 HUFA及DHA能促进其生长，使其获得最大的生长率。

Teshima等[87]研究表明，当C18:2n-6和C18:3n-3这两种PUFA以12∶1混合时，罗氏沼虾的增重率最高。D' Bramo等[84]研究了多不饱和脂肪酸对罗氏沼虾的营养作用，结果表明 C 原子数大于 20 的 n-3 或 n-6 系列脂肪酸饲料组的增重率显著高于对照组，并高于摄食 C18:3n-3 和 C18:2n-6 脂肪酸饲料组的幼虾，说明 C 原子数大于 20 的 PUFA 对罗氏沼虾幼虾的生长有明显的促进作用，且认为饲料中 C 原子数大于 20 的 PUFA 含量为 0.075% 时就能满足罗氏沼虾的增重率和存活率要求，其含量在 0%~0.6% 时同样有效。Xu 等 [85] 对中国对虾（*Penaeu chsnenssi*）幼虾进行 60 天试验，结果证明其中几种必需脂肪酸价值的大小顺序为：C18：2n-6 <C18：3n-3 < C20：4n-6 <C22：6n-3。Tidwell 等 [86] 的试验结果表明 C20：4n-6、C20：5n-3、C22：6n-3 三种 PUFA 对罗氏沼虾的生长具有重要作用。高淳仁等 [87] 的研究表明，饲料中的 HUFA 能促进斑节对虾幼虾的生长和提高其存活率。

4.5.5 脂肪源对虾类体脂组成的影响

虾类从日粮中直接获取脂肪，经过同化作用转变为体脂沉积下来。无论日粮中添加不同种类的脂类还是添加不同浓度的同一脂类均会影响虾类对脂肪的消化吸收和利用，进而影响动物体脂的沉积量和沉积速度，并对体脂中脂肪酸的组产生着显著的影响。

高淳仁等 [87] 在基础饲料中添加四种含有不同脂肪酸的脂肪源，配制四种试验饲料，对斑节对虾幼虾进行 45 天的喂养试验。试验结果表明，幼虾摄食含有不同脂肪酸的饲料，虽然虾体内脂肪含量接近，但虾体脂肪酸含量差异显著。Deernig 等 [88] 研究了不同脂肪源对斑节对虾幼虾的生长和脂肪酸组成的影响，结果显示各组幼虾的生长率有极显著的差异，且体脂肪酸组成与饲料脂肪酸组成相似。

4.5.6 胆汁酸对罗氏沼虾体组织成分及血液生化指标的影响

胆汁酸是胆汁的主要成分之一，其具有乳化脂肪、促进脂肪吸收、提高动物免疫能力、抑菌杀菌的作用。虾类不能合成胆固醇和胆汁酸，因此必须从饲料中获得。虾类在生长的各阶段均需要摄取胆固醇和胆汁酸，在体内转化为蜕皮激素。有关胆汁酸的研究，在鳗鲡、鲤鱼、鲫鱼、虹鳟、大菱鲆、斑点叉尾鮰等方面已做了较多研究，但在胆汁酸对罗氏沼虾生长及脂肪代谢方面的研究还鲜有报道。王恒的试验结果表明，饲料中粗脂肪含量为 9% 时罗氏沼虾获得较好的增重率和较低的饲料系数，而粗脂肪含量为 12% 时效果并不理想 [13]。

（1）材料与方法

试验前挑选体质健壮、规格整齐、平均体重为（1.04 ± 0.02）g、平均体长为（3.63 ± 0.02）cm 的个体 400 尾，随机分 2 组，每组设 4 个重复，共 8 个网箱，每个重复 50 尾虾，经检验，各网箱间虾重及体长无显著差异。

主要试剂胆汁酸购于盐城桑普生化技术有限公司。

（2）试验设计与试验饲料

本试验为对比试验，基础日粮相同（粗脂肪含量为 12%），对照组不添加胆汁酸，试验组添加 0.1% 的胆汁酸。使用绞肉机制成粒径约为 2.0 mm 的颗粒料，55 ℃干燥 12 h，破碎，在 −20 ℃冰柜中冷藏备用。配方及主要营养成分见表 4-5-1，豆油和亚麻籽油脂肪酸组成情况见文献 [13]。

表 4-5-1 试验饲料配方及主要营养成分

项目		对照组(胆汁酸,0%)	试验组(胆汁酸,0.1%)
精制面粉		18.6	18.5
膨化大豆		5	5
豆粕		15	15
菜粕		10	10
鱼粉		35	35
啤酒酵母		4	4
石粉		1	1
磷酸二氢钙		2	2
黏合剂		0.4	0.4
脱壳素		0.1	0.1
氯化钠		0.4	0.4
预混料		0.5	0.5
大豆软磷脂		2	2
胆汁酸		—	0.1
豆油		3	3
亚麻籽油		3	3
主要营养指标	粗脂肪	12.14	12.56
	粗蛋白质	39.94	39.32
	灰分	10.04	10.35

注:预混料中,维生素 A, 100 000 IU/kg;维生素 D3, 40 000 IU/kg;维生素 E, 10 000 mg/kg;维生素 K3, 2 000 mg/kg;维生素 B1, 2 000 mg/kg;维生素 B2, 3 000 mg/kg;维生素 B6, 1 600 mg/kg;维生素 B12, 100 mg/kg;烟酸, 3 200 mg/kg;泛酸钙, 8 000 mg/kg;叶酸, 600 mg/kg;肌醇, 40 000 mg/kg;维生素 C, 24 000 mg/kg;氯化胆碱, 400 000 mg/kg;铁, 8 000 mg/kg;铜, 4 000 mg/kg;锌, 5 000 mg/kg;锰, 1 000 mg/kg;镁, 7 000 mg/kg;硒, 20 mg/kg;碘, 200 mg/kg。

4.5.7 胆汁酸对罗氏沼虾生长及饲料利用率的影响

试验前期(第 30 天)采样时,各组罗氏沼虾体长、体重、增重率及饲料系数的结果见表 4-5-2。

表 4-5-2 试验前期胆汁酸对罗氏沼虾体长、增重率及饲料系数的影响

项目	对照组(胆汁酸,0%)	试验组(胆汁酸,0.1%)
初始体长(cm)	3.68 ± 0.05	3.68 ± 0.04
结束体长(cm)	4.82 ± 0.05	4.79 ± 0.04
初始个体体重(g)	0.99 ± 0.01	1.00 ± 0.01
结束个体体重(g)	3.05 ± 0.06	2.96 ± 0.02
个体增重率(%)	207.15 ± 7.05	196.43 ± 8.56

续表

项目	对照组（胆汁酸，0%）	试验组（胆汁酸，0.1%）
投饵量（g）	2.38	2.12
饲料系数	1.16 ± 0.03	1.08 ± 0.02

由表 4-5-2 可知，试验前期各组初始体长、初始体重数据差异不显著。个体结束体重及增重率方面，对照组罗氏沼虾的结束个体体重和增重率均高于试验组罗氏沼虾，但胆汁酸添加与否对罗氏沼虾的结束体个体重和个体增重率无显著影响。饲料系数方面，两组之间没有显著差异，试验组饲料系数比对照组降低了 7.41%。

试验末期（第 60 天）取样，罗氏沼虾体长、体重、增重率及饲料系数的结果见表 4-5-3。

表 4-5-3　试验末期胆汁酸对罗氏沼虾体长、增重率及饲料系数的影响

项目	对照组（胆汁酸，0%）	试验组（胆汁酸，0.1%）
初始体长（cm）	3.63 ± 0.04	3.62 ± 0.04
结束体长（cm）	6.50 ± 0.07	6.49 ± 0.09
初始个体体重（g）	0.99 ± 0.01	1.00 ± 0.02
结束个体体重（g）	6.78 ± 0.20	6.80 ± 0.13
个体增重率（%）	582.29 ± 21.58	581.38 ± 11.28
投饵量（g）	6.72	6.02
饲料系数	1.26 ± 0.07	1.06 ± 0.03

从表 4-5-3 可知，初始体长和初始个体体重差异均不显著。试验末期，是否添加胆汁酸对罗氏沼虾结束体长、结束个体体重及个体增重率均无显著影响。饲料系数方面，试验组罗氏沼虾饲料系数显著低于不添加胆汁酸组，且饲料系数比不添加胆汁酸组降低了 18.87%。

试验前期结果显示，各组罗氏沼虾结束个体体重、饲料系数、全虾总水分及粗蛋白质含量无显著差异。与试验前期结果相似，说明罗氏沼虾幼虾阶段蛋白质含量是影响其生长的主要因素。试验末期结果表明添加胆汁酸后，对照组罗氏沼虾饲料系数显著低于胆汁酸组罗氏沼虾饲料系数；但罗氏沼虾结束体长、结束个体体重及增重率方面与不添加胆汁酸组的差异不显著。

4.5.8　胆汁酸对罗氏沼虾全虾及肌肉中水分、粗脂肪及粗蛋白质含量的影响

试验前期取样，全虾总水分、粗脂肪、粗蛋白质测定结果见表 4-5-4。

表 4-5-4　试验前期胆汁酸对全虾水分、粗脂肪及粗蛋白质含量的影响（湿重）　单位：%

项目	对照组（胆汁酸，0%）	试验组（胆汁酸，0.1%）
全虾总水分	72.70 ± 0.61	73.95 ± 1.26
全虾粗脂肪	2.28 ± 0.14	1.82 ± 0.09
全虾粗蛋白质	15.75 ± 0.27	14.96 ± 0.20

由表 4-5-4 可知,试验前期取样,对照组和试验组罗氏沼虾全虾总水分及全虾粗蛋白质均无显著影响;且对照组罗氏沼虾全虾粗蛋白质含量高于试验组 5.28%,而试验组全虾总水分含量高于对照组 1.72%。

全虾粗脂肪含量方面,试验组罗氏沼虾全虾粗脂肪含量显著低于对照组粗脂肪含量。试验全期采样,全虾及肌肉水分、粗脂肪、粗蛋白质、肝重比测定结果见表 4-5-5。

表 4-5-5 试验全期胆汁酸对全虾及肌肉水分、粗脂肪和蛋白质含量的影响(湿重) 单位:%

项目	对照组(胆汁酸,0%)	试验组(胆汁酸,0.1%)
全虾总水分	79.29 ± 0.81	79.40 ± 0.18
全虾粗脂肪	2.84 ± 0.08	2.28 ± 0.08
全虾粗蛋白质	17.35 ± 0.16	17.28 ± 0.26
肌肉总水分	77.85 ± 2.86	81.09 ± 0.37
肌肉粗脂肪	0.71 ± 0.02	0.51 ± 0.01
肌肉粗蛋白质	21.02 ± 0.30	20.39 ± 0.20
肝重比	0.48 ± 0.01	0.46 ± 0.02

由表 4-5-5 可知,全虾主要营养成分方面,对照组与试验组罗氏沼虾全虾总水分和全虾粗蛋白质无显著差异;试验组罗氏沼虾全虾粗脂肪含量显著低于对照组,且试验组比对照组降低了 19.72% 。肌肉主要营养成分方面,添加胆汁酸对罗氏沼虾肌肉总水分及肌肉粗蛋白质含量无显著影响,且试验组获得较高的水分和较低的粗蛋白质含量。试验组肌肉粗脂肪含量显著低于对照组含量。肝重比方面,试验组罗氏沼虾肝重比略小于对照组,但是两者差异不显著。

试验结果表明,试验前期添加胆汁酸组的罗氏沼虾全虾粗脂肪含量显著低于不添加胆汁酸组;试验全期添加胆汁酸组罗氏沼虾全虾及肌肉粗脂肪含量显著低于不添加胆汁酸组且肝重比也低于不添加胆汁酸组,粗蛋白质和总水分含量无显著差异。

4.5.9 胆汁酸对罗氏沼虾血液生化指标的影响

胆汁酸对罗氏沼虾血液生化指标的影响见表 4-5-6。由表 4-5-6 可知,试验组罗氏沼虾 ALT 和 AST 活性均比对照组低,其中 ALT 比对照组罗氏沼虾降低了 12.88%, AST 比对照组罗氏沼虾降低了 15.03%,但均不存在显著差异。胆固醇、甘油三酯及血糖含量方面,试验组罗氏沼虾胆固醇、甘油三酯及血糖含量均高于对照组,但是两组含量均无显著差异。谷草转氨酶和谷丙转氨酶比值(STLT)方面,对照组和试验组之间无显著差异,试验组 STLT 比对照组减少了 6.57%。

表 4-5-6 胆汁酸对罗氏沼虾血液生化指标的影响

项目	对照组(胆汁酸,0%)	试验组(胆汁酸,0.1%)
ALT(U/L)	415.25 ± 15.19	361.75 ± 33.80

续表

项目	对照组(胆汁酸,0%)	试验组(胆汁酸,0.1%)
AST(U/L)	543.75 ± 16.40	462.00 ± 53.46
胆固醇(mmol/L)	2.24 ± 0.47	2.45 ± 0.14
甘油三酯(mmol/L)	1.99 ± 0.35	2.25 ± 0.07
血糖(mmol/L)	0.99 ± 0.05	1.39 ± 0.18
STLT	1.37 ± 0.05	1.28 ± 0.08

4.5.10 胆汁酸对罗氏沼虾肌肉及肝胰腺中脂肪酸组成的影响

取罗氏沼虾肌肉及肝胰腺甲酯化样品按照测定条件对样品进行测定,将测得的样品色谱图中各峰的保留时间与脂肪酸标准品的保留时间比较,确定样品色谱图中各峰的性质,鉴定出 12 种化合物,并用峰面积归一化法确定各脂肪酸占脂肪酸总含量的百分比。

胆汁酸对罗氏沼虾肌肉脂肪酸组成的影响见表 4-5-7。由表 4-5-7 可知,肌肉脂肪酸中 C16:0、C18:0、C18:1n-9、C18:2n-6 及 EPA 含量均超过脂肪酸总量的 10%。

肌肉饱和脂肪酸含量方面,试验组肌肉 C14:0、C16:0 及 C18:0 脂肪酸含量显著高于对照组。

表 4-5-7　胆汁酸对罗氏沼虾肌肉中脂肪酸组成的影响　单位:%

项目	对照组(胆汁酸,0%)	试验组(胆汁酸,0.1%)
C14:0	0.67 ± 0.02	1.70 ± 0.11
C16:0	19.74 ± 0.36	20.86 ± 0.22
C16:1n-7	0.78 ± 0.04	1.21 ± 0.23
C18:0	11.50 ± 0.12	12.57 ± 0.39
C18:1n-9	17.42 ± 0.29	17.95 ± 0.27
C18:2n-6	18.32 ± 0.19	17.72 ± 0.44
C18:3n-6	0.12 ± 0.12	0.20 ± 0.12
C18:3n-3	5.67 ± 0.22	5.15 ± 0.11
C20:4n-6	3.45 ± 0.37	2.88 ± 0.23
C20:5n-3	15.57 ± 0.28	15.24 ± 0.39
C22:4n-6	0.88 ± 0.26	0.80 ± 0.26
C22:6n-3	6.10 ± 0.36	5.36 ± 0.17
SFA	31.91 ± 0.44	35.13 ± 0.47
MUFA	18.20 ± 0.27	19.16 ± 0.09
PUFA	49.90 ± 0.52	45.71 ± 0.44
HUFA	25.79 ± 0.42	22.63 ± 0.81
n-3 PUFA	22.56 ± 0.50	19.97 ± 0.54

续表

项目	对照组(胆汁酸,0%)	试验组(胆汁酸,0.1%)
n-6 PUFA	27.34 ± 0.37	25.74 ± 0.21
n-3/n-6	1.21 ± 0.04	1.29 ± 0.04

肌肉 C18: 2n-6、C18: 3n-3、EPA 及 DHA 含量方面,试验组罗氏沼虾肌肉 C18: 2n-6、C18: 3n-3、EPA 及 DHA 含量均低于对照组含量,但差异不显著,其中肌肉 C18: 2n-6 含量比对照组下降了 3.28%,肌肉 C18: 3n-3 含量比对照组降低了 9.17%,肌肉 DHA 含量比对照组下降了 12.13%。肌肉不同类型脂肪酸含量方面,试验组罗氏沼虾肌肉 SFA 和 MUFA 含量均显著高于对照组。

对照组罗氏沼虾肌肉 PUFA、HUFA、n-3 PUFA、n-6 PUFA 含量及 n-3/n-6 比值均显著高于试验组。胆汁酸对罗氏沼虾肝胰腺脂肪酸组成的影响见表 4-5-8 。由表 4-5-8 可知,各组中脂肪酸含量均超过 10% 的有 C16: 0、C18: 1n-9 和 C18: 2n-6,且 C18: 1n-9 和 C18: 2n-6 含量最高,两者占肝胰腺脂肪酸总量的 50% 以上。试验组肝胰腺 C18: 1n-9、C18: 2n-6、含量较对照组分别提高了 6.12%、8.52%;而试验组 C18: 3n-3 及 DHA 含量则比对照组降低了 24.43% 及 8.06%,且肝胰腺 C18: 1n-9、C18: 2n-6、C18: 3n-3 及 DHA 含量各组间无显著差异。

表 4-5-8 胆汁酸对罗氏沼虾肝胰腺中脂肪酸组成的影响 单位:%

项目	对照组(胆汁酸,0%)	试验组(胆汁酸,0.1%)
C14:0	2.84 ± 0.17	2.61 ± 0.11
C16:0	13.27 ± 0.59	14.14 ± 0.16
C16:1n-7	2.09 ± 0.17	2.00 ± 0.05
C18:0	5.55 ± 0.61	4.64 ± 0.16
C18:1n-9	28.12 ± 1.48	29.84 ± 0.16
C18:2n-6	28.76 ± 1.88	31.21 ± 0.18
C18:3n-6	0.81 ± 0.27	0.79 ± 0.19
C18:3n-3	14.12 ± 4.38	10.67 ± 0.18
C20:4n-6	0.87 ± 0.57	—
C20:5n-3	1.73 ± 0.18	2.00 ± 0.13
C22:4n-6	0.04 ± 0.04	0.15 ± 0.05
C22:6n-3	2.11 ± 0.45	1.49 ± 0.11
SFA	21.66 ± 0.87	21.40 ± 0.16
MUFA	30.20 ± 1.33	31.84 ± 1.20
PUFA	48.14 ± 2.10	46.77 ± 0.09
HUFA	4.45 ± 0.99	4.10 ± 0.14
n-3 PUFA	17.95 ± 3.79	14.61 ± 0.16

续表

项目	对照组（胆汁酸，0%）	试验组（胆汁酸，0.1%）
n-6 PUFA	30.19 ± 1.74	32.16 ± 0.10
n-3/n-6	0.63 ± 0.18	0.45 ± 0.01

由图 4-5-1 可以看出，对照组和试验组罗氏沼虾肝胰腺中 C18：1n-9 和 C18：2n-6 脂肪酸含量均高于肌肉中 C18：1n-9 和 C18：2n-6 脂肪酸的含量。而且试验组罗氏沼虾肝胰腺中 C18：1n-9 和 C18：2n-6 含量高于对照组含量。罗氏沼虾肌肉和肝胰腺 C18：3n-3 含量方面，试验组罗氏沼虾肌肉和肝胰腺 C18：3n-3 含量均小于对照组含量。试验组肝胰腺中 EPA 含量比对照组增加了 15.61%，但试验组与对照组肝胰腺 EPA 含量无显著影响。SFA 含量方面，对照组和试验组肝胰腺 SFA 含量无显著差异，且对照组 SFA 含量略高于试验组含量。MUFA 百分含量方面，试验组肝胰腺 MUFA 含量比对照组增加了 5.43%，但试验组和对照组肝胰腺 MUFA 含量无显著差异。PUFA 百分含量方面，肝胰腺 PUFA 含量占脂肪酸总量的比重最大，接近 50%，试验组 PUFA 含量比对照组降低了 2.85%，但两组肝胰腺 PUFA 含量无显著影响。肝胰腺 HUFA 含量方面，试验组和对照组罗氏沼虾肝胰腺 HUFA 含量之间无显著影响，且试验组含量小于对照组。肝胰腺 n-3 PUFA 含量及 n-6 PUFA 含量，各组间无显著差异。但是试验组 n-3 PUFA 含量低于对照组 n-3 PUFA 含量，而试验组 n-6 PUFA 含量则高于对照组含量。添加胆汁酸后肝胰腺中 n-3/n-6 比值降低，但添加胆汁酸对比值大小无显著影响。

罗氏沼虾肌肉中 EPA 和 DHA 脂肪酸的含量均高于肝胰腺中的 EPA 和 DHA 含量。且试验组与对照组肌肉和肝胰腺 EPA 和 DHA 含量无显著差异。

试验组罗氏沼虾肌肉 SFA 和 MUFA 含量显著高于对照组 SFA 和 MUFA 含量。肌肉中 PUFA 和 HUFA 含量均高于肝胰腺中 PUFA 和 HUFA 含量。且试验组肌肉和肝胰腺 PUFA 和 HUFA 含量均低于对照组。

试验组肌肉 n-3 PUFA 和 n-6 PUFA 低于对照组 n-3 PUFA 和 n-6 PUFA 含量。试验组罗氏沼虾肝胰腺 n-3 PUFA 含量也低于对照组。

肝胰腺 n-3 PUFA/n-6 PUFA 比值方面，试验组罗氏沼虾肝胰腺 n-3 PUFA/n-6 PUFA 低于对照组；而肌肉中试验组 n-3 PUFA/n-6 PUFA 比值则高于对照组。

王恒[13]的试验研究结果表明，添加胆汁酸对罗氏沼虾肌肉脂肪酸的组成有显著影响，添加胆汁酸组罗氏沼虾肌肉中的 C14：0、C16：0、C18：0 及 SFA、MUFA 含量显著高于不添加胆汁酸组。而添加胆汁酸组肌肉 C18：2n-6、C18：3n-3、C20：4n-6、C20：5n-3、C20：6n-3 及 PUFA、HUFA、n-3 PUFA、n-6 PUFA 含量均低于不添加胆汁酸组。由于对照组和试验组增重率无显著差异，且试验组粗脂肪含量及饲料系数显著低于对照组，推测胆汁酸能够较好地促进 PUFA 在虾机体内的吸收和利用。添加胆汁酸对罗氏沼虾肝胰腺中脂肪酸的组成无显著影响。

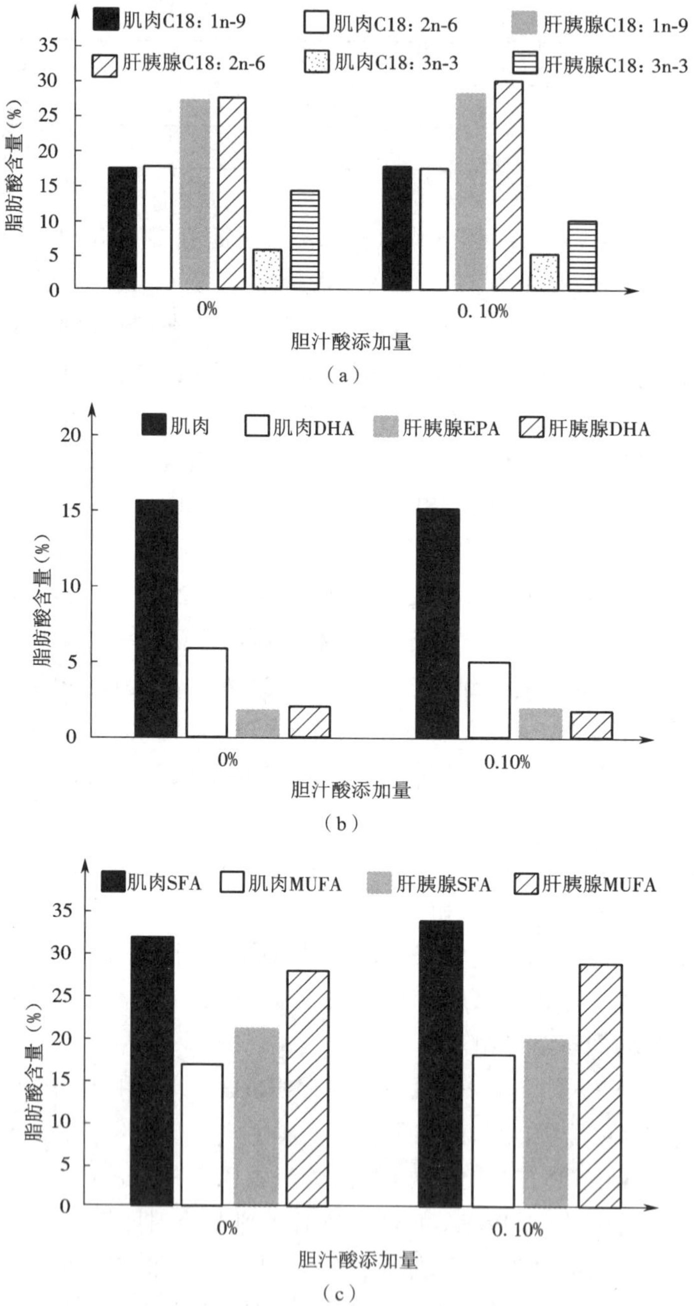

图 4-5-1　肌肉及肝胰腺脂肪酸含量比较

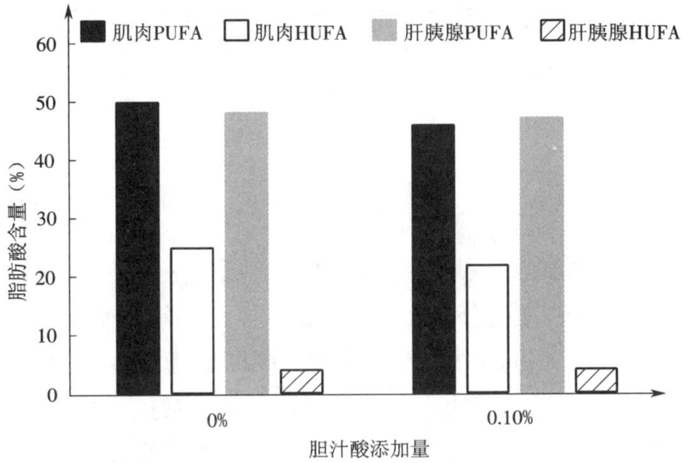

（d）

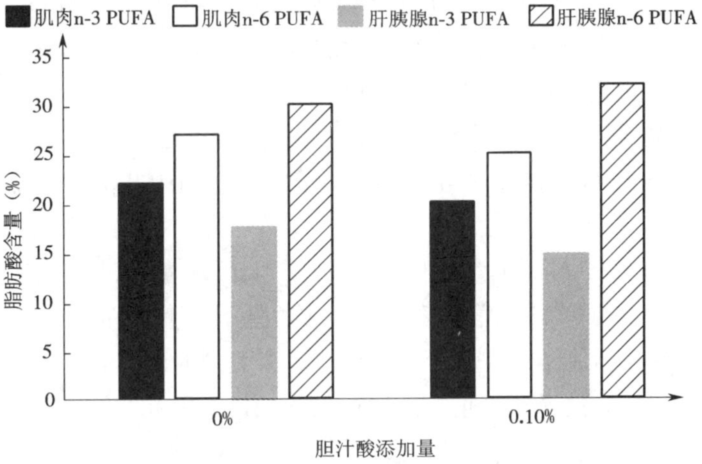

（e）

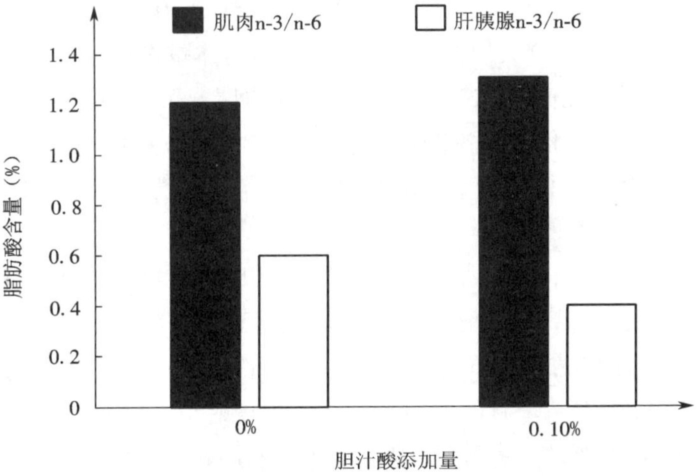

（f）

图 4-5-1　肌肉及肝胰腺脂肪酸含量比较（续）

4.6 胆汁酸复合物对南美白对虾生长性能、免疫相关酶活性的影响

4.6.1 南美白对虾介绍

南美白对虾,又名凡纳对虾、白肢虾、白对虾、凡纳滨对虾,是对虾科滨对虾属动物。原产于南美太平洋沿岸的水域,主要分布在美国西部太平洋沿岸热带水域,从墨西哥湾至秘鲁中部都有分布,以厄瓜多尔附近的海域更为集中。我国曾于 20 世纪 80 年代末引进南美白对虾,并于 90 年代初期人工繁殖成功, 2000 年以后开始大规模进行养殖。南美白对虾已成为我国虾类养殖的主要对象,在从东到西、从沿海到内陆的大部分地区广泛养殖。据不完全统计,南美白对虾占所有海水虾类养殖的 65%,包括淡水养殖的南美白对虾,其产量已占了中国所有养殖虾类总产量的 80%。2020 年,我国养殖虾类的产量在 60 万~70 万 t,保守估计南美白对虾的产量也有 40 万 t。南美白对虾生长的适宜水温为 13~40 ℃,生长的最适温度为 23~30 ℃。水温低于 16 ℃时开始停止摄食,长期处于 13 ℃以下时出现昏迷;当水温升高到 41 ℃时,体长小于 4 cm 的个体在 12 h 内全部死亡。个体越小对水温变化的适应能力越弱。

南美白对虾营养丰富、味道鲜美,在中国深受广大民众喜爱,具有较高的经济价值。常用盐水红烧、盐煸等,其味鲜美。鲜虾煮熟晒干,称“虾干”,其肉坚硬,嚼味无穷。肉质和鱼一样松软,易消化,但又无腥味和骨刺,老少皆宜。南美白对虾含蛋白质和钙、磷、铁等矿物质,还富含碘质,具有较高的药用价值,能补气、健胃、壮阳、补精,具强身延寿之功能。

4.6.2 南美白对虾养殖过程中的问题

南美白对虾的生长速度较快,在盐度为 20~40、水温为 30~32 ℃时,在不投食的情况下,从虾苗开始到收获为止的 180 天以内,平均每尾对虾的体重可达 41 g,体长由 1 cm 增加到 14 cm。在中国南方,在每亩放养 2 万 ~3 万尾苗种的情况下,养殖 60~70 天可达到食用规格,北方则需要 70~80 天。出塘规格随密度的增加而减小,产新量则相应增加。在半咸水或者低盐度的水中生长略慢于海水,且有明显的阶段性。体长为 1~6 cm 时生长较快, 6~8 cm 时生长变慢,8 cm 以上又开始加快 [94]。

南美白对虾属于甲壳动物,它具有坚硬的外壳,以保护身体,但相对来说外壳也是一种生长限制因子。虾类必须借助周期性的蜕壳,才能达到生长的目的。南美白对虾的生长速度取决于蜕皮频率(即蜕皮的时间间隔)和增长率(即每次蜕皮后的增长量)。据观测,人工养殖的南美白对虾,通常在每个月的农历大潮之后出现蜕皮高峰。在蜕皮高峰来临之前,南美白对虾异常活跃,围塘游动。另外,在养殖期间如添加新鲜的淡水,并保证有充足的溶氧、养殖密度合理、水质环境稳定、高效优质的饲料以及科学投喂,其生长很快,而且体质健壮、蜕壳正常,蜕壳时间缩短,生长也快。

集约化养殖中,为了追求水产动物更高、更快的生长性能,饲料中脂肪的添加量越来越

大，由于机体自身胆汁酸和胰脂肪酶分泌量不足，导致脂肪利用率很低，对动物体产生不良的影响。一方面过剩的脂肪容易被氧化，对机体产生毒害作用；另一方面消化吸收不完全的脂肪进入肠道后段易被有害菌利用引起腹泻等肠道疾病。胆汁酸的添加可以有效提高机体对脂肪的消化吸收、利用率等，从而降低饲料代谢能耗，节约成本。已有的研究表明，在畜禽饲料中添加胆汁酸，可以改善饲料品质、稳定饲料质量，实现提高生长性能、降低料肉比的目的，同时还可以畅通肠道，起到保肝护胆的作用。在水产动物方面，近年来国内外的学者已经在日本鳗鲡[47]等物种上开展研究。南美白对虾是我国分布最广泛的海水虾类养殖品种，受水体污染加剧和高效配合饲料匮乏的限制，养殖成功率低下，其中的一个重要原因就是南美白对虾相对简单的机体构造不足以应对剧烈的环境变化。

4.6.3　胆汁酸对南美白对虾生长性能的影响

李军涛等[90]研究在饲料中添加杜仲叶提取物和胆汁酸对南美白对虾生长性能的影响，试验过程中固定杜仲叶提取物的添加量为 0.3 g/kg，改变胆汁酸的添加量分别为 0.08 g/kg、0.12 g/kg、0.16 g/kg，结果显示，对照组的肥满度与添加胆汁酸的各试验组差异不显著，随着胆汁酸添加梯度的增加，肥满度呈现出先上升后下降的趋势，但试验组均高于对照组，当胆汁酸的添加量达到 0.08 g/kg 时，肥满度达到最高的 5.754%；对照组与各试验组的饲料系数没有出现显著差异，胆汁酸的添加量为 0.12 g/kg，饲料系数为最小的 1.402；试验组的肝体比明显低于对照组，差异显著，且胆汁酸的添加量为 0.16 g/kg 的组显著低于 0.08 g/kg 的组，差异显著，与 0.12 g/kg 组差异不显著，胆汁酸的添加量为 0.16 g/kg 的组肝体比最小为 4.684%；各试验组的成活率均显著高于对照组。0.12、0.16 g/kg 组的增重率高于对照组。

从以上各生长性能指标的试验结果看，添加胆汁酸组可以提高南美白对虾的生长速度，增加可食用部分，提升成活率，降低饲料系数。基于生长性能的各指标，当杜仲叶提取物的添加量为 0.3 g/kg 时，最优的胆汁酸添加量为 0.12 g/kg。

试验中研究发现添加胆汁酸能够提高南美白对虾的成活率、增重率，降低饲料系数，这与周书耕等[5]在军曹鱼饲料中添加 0.03% 胆汁酸与对照组相比能降低饲料系数，提高增重率的结果一致。胡田恩等[20]研究发现在牛蛙饲料中添加 200 mg/kg 的胆汁酸不仅可以提高特定生长率、蛋白利用效率等指标，还可有效降低牛蛙的脏体比和全体的脂肪率。李军涛[90]的试验结果显示，添加胆汁酸的各试验组的肝体比指数明显低于对照组。郑宗林等[91]对齐口裂腹鱼的研究发现，随着饲料中胆汁酸添加水平的不断提高，增重率、特定生长率、蛋白利用效率等指标呈现出先上升后趋于稳定的趋势，饲料系数则先下降后趋于稳定。

在加州鲈鱼[22]、大菱鲆幼鱼[17]、罗氏沼虾[92]的养殖试验中得到的结果类似。可能的原因是：一方面，添加胆汁酸后，有效提高了南美白对虾对饲料的利用率；另一方面添加胆汁酸能够改变南美白对虾肠道内的微生物菌群系统；第三，本次试验中杜仲提取物和胆汁酸共同添加，两者都有提高生长性能的表现，两者的交互作用可能进一步发挥功效，为研制高效绿色配合饲料提供理论支撑。

4.6.4　胆汁酸对南美白对虾免疫相关酶活性的影响

添加胆汁酸对南美白对虾溶菌酶活性的影响如图 4-6-1 所示,对照组血清中溶菌酶的活性显著低于各试验组,各试验组之间差异不显著,溶菌酶活性最高的是胆汁酸添加量为 0.08 g/kg 的组,达到了 5.93 U/mL,杜仲提取物与胆汁酸共同添加后,可以明显提高南美白对虾血清中溶菌酶的活性;在肝脏中,对照组的溶菌酶活性显著低于 0.12、0.16 g/kg 组,与 0.08 g/kg 组差异不显著,溶菌酶活性最高的两组依次是 0.16、0.12 g/kg 组,分别达到 1.256、1.250 U/mL。基于溶菌酶在肝脏和血清两个组织中的酶活性, 0.3 g/kg 杜仲提取物与 0.12 g/kg 胆汁酸共同添加是较优的添加梯度。

南美白对虾属于节肢动物门无脊椎低等生物,没有完整的免疫系统,主要依靠自身的非特异性免疫抵抗细菌、病毒等有害物质,血清和肝脏的溶菌酶含量能够在一定程度上反映非特异免疫的水平。张玲等[8]研究发现,鲤鱼饲料中添加胆汁酸可以显著提高溶菌酶的活性。李军涛的试验结果显示,各试验组血清中的溶菌酶含量明显高于对照组,差异显著,肝脏中,对照组的溶菌酶活性显著低于 0.12、0.16 g/kg 组,差异显著,可能的原因是添加了胆汁酸后,促进了南美白对虾的非特异性免疫,增加了溶菌酶的分泌。

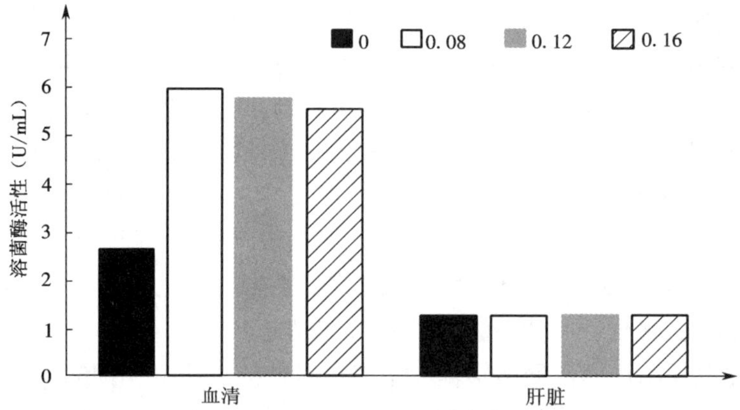

图 4-6-1　肝脏和血清中的溶菌酶活性

4.6.5　胆汁酸对南美白对虾 MDA 含量的影响

添加胆汁酸对南美白对虾 MDA 含量的影响如图 4-6-2 所示,由图 4-6-2 可知,血清中, 0.08、0.12 g/kg 组的 MDA 水平分别为 5.397、5.342 nmol/mL,显著低于对照组和 0.16 g/kg 组;在肝脏中, 0.12 g/kg 组的 MDA 水平显著低于对照组,其他组间差异不显著, MDA 水平最低的 0.12 g/kg 组含量为 5.342 nmol/mL,添加胆汁酸能有效降低 MDA 水平。MDA 水平的高低反映自由基对机体的损伤情况,所以 0.12 g/kg 组的南美白对虾的健康程度最好,杜仲提取物与胆汁酸共同添加是较优的添加方式。

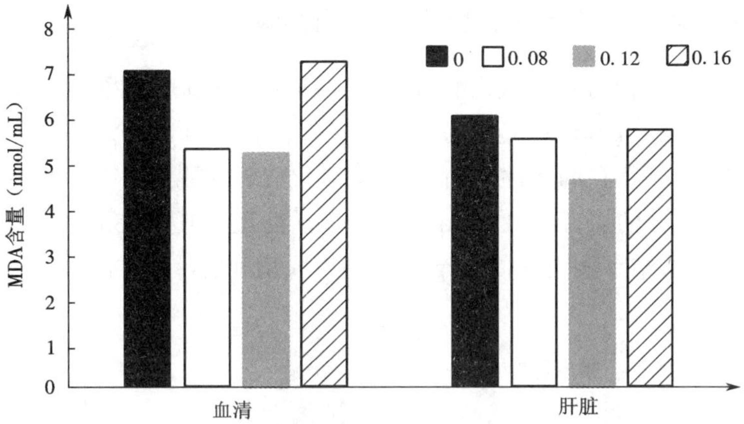

图 4-6-2　肝脏和血清中的 MDA 含量

试验中测定胆汁酸对南美白对虾的 MDA 含量，血清中添加（0.3+0.12）g/kg、（0.3+0.08）g/kg 组的 MDA 水平低于对照组，差异显著；在肝脏中，（0.3+0.12）g/kg 组的 MDA 含量显著低于对照组，差异显著，可能的原因是添加胆汁酸后有效抑制了 MDA 等有害物质在血清和肝脏中的排放。

4.6.6　胆汁酸对南美白对虾 CAT 活性的影响

添加胆汁酸对南美白对虾 CAT 活性的影响如图 4-6-3 所示，由图 4-6-3 可知，对于血清中南美白对虾 CAT 的活性，对照组与各试验组没有出现显著差异，0.12 g/kg 组的活性明显高于 0.16 g/kg 组，差异显著，与 0.08 g/kg 组差异不显著，CAT 活性最高的 0.12 g/kg 组达到 4.59 U/mg prot；在肝脏中，对照组与各试验组没有显著差异，0.12 g/kg 组的活性明显高于 0.16、0.08 g/kg 组，差异显著，其他组间差异不显著，CAT 活性最高的 0.12 g/kg 组达到 6.62 U/mg prot，CAT 是过氧化物酶体的标志酶，代表机体的抗氧化能力。基于 CAT 活性在肝脏和血清两种组织的共同变化，最佳添加量出现在 0.12 g/kg 杜仲提取物和胆汁酸共同添加组。

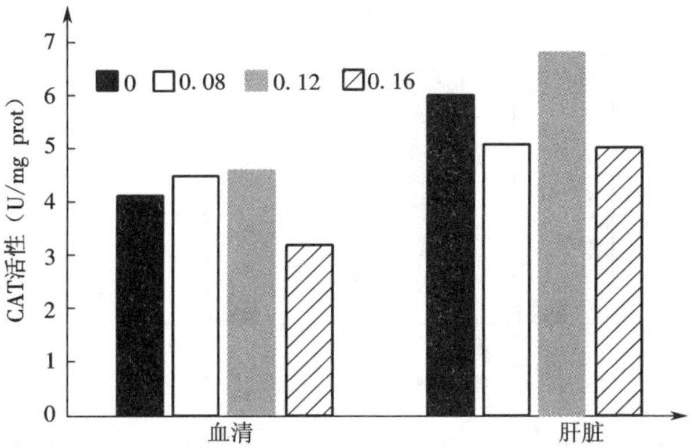

图 4-6-3　肝脏和血清中的 CAT 活性

4.6.7 胆汁酸对南美白对虾酚氧化酶活性的影响

添加胆汁酸对南美白对虾酚氧化酶(phenol oxidase，PO)活性的影响如图4-6-4所示，由图4-6-4可知,对照组与其他试验组间差异不显著，0.12 g/kg组明显高于0.08 g/kg组,差异显著,PO是在氧分子存在的条件下,能把酚类氧化成邻苯醌或对一苯醌的酶,可减少动物体受到酚类物质对机体的损害，0.12 g/kg组的PO活性最高,达到3.82 U/mg,为该条件下较合适的添加量。因此,结果表明0.12 g/kg的杜仲提取物和胆汁酸共同添加较合适。

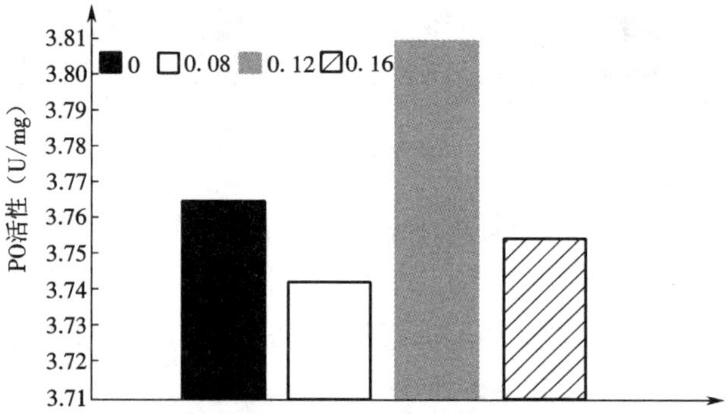

图4-6-4 肝脏和血清中的酚氧化酶PO活性的影响

4.6.8 胆汁酸对南美白对虾GOT、GPT活性的影响

添加胆汁酸对南美白对虾GOT、GPT活性的影响如图4-6-5所示,由图4-6-5可知,对照组GOT活性显著低于试验组,其他组间差异不显著，GOT活性的高低反映动物体肝脏的健康程度,其升高的程度与肝细胞受损的程度一致;对照组、0.12 g/kg组的GPT活性显著低于0.08、0.16 g/kg组，0.16 g/kg组显著低于0.08 g/kg组。因此,李军涛的研究结果表明,添加0.3 g/kg的杜仲提取物及0.12 g/kg胆汁酸较合适。

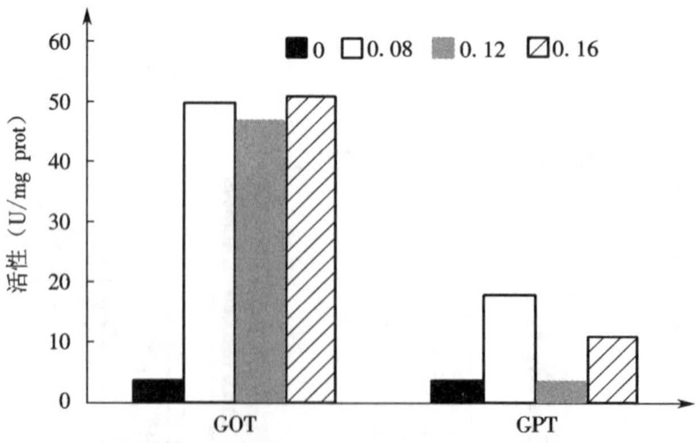

图4-6-5 肝脏中的GOT、GPT活性

在肝脏中，GOT主要存在于肝细胞线粒体内,是蛋白质代谢的动力酶[61]。李军涛的试验结果显示,各试验组肝脏GOT的活性显著高于对照组,(0.3+0.08)g/kg、(0.3+0.16)g/kg

组 GPT 的活性显著高于对照组，说明添加胆汁酸可以在一定程度上提高南美白对虾免疫相关酶的活性，增强非特异性免疫。

参考文献

[1] 白俊杰，李胜杰. 大口黑鲈遗传育种 [M]. 北京：海洋出版社，2013.

[2] 方国升. 硬颗粒饲料养殖鲈鱼技术关键 [J]. 渔业致富指南，2007，1（18）：37-38.

[3] 颉志刚，牛翠娟. 可利康对虹鳟生长的影响 [J]. 饲料研究，2002（10）：22-25.

[4] 李勇，王优军，王雷，等. 不同添加剂及其组合对大菱鲆生长性能与水环境的影响 [J]. 饲料工业，2006，27（10）：25-28.

[5] 周书耘，刘永坚，梁海鸥，等. 饲料中添加胆汁酸对军曹鱼生长及体组成的影响 [J]. 南方水产科学，2010，6（4）：20-25.

[6] 林仕梅，叶元土，罗莉，等. 可利康对斑点叉尾鮰生长的影响 [J]. 水产科技情报，2003，30（5）：226-227.

[7] 马俊霞，张盛鹏，黎卓健，等. 含胆汁酸制剂对罗氏沼虾脂肪代谢的影响 [C]//中国畜牧兽医学会动物生理生化学会. 全国动物生理生化第十次学术交流会论文摘要汇编，2008：133-134.

[8] 张玲，张卫东，张小玲，等. 氯化胆碱、肌醇和胆汁酸对鲤鱼生长、血清生化及免疫指标的影响 [J]. 饲料工业，2008，29（22）：14-16.

[9] 郭永丽，绕碧波，郭慧，等. 胆汁酸添加剂对草鱼抗氧化能力的影响 [J]. 广东农业科学，2009（6）：133-135.

[10] CHOU B-S，SHIAU S-Y. Optimal dietary lipid level for growth of juvenile hybrid tilapia，*Oreochromis niloticus* × *Oreochromis aureus* [J]. Aquaculture，1996，143（2）：185-195.

[11] 张露露. 胆汁酸在大口黑鲈饲料中有效性及耐受性评价 [D]. 泰安：山东农业大学，2015.

[12] CHATZIFOTIS S，PANAGIOTIDOU M，PAPAIOANNOU N，et al. Effect of dietary lipid levels on growth，feed utilization，body composition and serum metabolites of meagre（*Argyrosomus regius*）juveniles [J]. Aquaculture，2010，307（1-2）：65-70.

[13] 王恒. 不同脂肪源及胆汁酸对罗氏沼虾生长性能及脂肪酸组成的影响 [D]. 扬州：扬州大学，2010.

[14] 徐永霞，刘滢，仪淑敏，等. 大菱鲆鱼体不同部位的挥发性成分分析 [J]. 中国食品学报，2014，14（6），236-243.

[15] 王彩理，李娟，张双灵，等. 大菱鲆鱼皮的氨基酸分析及评价 [J]. 氨基酸和生物资源，2013，35（1）：65-67.

[16] 孙建珍. 添加胆汁酸对大菱鲆（*Scophthalmus maximus*）幼鱼脂肪利用能力的影响 [D]. 上海：上海海洋大学，2014.

[17] 黄炳山，李宝山，张利民，等. 胆汁酸对大菱鲆幼鱼生长、脂肪代谢酶及血清生化的影响

[J]. 上海海洋大学学报，2015，24(5)：737-744.
[18] 毕铮铮. 胆汁酸对大菱鲆生长性能和脂肪利用的影响 [D]. 大连：大连海洋大学，2019.
[19] 曾本和，廖增艳，向枭，等. 胆汁酸对草鱼(*Ctenopharyngodon idellus*)的生长性能、肌肉营养成分及消化酶活性的影响 [J]. 渔业科学进展，2017，38(2)：99-106.
[20] 胡田恩，王玲，张春晓，等. 饲料中添加胆汁酸对牛蛙生长性能、体组成和营养物质表观消化率的影响 [J]. 水生生物学报，2015，39(4)：677-685.
[21] 林仕梅，叶元土，罗莉. 胆汁酸添加剂对异育银鲫生长的影响 [J]. 广东饲料，2003，12(3)：14-15.
[22] 朱龙，程洁，王竹青，等. 胆汁酸对加州鲈生长性能、形体指数及肌肉营养成分的影响 [J]. 中国饲料，2017(1)：28-32.
[23] 曾本和，向枭，周兴华，等. 高脂饲料中胆汁酸水平对齐口裂腹鱼肠道组织结构及脂肪代谢酶活性的影响 [J]. 水产学报，2016，40(9)：1340-1348.
[24] SIRVENT A，CLAUDEL T，MARTIN G，et al. The farnesoid X receptor induces very low density lipoprotein receptor gene expression [J]. FEBS letters，2004，566(1-3)：173-177.
[25] 翟少伟，李剑，陆鹏，等. 不同饲用乳化剂对吉富罗非鱼生长性能和肠道消化酶活性的影响 [J]. 粮食与饲料工业，2015(12)：58-60.
[26] 杨俊江. 三个生长阶段斜带石斑鱼蛋白质、脂肪和碳水化合物需要量研究 [D]. 湛江：广东海洋大学，2013.
[27] 佟雪红. 大菱鲆早期发育及其相关生理特性研究 [D]. 青岛：中国科学院海洋研究所，2010.
[28] 吕云云，陈四清，于朝磊，等. 饲粮蛋白脂肪比对圆斑星鲽(*Verasper variegates*)生长、消化酶及血清生化指标的影响 [J]. 渔业科学进展，2015，36(2)：118-124.
[29] 鲁耀鹏，汪蕾，张秀霞，等. 饲料脂肪水平对红螯螯虾幼虾生长、肌肉组分、消化酶活性和免疫力的影响 [J]. 饲料工业，2018，39(24)：17-23.
[30] 许治冲，刘晖，徐奇友，等. 温度和饲料脂肪水平对松浦镜鲤免疫及抗氧化能力的影响 [J]. 大连海洋大学学报，2012，27(5)：429-435.
[31] 孙阳，姜志强，李艳秋，等. 饲料脂肪水平对红鳍东方鲀幼鱼肝脏抗氧化酶活性及组织结构的影响 [J]. 广东海洋大学学报，2013，33(3)：27-32.
[32] 张春暖，王爱民，刘文斌，等. 饲料脂肪水平对梭鱼脂肪沉积、脂肪代谢酶及抗氧化酶活性的影响 [J]. 中国水产科学，2013，20(1)：108-115.
[33] 朱婷婷，金敏，孙蓬，等. 饲料脂肪水平对大口黑鲈形体指标、组织脂肪酸组成、血清生化指标及肝脏抗氧化性能的影响 [J]. 动物营养学报，2018，30(1)：126-137.
[34] CAHU C L，INFANTE J L Z，CORRAZE G，et al. Dietary lipid level affects fatty acid composition and hydrolase activities of intestinal brush border membrane in seabass [J]. Fish physiology and biochemistry，2000，23(2)：165-172.
[35] 陆游，金敏，袁野，等. 不同脂肪源对黄颡鱼幼鱼生长性能、体成分、血清生化指标、体组

织脂肪酸组成及抗氧化能力的影响 [J]. 水产学报,2018,42(7):1094-1110.

[36] 陈家林，韩冬，朱晓鸣，等. 不同脂肪源对异育银鲫的生长、体组成和肌肉脂肪酸的影响 [J]. 水生生物学报,2011,35(6):988-997.

[37] 刘玮,徐萍,任本根,等. 不同脂肪源饲料对草鱼稚鱼生长的影响 [J]. 水产学报，1995，19(4)：362-365.

[38] 刘玮，戴年华，任本根,等. 不同脂肪源饲料对团头鲂稚鱼生长的影响 [J]. 水产学报，1997,21(S1):44-48.

[39] 王骥腾,韩涛,田丽霞,等. 3 种植物油源对军曹鱼生长、体组成和脂肪酸组成的影响 [J]. 浙江海洋学院学报(自然科学版),2007,26(3):237-245.

[40] 张媛媛,刘波,戈贤平,等. 不同脂肪源对异育银鲫生长性能、机体成分、血清生化指标、体组织脂肪酸组成及脂质代谢的影响 [J]. 水产学报,2012,36(7)：1111-1118.

[41] BENDIKSEN E A，BERG O K，JOBLING M，et al. Digestibility，growth and nutrient utilisation of Atlantic salmon parr (*Salmo salar* L.) in relation to temperature，feed fat content and oil source [J]. Aquaculture，2003，224(1):283-299.

[42] 李思萌,吴立新,姜志强,等. 饲料脂肪源对大菱鲆幼鱼生长性能和肌肉脂肪酸组成的影响 [J]. 动物营养学报,2015,27(5)：1421-1430.

[43] 黄裕,王际英,李宝山,等. 小麦胚芽油替代鱼油对半滑舌鳎幼鱼生长、体成分、血清生化指标及脂肪代谢酶的影响 [J]. 中国水产科学,2015,22(6):1195-1208.

[44] PENG S, QIN J G, HOU J, et al. Effects of replacement of dietary fish oil by soybean oil on growth performance and liver biochemical composition in juvenile black seabream，*Acanthopagrus schlegeli* [J]. Aquaculture，2008，276(1-4):154-161.

[45] TOCHER D R，BELL J G，MCGHEE F，et al. Effects of dietary lipid level and vegetable oil on fatty acid metabolism in Atlantic salmon (*Salmo salar* L.) over the whole production cycle [J]. Fish physiology and biochemistry，2003，29(3):193-209.

[46] 李洋. 不同饲料脂类对团头鲂稚鱼生长性能、脂肪代谢及抗氧化性能的影响 [D]. 武汉：华中农业大学,2016.

[47] MAITA M，TACHIKIH H，KAIBAFA A. Pharmacological effect of ursodeoxycholic acid in juvenile eel [J]. Nippon suisan gakkaisi,1996,42(1):129-130.

[48] 赵盼月. 饲料中添加胆汁酸对欧洲鳗鲡幼鱼生长、血清生化指标、肠道菌群及肝脏代谢的影响 [D]. 厦门:集美大学,2019.

[49] WAHLSTROM A，SAYIN I S，MARSCHALL U H，et al. Intestinal crosstalk between bile acids and microbiota and its impact on host metabolism [J]. Cell metabolism，2016，24(1)：41-50.

[50] 周晓波,黄燕华,曹俊明,等. 5 种乳酸菌对罗非鱼生长性能、体成分、血清生化指标及肠道菌群的影响 [J]. 动物营养学报,2014,26(7)：2009-2017.

[51] 聂品. 鱼类非特异性免疫研究的新进展 [J]. 水产学报,1997,21(1)：69-73.

[52] 田娟. 脂肪和肉碱水平对草鱼生长性能、脂肪代谢酶和瘦素表达的影响 [D]. 上海:上海海洋大学,2009.

[53] GIULIO R T D, WASHBURN P C, WERMING R J, et al. Biochemical responses in aquatic animals: a review of determinants of oxidative stress [J]. Environmental toxicology and chemistry, 2010, 8(12): 1103-1123.

[54] 张晶,李文祥,邹红,等. 草鱼不同组织胆汁酸组成分析 [J]. 水生生物学报, 2017, 41(2):479-482.

[55] 吕树臣. 蛙类养殖新技术 [M]. 北京:金盾出版社,2013.

[56] SEIXAS-FILHO J T, HIPOLITO M, MARTINS A M C R P F, et al. Histopathological alterations in bullfrog juveniles fed commercial rations of different crude protein levels [J]. Revista Brasileira de zootecnia, 2009, 38(12): 2306-2310.

[57] 孙建珍,王际英,马晶晶,等. 不同脂肪水平下添加胆汁酸对大菱鲆(*Scophthalmus maximus*)幼鱼生长、体组成和脂肪代谢的影响 [J]. 海洋与湖沼,2014,45(3): 617- 625.

[58] 杨敬辉,潘娟,刘占民. 肝胆利康散、*L*-肉毒碱、胆汁酸对草鱼脂肪肝的治疗作用的比 较 [J]. 中国兽医杂志,2013,49(1):78-80.

[59] GILAT T, LEIKIN F A, GOLDINER I, et al. Prevention of diet-induced fatty liver in experimental animals by the oral administration of a fatty acid bile acid conjugate (FABAC) [J]. Hepatology, 2003, 38(2): 436-442.

[60] MARIA A, RIVOIRA A M, MARCHIONATTI V A, et al. Sodium deoxy-cholate inhibits chick duodenal calcium absorption through oxida-tive stress and apoptosis [J]. Comp biochem physiol:A, 2012, 162(4): 397-405.

[61] 周顺伍. 动物生物化学 [M]. 2 版. 北京: 中国农业出版社,2001.

[62] 陆伦根,曾民德 . 胆汁酸对线粒体的毒性作用 [J]. 肝脏,2008,13(4):343-346.

[63] 郑珂珂,朱晓鸣,韩冬,等. 饲料脂肪水平对瓦氏黄颡鱼生长及脂蛋白脂酶基因表达的影响 [J]. 水生生物学报,2010,34(4): 815-821.

[64] 庄卓男,张培健. 早期生长反应因子 -1 对肝脏损伤的作用机制研究进展 [J]. 医学研究生学报,2011,24(6):662-665.

[65] 李静,夏正坤. 内质网应激与膜性肾病 [J]. 医学研究生学报,2011,24(5): 542-545.

[66] 中国水产杂志社. 中国名特优经济水产品养殖 [M]. 上海:上海科学技术出版社,1998.

[67] 贾若鲁. 罗氏沼虾池塘养殖技术 [J]. 现代农业科技, 2018(15):221-223.

[68] 王吉桥,徐锟. 对虾对营养物质的需要量 [J]. 大连水产学院学报, 2002, 17(3): 196-208.

[69] 杨凤. 动物营养学 [M]. 2 版. 北京:中国农业出版社,2005.

[70] HOKAZENO S, TANSKA Y, KATAYAMA T, et al. Intestinal transport of *L*-lysine in rainbow trout, salmo gairdneri [J]. Nippon suisan gakkaish, 1997, 45(7):854-848.

[71] 朱圣庚,徐长发. 生物化学 [M]. 4 版. 北京:高等教育出版社,2017.

[72] LIM C，AKO H，BROWN C L，et al. Growth response and fatty acid composition of juvenile *Penaeus vannamei* fed different sources of dietary lipid [J]. Aquaculture，1997，151(1-4):143-153.

[73] XU X，JI W，CASTELL J D，et al. The nutritional value of dietary n-3 and n-6 fatty acids for the Chinese prawn (*Penaeus chinensis*)[J]. Aquaculture，1993，118(3-4)：277-285.

[74] 李爱杰，徐玮，郑述河，等. 罗氏沼虾对饲料中豆油和鱼油的适宜需求量 [J]. 饲料工业，1996，17(4):1-3.

[75] REIGH R C，SHEEN S-S. Polyunsaturated fatty acids on the fatty acid composition of freshwater shimp，*Macrobrachium rosenbergii* [J]. Aquaculture，1989，77:157-174.

[76] WEN X B，KU Y M，ZHOU K Y. Growth response and fatty acid composition of juvenile *Procambarus clarkia* fed different sources of dietary lipid [J]. Agriculture sciences in China，2003，2(5)：583-590.

[77] 郑述河，李爱杰，张志功，等. 罗氏沼虾配合饲料及其投喂技术的研究 [J]. 齐鲁渔业，1999，16(5):38-40.

[78] SHEEN S-S，D'ABRAMO L R. Response of juvenile freshwater prawn，*Macrobrachium rosenbergii*，to different levels of a cod liver oil/corn oil mixture in a semi-purified diet [J]. Aquaculture，1991，93(2):121-134.

[79] 周洪琪，王义强. 中国对虾对胆固醇、磷脂的营养需要量 [J]. 水产学报，1991，15(2)：148-154.

[80] 戚少燕，汪留全，李海洋. 中华绒螯蟹脂类营养需求与代谢的研究进展 [J]. 水利渔业，2002，22(5):34-35.

[81] 肖国强. 中华绒螯蟹幼体营养生理研究 [D]. 青岛：中国海洋大学，2004.

[82] MAYRA L，ADDISON L L，DELBERT M G，et al. Growth，survival and fattyacid composition of juvenile *Litopenaeus vannamei* fed different oils in the presence and avsence of phospholipids [J]. Aquaculture，2002，205(3-4):325-343.

[83] TESHIMA S，KOSHIO S，KANAZAWA A，et al. Essential fatty acids of the prawn *Macrobrachium rosenbergii* [C]//Abstract of the third Asian Fisheries Forum. Manila：Asian Fisheries Society，1992.

[84] D'ABRAMO L R，SHEEN S-S. Poly unsaturated fatty acid nutrition in juvenile freshwater prawn *Macrobrachium rosenbergii* [J]. Aquaeultuer，1993，115(1-2):63-86.

[85] XU X L，JI W J，CASTELL J D，et al. Essential fatty acid requirement of the Chinese prawn，*Penaeus chnienssi* [J]. Aquaeutluer，1994，127(1):29-40.

[86] TIDWELL J H，SCHUMEISTER G，MAHL C，et al. Growth，survival，and biochemical composition of freshwater *Macrobrachium rosenbergii* fed natural food organisms under controlled conditions [J]. Journal of the world aquaculture society，1997，28(2):123-131.

[87] 高淳仁，梁亚金，刘庆慧，等. 饲料中不饱和脂肪酸对斑节对虾幼虾存活、蜕皮和生长

的影响 [J]. 中国水产科学，1997，4(1):75-79.

[88] DEERING M J，FIELDER D R，HEWITT D R. Growth and fatty acid composition of juvenile leader *Penaeus monodon*，fed different lipids [J]. Aquaculture，1997，151 (1-4)：131-141.

[89] 高策. 南美白对虾的人工育苗技术 [J]. 齐鲁渔业，2015，32(12):20-21.

[90] 李军涛，冼健安，陈惠琴，等. 添加杜仲提取物及胆汁酸对凡纳滨对虾生长性能、免疫相关酶活性的影响 [J]. 饲料工业，2018，39(10):10-15.

[91] 郑宗林，曾本和，向枭，等. 饲料中胆汁酸添加水平对齐口裂腹鱼幼鱼生长性能、形体指标及体成分的影响 [J]. 动物营养学报，2016，28(8)：2423-2430.

[92] 张耀武，陈万光，李文辉，等. 复方中草药制剂对罗氏沼虾生长和非特异性免疫功能的影响 [J]. 淡水渔业，2008，38(6)：42-45.

第 5 章　胆汁酸在家禽养殖领域的应用研究进展

5.1　胆汁酸在肉鸡养殖中的应用效果

5.1.1　我国肉鸡生产与发展的趋势

由于现代人生活水平的提高和消费观念的改变，含有低脂肪、高蛋白和各种单不饱和脂肪酸和多不饱和脂肪酸的肉类产品更易受到消费者的青睐，而鸡肉作为一种优质的禽肉产品，在中国，鸡肉是仅次于猪肉的第二大肉类消费品。由于鸡肉具有高蛋白、低脂肪、低能量和低胆固醇的特点，越来越成为普通消费者餐桌上的首选，所以鸡肉的消费量呈现逐年上升的趋势，占肉类消费量的份额也在逐渐增加。肉鸡是我国最重要的养殖品种之一，在畜牧业中有重要的地位。与牛、猪和羊等畜禽相比，肉鸡具有生长速度快、饲料转化率高、资源消耗少、生产周期短和低碳等经济性和环保性优势，所以逐渐受到许多发达国家和发展中国家的关注。我国是世界第二大肉鸡生产和消费大国，肉鸡产业的健康发展对于我国畜牧业整体良性发展具有重要的理论意义和现实意义[1]。

我国肉鸡养殖业起步较晚，但发展速度迅猛。从 20 世纪 80 年代开始，我国肉鸡产业迎来了黄金期，经过 40 多年的发展，其规模不断扩大，目前已经成为支撑我国畜牧业发展的重要产业之一。

我国肉鸡产业化的快速发展归功于产业化的经营。产业化包括了肉鸡的饲料配制、养殖管理、良种培育、疾病防疫、产品销售以及产品加工等环节。产业化经营提高肉鸡产业的效率，有利于实现生产、流通与加工的良性循环。

这几年肉鸡养殖生产的规模化、合作化、标准化、机械化以及信息化的发展已经是日新月异。但是还存在着不少问题，因此还需要更进一步发展标准化、规模化、合作化、机械化以及信息化加快推进肉鸡的生产方式的转变，提高肉鸡的质量安全水平、综合生产能力、禽病防控能力，降低禽病风险，最终实现优质、安全、高效、高产、生态的现代化肉鸡产业[2]。

5.1.2　油脂与胆汁酸对肉鸡成长的作用

随着肉鸡养殖的规模化、集约化发展，在目前的家禽养殖业中，由于肉禽对能量的需求较高，所以人们经常在日粮中添加部分油脂，以满足肉仔鸡对能量的需求。这些油脂不仅能够为肉禽提供能量，同时还能分解产生机体所需的必需脂肪酸，提高饲料的适口性。

大量研究表明，家禽对脂肪的吸收能力随着年龄的增长而增长，幼禽由于胃肠道功能发育不完善,脂肪酶和胆汁酸分泌不足,不能使日粮中的油脂完全乳化,不能形成脂肪微粒,从而影响消化吸收,从而导致畜禽产生腹泻等状况,导致生产性能下降。而添加外源的胆汁酸可以乳化日粮中的油脂,弥补幼禽体内胆汁酸分泌不足的缺点,有效改善幼禽对脂肪、脂溶性维生素及胆固醇的吸收利用。在饲料中添加油脂来提高饲粮能量水平,也会给肝脏造成一定压力,并且集约化养殖中频繁的应激也加剧了肝脏的负担,从而影响脂肪的消化率,并出现脂肪肝、肝炎、营养性腹泻等病症[3]。

胆汁酸是一种近年来众多学者研究和报道的重要饲料添加剂,是胆汁的主要成分,在脂肪消化过程中起着重要作用,可以促进脂类的消化和吸收,减轻肝脏的压力,维护机体正常的能量代谢,有保肝护胆的作用。

近年来,关于胆汁酸作为饲料添加剂的研究不断加深。由于胆汁酸在机体脂肪代谢中起着重要作用,同时能够杀菌消炎、保肝护胆,能够有效解决高能饲料营养性腹泻、饲料毒素过量、蛋禽脂肪沉积过大等问题,在畜禽养殖中表现出巨大的潜力。

胆汁酸在家禽中的应用十分广泛。对于肉鸡而言,由于肉鸡饲料中脂类物质的含量较高,添加胆汁酸有助于增加脂肪的消化吸收率,提高饲料转化,降低饲料成本。杨玉芝等[4]对"817"肉杂鸡饲喂胆汁酸的试验已经证明,胆汁酸能够提高肉杂鸡的平均日增重,降低料肉比。武中会等[5]对肉仔鸡饲喂胆汁酸复合添加剂的试验同样证明这一效果。

5.1.3 油脂在养殖中的应用

(1)养殖中常用油脂的种类

目前,饲料中使用的油脂主要分为植物油脂和动物油脂。植物油脂以豆油为主,还包括亚麻油、菜籽油和棉籽油等;动物油脂以鱼油为主,还有牛油、猪油等。但是油脂容易被氧化,造成脂肪酸败,影响饲料品质,因此一般与抗氧化剂一同使用。

(2)脂肪的营养功能

添加脂肪的饲粮具有众多优点,在生产实践中得到证明,怀孕母猪、泌乳期母猪、仔猪、高产奶牛、肉鸡饲喂添加油脂的饲粮具有明显的作用,在高温季节还可以缓解动物的热应激。脂肪可提供相当于碳水化合物 2.25 倍的能量,是一种高能量物质。饲料中添加少量脂肪便可以提供较高的能量水平,满足部分畜禽对高能量的需求,使得饲料有提高其他营养成分浓度的空间,提高饲料的营养价值,肉鸡饲料尤为重要。机体分解脂肪的体增热较低,分解饲粮中的脂肪得到脂肪酸所需的能量比从葡萄糖合成脂肪酸所需的能量要少得多。添加脂肪还可以为机体提供必需脂肪酸,促进叶黄素和脂溶性维生素的吸收利用,有利于机体的正常生长发育。另外,脂肪还可以促进某些氨基酸的消化吸收,比如添加肉粉和肉骨粉的日粮,因为脂肪的添加可以降低食糜的流动速度,动物对日粮的消化时间会增加。

在饲料中添加脂肪可以改变饲料的物理性质,使饲料粉粒的分散显著减少,同时能改善饲料的适口性,使畜禽生产性能提高。邓茂先等[6]的研究证明,日粮中添加油脂对家禽的生产性能有改善作用。于会民等[7]的试验表明添加脂肪提高了肉仔鸡对蛋白质与干物质的表观利用率。

张照喜等[8]的试验表明,在肉仔鸡日粮中添加适量脂肪后可以有效缓解热应激,提高鸡的生产性能,改善饲料转化率,提高经济效益。蔡泽华等[9]试验表明,在 30 日龄的肉鸡日粮中添加 3% 的棕榈油,明显提高了肉鸡的日增重和饲料转化率。因此脂肪在畜禽养殖中被广泛应用。

(3)脂肪对家禽的作用研究

家禽的胃部是脂肪进行初步消化的地方。饲料脂肪以相当大的颗粒作为食糜的一部分进入胃肠道后,在胃肠蠕动的机械作用下,胆囊分泌的胆汁酸盐和油脂本身中含有的磷脂共同作用将脂肪颗粒乳化成较小的颗粒,形成乳液,使脂肪的表面积增大。因为胰脂肪酶是疏水性的,只在水油交界面上发挥作用,所以表面积变大有利于脂肪酶对脂肪的水解作用。

脂肪水解产物主要是甘油一酯、甘油二酯、甘油和游离脂肪酸。由于脂肪酸是不溶于水的,为了使水解产物被肠道消化吸收,就需要使这些产物溶于水。双亲溶性分子(如胆汁酸盐和甘油一酯)可以介导疏水性成分(主要是脂肪酸)的聚集体微粒化。饲料中添加外源性乳化剂也可以起到与双亲溶性分子相同的作用。

(4)油脂在家禽养殖中的应用

在肉鸡生产中,由于肉鸡对饲粮的能量要求较高,因此饲粮中一般会加入油脂以满足其能量需求。油脂不仅能够为肉鸡生长提供必要的能量,同时油脂分解能够产生多种机体所需的必需脂肪酸。油脂还能够提高脂溶性维生素和叶黄素的吸收,提高饲料的利用效率。李娟娟等[10]发现,在日粮中添加豆油和鱼油能够提高肉鸡的生产性能。

同时,日粮中的油脂对家禽的免疫力也有影响,日粮中添加适量的不饱和脂肪酸的油脂可提高家禽的免疫力。陈士勇等[11]研究发现在产蛋鸡日粮中分别添加 1%、3% 和 5% 的鱼油,2%、4% 和 6% 的胡麻油,2%、4% 和 6% 的玉米油,结果与不添加脂肪的对照组相比,不饱和油脂均可提高血清抗体效价,其中鱼油和胡麻油添加组与对照组相比差异显著,免疫后血清抗体水平随油脂添加水平的提高而呈上升趋势。

5.1.4　胆汁酸在畜牧业上的应用

胆汁酸的应用是随着脂肪的应用被推广的,反过来,它又推动了脂肪的广泛应用。随着 20 世纪 50 年代动物油脂在美国饲料业中的广泛应用及逐步加量,乳化剂的应用也越来越流行。然而,一般的乳化剂由于没有生物活性,不能被肠道上皮细胞识别,虽然能乳化脂肪,却不能提高油脂吸收率。到 20 世纪 80 年代,胆汁酸作为一种具有生物活性的饲料用脂肪乳化剂被开发出来,随即被推广并应用。

研究发现,饲料中添加 0.3% 的胆汁酸,显著提高了断奶仔猪的体增重和采食量。同时显著增加了脂肪摄入量和脂肪表观吸收量,氮摄入量和氮储留量也有显著的增加。饲料中添加胆汁酸,能使白羽肉鸡的脂肪表观消化率提高 2.1%。胆汁酸能将 4~7 周肉鸡对脂肪的利用率提高 39.6%,胆汁酸将 14~19 周肉鸡对脂肪的利用率提高 68.2%。饲料中添加胆汁酸饲喂鳗鱼后,鳗鱼的食欲显著增加,体重能够较对照组的鳗鱼增加 10%~20%。胆汁酸还能将鲤鱼和鲫鱼的体增重分别提高 30% 和 40%。在饲料中添加 100 mg/kg 的胆汁酸添加剂能有效提高鲫鱼的生长速度，提高饲料转化率，降低鲫鱼的内脏比，改善养殖鲫鱼的品质。

5.1.5　胆汁酸和赛福寡糖对肉仔鸡影响的试验设计

胆汁酸影响试验采用单因素试验设计，取 28 日龄、体重接近的 AA 肉仔鸡共 80 只，随机分为 4 个处理，每个处理 4 个重复，每个重复 5 只鸡，试验期为 14 天。其中 A 组为饮水试验组，饲喂肉鸡基础日粮，并在饮水中添加 0.3 g/L 的胆汁酸；B 组为饮水对照组，饲喂肉鸡基础日粮，正常饮水；X 组为日粮试验组，饲喂在基础日粮中添加 120 g/t 的试验日粮；Y 组为日粮对照组，饲喂肉鸡基础日粮；X 组和 Y 组均是正常饮水。试验肉鸡采用自然光照和人工光照相结合的方法光照，采用自然与人工通风相结合，自由采食和饮水，按照免疫程序正常接种免疫，定期消毒。试验期间，统计每个重复的采食量、死淘鸡数。试验结束时，以重复为单位统计体重和采食量，计算 42 日龄肉鸡的平均体重、平均体增重、平均采食量、料肉比和死淘率。42 日龄时，在每个重复中随机选取 1 只肉鸡称重，屠宰，取腹脂进行称重，计算腹脂率。

胆汁酸和赛福寡糖影响试验采用双因素试验设计，选取 1 日龄、体重相近的 AA 肉仔鸡 264 只，随机分为 6 个处理，每个处理 4 个重复，每个重复 11 只鸡，试验期为 35 天。其中 A、B 和 C 组分别饲喂肉鸡基础日粮、添加 4% 玉米胚芽粕的配制日粮和添加 8% 玉米胚芽粕的配制日粮；D、E 和 F 组在前 3 组的日粮基础上额外添加 600 g/t 胆汁酸和 250 g/t 赛福寡糖。

5.1.6　饮水和日粮中添加胆汁酸对肉仔鸡腹脂率和生产性能的影响

在家禽养殖业中，肉鸡由于增长迅速，因此对营养的需求也很高。油脂一般会被作为高能原料加入饲料中以满足肉鸡对能量的需求。由于肉鸡生长周期短，肝脏功能发育不健全，引起内源性乳化剂——胆汁酸分泌不足。而且肉鸡饲养后期，随着采食量的不断增加，油脂的摄入量也不断增加，使肝脏的负荷不断增加，进而引起料肉比升高，机体健康水平下降。因此肉鸡日粮中加入外源性胆汁酸对肉鸡的生长发育和脂肪代谢具有重要意义。研究显示，饮水中和日粮中添加胆汁酸对肉鸡后期的生产性能和腹脂率均没有明显的影响。而在绝对值方面，饮水型胆汁酸降低了肉鸡后期的腹脂率，拌料型胆汁酸提高了肉鸡后期的体重和体增重，降低了料肉比，说明胆汁酸对肉鸡后期养殖中起到了一定的作用，而且拌料添加比饮水添加的效果更加明显。

由在饮水中添加 0.3 g/L 胆汁酸试验所得的 42 日龄腹脂率和生产性能统计结果如表 5-1-1 所示。在整个试验阶段，在饮水中添加 0.3 g/L 胆汁酸对肉仔鸡的各项生产性能影响不显著，说明饮水中添加 0.3 g/L 胆汁酸对后期肉仔鸡的生产性能没有显著的影响。

表 5-1-1　试验组 A 与对照组 B 42 日龄腹脂率和生产性能统计

指标	试验组 A	对照组 B	P 值
腹脂率(%)	1.66 ± 0.14	1.79 ± 0.11	0.499 9

续表

指标	试验组 A	对照组 B	*P* 值
平均初始体重（g）	1 196.50 ± 14.91	1 196.75 ± 19.64	0.992 2
平均末期体重（g）	2 086.25 ± 28.53	2 110.25 ± 46.88	0.677 2
平均采食量（g）	1 985.22 ± 27.70	1 967.31 ± 38.96	0.720 9
平均体增重（g）	889.75 ± 14.87	913.50 ± 27.47	0.475 9
料肉比	2.23 ± 0.03	2.16 ± 0.03	0.106 9
成活率（%）	100	100	—

由在饲料中添加 120 g/t 胆汁酸试验所得的 42 日龄腹脂率及生产性能统计结果如表 5-1-2 所示。在整个试验阶段，饲料中添加 120 g/t 胆汁酸对肉仔鸡的各项生产性能影响不显著，与对照组相比，试验组的平均体增重的绝对值高于对照组，料肉比绝对值低于对照组，说明在饲料中添加 120 g/t 的胆汁酸可对后期肉仔鸡的生产性能有一定的改善。

表 5-1-2　试验组 X 与对照组 Y 42 日龄腹脂率及生产性能统计

指标	试验组 X	对照组 Y	*P* 值
腹脂率（%）	1.62 ± 0.11	1.49 ± 0.10	0.374 5
平均初始体重（g）	940.50 ± 4.48	937.00 ± 3.94	0.578 8
平均末期体重（g）	1 595.25 ± 70.38	1 574.25 ± 73.16	0.843 0
平均采食量（g）	1 419.45 ± 46.53	1 479.93 ± 21.13	0.281 3
平均体增重（g）	701.36 ± 34.58	694.75 ± 18.79	0.872 2
料肉比	2.04 ± 0.10	2.13 ± 0.05	0.423 6
成活率（%）	95.00 ± 5.00	95.00 ± 5.00	1.000 0

5.1.7　日粮中添加胆汁酸和赛福寡糖对饲喂玉米胚芽粕日粮肉仔鸡的影响

（1）对生产性能的影响

玉米胚芽粕是重要的非常规植物蛋白原料。目前，对于玉米胚芽粕的研究在不断加深。用玉米胚芽粕替代麸皮、2% 的玉米和 2% 的豆粕饲喂商品蛋鸡能够显著降低饲料成本。陈什培等[13]的试验也证明，使用玉米蛋白饲料取代部分豆粕和药物性生长促进剂饲喂生长育肥猪，能获得较好的经济效果。在平均体重、料肉比和欧洲效益指数等生产性能指标方面均有所优化，这可能是由于胆汁酸和赛福寡糖都具有提高机体免疫力的作用，缓解了霉菌毒素对肉鸡的影响，使生产性能有所提高。

由在饲料中添加胆汁酸和赛福寡糖试验所得的 1~21 日龄生产性能统计结果如表 5-1-3 所示。由表 5-1-3 可知，日龄中添加胆汁酸和赛福寡糖对饲喂玉米胚芽粕日粮肉仔鸡前期的生产性能无显著影响。

表 5-1-3　1~21 日龄生产性能统计

项目	胆汁酸 + 赛福寡糖	饲粮			平均值
		对照组（0%）	低剂量组（4%）	高剂量组（8%）	
21 日龄平均体重（g）	未添加	727.50 ± 16.09	720.10 ± 15.44	755.48 ± 16.79	734.36
	添加	715.70 ± 18.82	745.60 ± 24.35	737.30 ± 11.73	732.87
	平均值	721.60	732.85	746.39	—
21 日龄平均体增重（g）	未添加	690.80 ± 16.38	682.03 ± 15.08	718.90 ± 16.91	697.24
	添加	678.15 ± 18.78	708.38 ± 23,86	701.68 ± 11.78	696.07
	平均值	684.48	695.20	710.29	—
21 日龄平均采食量（g）	未添加	811.08 ± 17.59	820.70 ± 18.93	843.78 ± 20.15	825.18
	添加	801.70 ± 13.40	858.53 ± 27.14	819.00 ± 15.80	826.41
	平均值	806.39	839.61	831.39	—
料肉比	未添加	1.18 ± 0.005	1.18 ± 0.006	1.17 ± 0.005	1.18
	添加	1.19 ± 0.013	1.19 ± 0.006	1.17 ± 0.005	1.18
	平均值	1.18	1.19	1.17	—
死淘率（%）	未添加	0	0.02 ± 0.02	0.05 ± 0.03	0.02
	添加	0	0.02 ± 0.02	0	0.01
	平均值	0	0.02	0.02	—

由在饲料中添加胆汁酸和赛福寡糖试验所得的 21~35 日龄生产性能统计结果如表 5-1-4 所示。日龄中添加胆汁酸和赛福寡糖对饲喂玉米胚芽粕日粮肉仔鸡后期的生产性能无显著影响。

表 5-1-4　21~35 日龄生产性能统计

项目	胆汁酸 + 赛福寡糖	饲粮			平均值
		对照组（0%）	低剂量组（4%）	高剂量组（8%）	
21 日龄平均体重（g）	未添加	727.50 ± 16.09	720.10 ± 15.44	755.48 ± 16.79	734.36
	添加	715.70 ± 18.82	745.60 ± 24.35	737.30 ± 11.73	732.87
	平均值	721.60	732.85	746.39	—
35 日龄平均体重（g）	未添加	1 671.65 ± 30.30	1 655.15 ± 35.19	1 747.43 ± 46.55	1 691.41
	添加	1 600.98 ± 30.21	1 727.13 ± 61.96	1 652.90 ± 45.66	1 660.33
	平均值	1 636.31	1 691.14	1 700.16	—
21~35 日龄平均体增重（g）	未添加	954.13 ± 14.22	920.25 ± 24.87	959.48 ± 32.32	944.62
	添加	890.18 ± 20.89	969.28 ± 38.94	927.13 ± 35.97	928.86
	平均值	922.15	944.76	943.30	—
21~35 日龄平均采食量（g）	未添加	1 581.13 ± 25.84	1 606.03 ± 47.44	1 660.65 ± 38.77	1 615.93
	添加	1 539.10 ± 24.62	1 645.88 ± 60.16	1 580.28 ± 30.15	1 588.42
	平均值	1 560.11	1 625.95	1 620.46	—

续表

项目	胆汁酸 + 赛福寡糖	饲粮			平均值
		对照组（0%）	低剂量组（4%）	高剂量组（8%）	
料肉比	未添加	1.66 ± 0.006	1.74 ± 0.019	1.74 ± 0.060	1.71
	添加	1.73 ± 0.027	1.70 ± 0.028	1.71 ± 0.034	1.71
	平均值	1.69	1.72	1.72	—
死淘率（%）	未添加	0	0	0	0
	添加	0	0	0	0
	平均值	0	0	0	—

由在饲料中添加胆汁酸和赛福寡糖试验所得的 1~35 日龄生产性能统计结果如表 5-1-5 所示。日龄中添加胆汁酸和赛福寡糖对饲喂玉米胚芽粕日粮肉仔鸡后期的生产性能无显著影响。从全期来看，A 组和 C 组在生产性能方面比 D 组和 F 组有所提高，说明在普通日粮和高剂量玉米胚芽粕日粮中添加 500 g/t 胆汁酸和 250 g/t 赛福寡糖对肉仔鸡的生产性能的影响不明显。相比 B 组，E 组在平均体重、平均体增重、平均采食量以及欧洲效益指数方面均有提高，在料肉比方面有一定的降低，说明在低剂量玉米胚芽粕日粮中添加胆汁酸和赛福寡糖效果更加明显。玉米胚芽粕与胆汁酸、赛福寡糖两种添加剂在生产性能方面未出现交互作用。

表 5-1-5　1~35 日龄生产性能统计

项目	胆汁酸 + 赛福寡糖	饲粮			平均值
		对照组（0%）	低剂量组（4%）	高剂量组（8%）	
35 日龄平均体重（g）	未添加	1 671.65 ± 30.30	1 655.15 ± 35.19	1 747.43 ± 46.55	1 691.41
	添加	1 600.98 ± 30.21	1 727.13 ± 61.96	1 652.90 ± 45.66	1 660.33
	平均值	1 636.31	1 691.14	1 700.16	—
1~35 日龄平均体增重（g）	未添加	1 471.45 ± 26.20	1 413.78 ± 39.90	1 460.13 ± 44.62	1 448.45
	添加	1 406.48 ± 24,77	1 477.35 ± 39.07	1 460.18 ± 40.02	1 448.00
	平均值	1 438.96	1 445.56	1 460.15	—
1~35 日龄平均采食量（g）	未添加	2 392.23 ± 41.82	2 426.73 ± 61.34	2 504.40 ± 54.77	2 441.12
	添加	2 340.80 ± 34.05	2 504.40 ± 83.09	2 399.30 ± 44.80	2 414.83
	平均值	2 366.51	2 465.56	2 451.85	—
料肉比	未添加	1.43 ± 0.004	1.48 ± 0.013	1.46 ± 0.026	1.45
	添加	1.47 ± 0.006	1.45 ± 0.017	1.45 ± 0.013	1.45
	平均值	1.45	1.46	1.45	—
死淘率（%）	未添加	0	0.02 ± 0.02	0.05 ± 0.03	0.02
	添加	0	0.02 ± 0.02	0	0.01
	平均值	0	0.02	0.02	—

续表

项目	胆汁酸+赛福寡糖	饲粮			平均值
		对照组(0%)	低剂量组(4%)	高剂量组(8%)	
欧洲效益指数	未添加	334.00 ± 6.26	313.00 ± 7.55	327.75 ± 13.85	324.92
	添加	312.50 ± 7.35	331.50 ± 12.14	326.75 ± 11.88	323.58
	平均值	323.25	322.25	327.25	—

(2)对血液指标的影响

日粮中添加胆汁酸和赛福寡糖对饲喂玉米胚芽粕日粮肉仔鸡血液指标的影响结果如表5-1-6所示。21日龄时，日粮中添加胆汁酸和赛福寡糖显著提高了肉鸡血液中甘油三酯和血糖的含量，低剂量玉米胚芽粕组的肉鸡血液中的尿酸(UA)含量显著高于对照组。其他血液指标无显著差异。

表 5-1-6　21 日龄肉仔鸡血液指标测定

项目	胆汁酸+赛福寡糖	饲粮			平均值
		对照组(0%)	低剂量组(4%)	高剂量组(8%)	
21 日龄 TG (mmol/L)	未添加	0.34 ± 0.02	0.36 ± 0.04	0.32 ± 0.03	0.34
	添加	0.32 ± 0.01	0.45 ± 0.03	0.48 ± 0.08	0.42
	平均值	0.33	0.40	0.40	—
21 日龄 UA (μmol/L)	未添加	179.50 ± 19.04	197.25 ± 13.33	152.75 ± 7.76	176.50
	添加	139.00 ± 22.68	220.75 ± 17.24	228.25 ± 24.27	196.09
	平均值	159.25	209.00	190.50	—
21 日龄 GLU (mmol/L)	未添加	11.40 ± 0.43	11.87 ± 0.68	12.23 ± 0.59	11.83
	添加	12.10 ± 0.21	13.84 ± 0.73	13.89 ± 0.35	13.28
	平均值	11.75	12.86	13.06	—

日粮中添加胆汁酸和赛福寡糖对饲喂玉米胚芽粕日粮肉仔鸡血液指标的影响结果如表5-1-7所示。35日龄时，日粮中添加胆汁酸和赛福寡糖显著提高肉鸡血液中血糖的含量。其他血液指标无显著影响。玉米胚芽粕与胆汁酸、赛福寡糖两种添加剂在血液指标方面未出现交互作用。

表 5-1-7　35 日龄肉仔鸡血液指标测定

项目	胆汁酸+赛福寡糖	饲粮			平均值
		对照组(0%)	低剂量组(4%)	高剂量组(8%)	
35 日龄 TG(mmol/L)	未添加	0.43 ± 0.02	0.54 ± 0.10	0.37 ± 0.03	0.45
	添加	0.40 ± 0.04	0.38 ± 0.03	0.37 ± 0.05	0.38
	平均值	0.41	0.46	0.37	—

续表

项目	胆汁酸 + 赛福寡糖	饲粮			平均值
		对照组(0%)	低剂量组(4%)	高剂量组(8%)	
35 日龄 UA(μmol/L)	未添加	144.25 ± 16.45	174.25 ± 15.33	144.00 ± 22.61	154.17
	添加	143.00 ± 10.84	171.50 ± 19.19	139.75 ± 11.93	151.42
	平均值	143.63	172.88	141.88	—
35 日龄 GLU(mmol/L)	未添加	12.50 ± 0.32	13.16 ± 0.59	12.68 ± 0.22	12.78
	添加	14.95 ± 1.20	13.30 ± 0.50	14.73 ± 0.75	14.33
	平均值	13.73	13.23	13.70	—

试验中，日粮中添加胆汁酸和赛福寡糖使血液中甘油三酯的含量明显上升，说明胆汁酸和赛福寡糖能够影响肉鸡体内的脂肪代谢。甘油三酯含量上升可能是胆汁酸的乳化作用，促进了脂类的分解而导致的。同时，日粮中添加胆汁酸和赛福寡糖使血液中血糖的含量明显上升，说明可能同样影响糖类的消化和代谢，具体作用机制还有待进一步研究。

5.1.8　胆汁酸与热应激处理对肉鸡血液指标的影响

血清生化指标可以有效地评价动物能量和物质代谢以及机体健康的状况。血糖是家禽能量代谢、转运和调控的核心因子，可以直接向组织、细胞提供能量，血糖浓度与血清胰岛素含量有一定正相关性，同时血糖浓度较高时会促进脂肪的合成代谢，促进脂肪沉积。血清甘油三酯、总胆固醇、高密度脂蛋白、低密度脂蛋白是与脂肪代谢相关的重要指标，其含量可以直接反映畜禽脂肪代谢。其中甘油三酯是脂肪的主要沉积形式，一般在脂肪组织中沉积，也可以在毛细血管中少量贮存。血清中甘油三酯含量是脂肪合成和分解功能的共同作用的结果。

总胆固醇和高、低密度脂蛋白可以反映胆固醇代谢的情况，HDL 可将其他组织中的胆固醇运送至肝脏中分解，LDL 可将肝脏中合成的胆固醇运送到其他组织分解利用，TC 含量可以直接反映体内胆固醇的代谢进程，三者可以共同反映体内脂肪的合成、分解状况，限饲可以显著提高 30 天肉鸡血清中的 HDL 含量。

血清总蛋白含量可以直接反映机体的蛋白质营养和代谢情况，蛋白供给充足，营养较好时，可以显著提高血清总蛋白和白蛋白水平。白蛋白与血浆渗透压的维持有关，同时也可以作为载体运输脂肪酸，参与脂肪代谢，血清总蛋白包括球蛋白和白蛋白，球蛋白含量为总蛋白和白蛋白之差，可以直接反映机体的免疫功能。血清尿酸含量与机体代谢关系密切，直接反映了机体蛋白分解代谢的强弱。当机体处于生长发育阶段时，蛋白质在体内大量沉积，为组织器官的构建和发育提高蛋白原料，血浆中蛋白被大量消耗并产生尿酸，此时尿酸含量较高。血清尿素是机体代谢的最终产物。

(1)胆汁酸对肉鸡血液指标的影响

胆汁酸对肉鸡血液指标的影响结果如表 5-1-8 所示。由表 5-1-8 数据可以得出：日粮中添加胆汁酸，显著提高了血浆中总蛋白、总胆固醇和高密度脂蛋白的含量，低密度脂蛋白有升高的趋势。

表 5-1-8 胆汁酸对肉鸡血液指标的影响

指标	胆汁酸组	对照组	P 值
AST	159.5 ± 11.49	149.7 ± 7.91	0.497 1
TP	25.6 ± 0.81	22.7 ± 0.68	0.020 8
ALB	12.4 ± 0.50	11.5 ± 0.53	0.214 2
UREA	0.40 ± 0.016	0.40 ± 0.032	0.329 3
UA	286.5 ± 55.28	211.8 ± 20.50	0.234 1
CK	1 139.7 ± 183.84	943.2 ± 136.39	0.410 8
GLU	11.6 ± 0.87	11.1 ± 0.40	0.625 9
TG	0.3 ± 0.10	0.10 ± 0.012	0.240 6
TC	3.4 ± 0.15	2.6 ± 0.097	0.001 5
HDL	1.8 ± 0.070	1.4 ± 0.070	0.001 4
LDL	0.3 ± 0.018	0.2 ± 0.026	0.098 1
LDH	636.8 ± 61.61	578.0 ± 81.69	0.578 0

(2)胆汁酸和热应激共同作用对肉鸡血液指标的影响

热应激可促进肉仔鸡的脂肪合成,显著提高其腹脂率,而且高温环境本身能直接影响肉仔鸡的生长。热应激能够影响肉仔鸡的体组成,体脂是机体中最容易变动的主要组成成分,尤其是脂肪组织中储存的脂肪。有研究发现,急性热应激显著增加了肉仔鸡血清中 TG、HDL 和 LDL 的含量。当动物受到刺激引起组织损伤时,组织内酶会透过细胞膜进入血液,这些酶可作为诊断应激的指标。鲍恩东等认为急性热应激可引起肉鸡各种组织器官一定程度的损伤,而血液中 CK 活性升高可在一定程度上反映机体组织细胞受损伤以及损伤的程度。Hockong 等、林海均报道,高的温热环境处理会使 LDH、CK 升高; Vysotskaya 报道 AKP 降低[19]。

胆汁酸和热应激共同作用对肉鸡血液指标的影响结果如表 5-1-9 所示。可以看出:热应激组血浆中谷草转氨酶、总蛋白、血清白蛋白、葡萄糖、甘油三酯、总胆固醇、高密度脂蛋白胆固醇、低密度脂蛋白胆固醇、乳酸脱氢酶含量(LDH)显著高于正常组。而添加胆汁酸与否对各个血液指标无显著影响。

表 5-1-9 胆汁酸与热应激对肉鸡血液指标的影响

指标		胆汁酸组	对照组	平均值
AST	热应激	179.7 ± 5.18	175.2 ± 8.39	177.7
	对照	140.6 ± 8.98	148.6 ± 12.48	144.2
	平均值	160.2	161.9	—

续表

指标		胆汁酸组	对照组	平均值
TP	热应激	26.2 ± 0.53	24.0 ± 0.99	25.2
	对照	21.1 ± 1.52	22.7 ± 1.70	21.8
	平均值	23.6	23.4	—
ALB	热应激	12.7 ± 0.27	11.7 ± 0.46	12.3
	对照	9.8 ± 0.72	10.9 ± 0.87	10.3
	平均值	11.2	11.3	—
UREA	热应激	0.4 ± 0.014 6	0.4 ± 0.029	0.4
	对照	0.4 ± 0.022	0.4 ± 0.029	0.4
	平均值	0.4	0.4	—
UA	热应激	285.4 ± 26.53	356.0 ± 47.59	12.3
	对照	351.2 ± 51.45	311.4 ± 32,81	10.3
	平均值	318.3	333.7	—
CK	热应激	1 023.7 ± 121.74	1 276.1 ± 194.90	1 236.6
	对照	1 243.9 ± 240.16	971.4 ± 148.88	1 127.1
	平均值	1 223.8	1 131.8	—
GLU	热应激	14.8 ± 0.78	12.8 ± 0.63	13.9
	对照	11.4 ± 0.73	12.3 ± 0.75	11.9
	平均值	13.3	12.5	—
TG	热应激	0.3 ± 0.008 3	0.3 ± 0.032	0.3
	对照	0.2 ± 0.064	0.2 ± 0.045	0.2
	平均值	0.3	0.3	—
TC	热应激	3.6 ± 0.16	3.0 ± 0.21	3.3
	对照	2.8 ± 0.26	2.8 ± 0.25	2.8
	平均值	3.2	2.9	—
HDL	热应激	1.9 ± 0.11	1.7 ± 0.14	1.8
	对照	1.5 ± 0.17	1.5 ± 0.16	1.5
	平均值	1.7	1.6	—
LDL	热应激	0.4 ± 0.028	0.3 ± 0.029	0.4
	对照	0.3 ± 0.036	0.3 ± 0.047	0.3
	平均值	0.3	0.3	—
LDH	热应激	720.34 ± 45.17	790.5 ± 48.02	752.2
	对照	640.5 ± 37.94	648.1 ± 45.80	644.1
	平均值	682.2	719.3	—

5.1.9 日粮中添加胆汁酸对肉鸡生产性能和屠宰性能的影响

日粮中添加胆汁酸对肉鸡生产性能的影响:在幼畜禽日粮中添加高能饲料原料效果往往不好。主要原因是在畜禽生长的早期阶段(一般认为 1~21 日龄),消化系统尚未发育完全,肝脏的胆汁酸分泌不足,而且脂肪酶分泌器官分泌的脂肪酶也不足,日粮中的脂肪不能被完全消化,从而影响消化吸收。在幼禽日粮中添加胆汁酸可以补足幼禽体内胆汁酸的含量,促进动物对脂肪的吸收利用;促进动物采食,提高幼畜的消化能力,改善生产性能,减少腹泻,提高饲料转化率,促进幼禽的生长[14]。祁振宇试验中未见生产性能有明显的变化,分析可能的原因为试验选择的是肉鸡后期的饲养试验,而此时肉鸡的消化系统已发育完全,内源胆汁酸的分泌完全可以满足对饲粮中脂肪的消化作用,额外添加胆汁酸没有显著效果。因此在肉仔鸡生长前期添加胆汁酸有提高生产性能的作用。

日粮中添加胆汁酸对肉鸡屠宰性能的影响:大多数试验和研究都表明,添加乳化剂能对肉鸡的生长性能和屠宰性能产生有利的影响,杨烨等[15]研究大豆磷脂对肉鸡屠宰性能的影响表明,肉鸡饲粮中添加不同水平的大豆磷脂可以提高屠宰率、全净膛率、胸肌率和腿肌率。张青青研究表明肉鸡饲粮添加水溶性非离子型乳化剂(主要由鹿糖脂肪酸脂、单甘酯、磷脂酰胆碱和胆汁酸盐组成)具有提高肉鸡全净腔率和腿肌率的作用。杨丹丹等[16]也发现,在肉鸡日粮中添加溶血卵磷脂在降低肉仔鸡腹脂率的同时,还可提高胸肌的粗脂肪含量,表明了在日粮中添加溶血卵磷脂对肉仔鸡不仅具有抗脂肪肝效应,而且有重新分配体内脂肪的效果。本试验研究结果表明,饲粮中添加胆汁酸显著降低了肉鸡的腹脂率,这说明胆汁酸促进脂肪的消化吸收,提高饲料转化率、促进生长,从而提高肉鸡的屠宰性能。

5.1.10 日粮中添加胆汁酸对肉鸡器官指数的影响

禽类免疫系统是在长期进化过程中形成的复杂的机体防御体系,其中最重要的免疫器官就是胸腺、脾脏和法氏囊,其中脾脏是禽类最大的外周免疫器官,参与了全身的细胞免疫和体液免疫。器官指数是这些器官占活体体重的比例,这个比例反映了这些器官的相对发育程度,免疫器官指数大说明免疫细胞发育快,是机体免疫功能增强的表现;免疫器官指数降低,则会降低免疫系统功能。脾脏近似球形,是 T 细胞、B 细胞定居增殖的场所,可以分为红髓和白髓两部分。红髓之所以被称为“红”髓是因为其网状结构含有大量血液,是红细胞生成和储存的场所,白髓主要由淋巴组织构成。禽类的脾脏相对较小,储血作用不大,主要功能是参与机体免疫应答,形成针对血液中抗原的抗体。

有报道指出,在鸡饲粮中添加外源性乳化剂,可以促进脂肪在肠道内的乳化,弥补体内胆汁酸和脂肪酶分泌的不足,增加营养物质与消化酶的接触面积,从而有效改善鸡对饲粮中脂肪的利用率,促进生长。有相关文献显示,在鸡日粮中添加 0.1% 的胆汁酸可以提高法氏囊指数及脾脏指数。王惠林等在研究中发现添加乳化剂对黄鸡的胸腺、脾脏、法氏囊等免疫器官指数无显著影响,法氏囊指数有上升趋势。本试验中饲粮添加胆汁酸显著提高了脾脏指数,说明乳化剂对免疫器官的生长有一定的促进作用,可以增强动物的免疫机能,有助于提高动物对病原微生物的抗病力。

5.1.11　日粮中添加胆汁酸对肉鸡肉品质的影响

肌肉中酸性物质含量多少是影响 pH 值的主要内因，其中以乳酸为主，乳酸积累导致肉品质下降。肌肉 pH 值不仅是肌肉酸度的直观表现，还对肉的嫩度、滴水损失、肉色等都有直接影响。安文俊等[17]研究表明，肌肉的系水力与 pH 值有正相关性，与光度值（L^*）有负相关性，在肌肉里添加聚磷酸酯可提高肌肉 pH 值进而提高系水力。同时，郭鹏飞[18]研究发现，肌肉中的干物质、蛋白质和脂肪的含量影响肉品质，尤其是脂肪的含量，它影响肌肉的系水力、滴水损失。杨烨等[15]关于磷脂的研究表明，随着磷脂添加量的增加，肌肉的脂肪含量也会明显提高，系水力增加，肌肉滴水损失降低。同时，在日粮中添加水溶性乳化剂可提高肌肉中脂肪含量、胸肌率和腿肌率，并且指出可能是由于乳化剂促进了小肠对脂肪的吸收，加速脂类在体内的循环，进而促进脂肪转化为体成分。在祁振宇的试验中，日粮中添加胆汁酸显著增加了肉鸡腿肌率，与以上试验结果一致。肌肉最终的乳酸水平与光度值是成线性相关的，在高乳酸水平的贮藏条件下，肌肉的苍白度增加。由此说明，添加胆汁酸降低腿肌的 pH，同时增加肌肉的亮度，改善了肉鸡肌肉品质。

5.1.12　不同能量水平日粮添加胆汁酸对肉鸡生产性能的影响

肉鸡的脂肪消化吸收能力与日粮代谢能水平有直接相关，随着日粮代谢能水平的升高，日粮中干物质、蛋白质的表观代谢率和日粮表观代谢显著升高。可能是因为添加油脂后，食物在胃肠道中的流通速度变慢，增加了营养物质消化吸收的时间，从而提高营养物质的代谢率。安文俊等[17]研究结果表明，肉鸡生长早期，基础日粮油脂添加量为 1% 的情况下，添加 200 mg/kg 和 300 mg/kg 的胆汁酸，提高了油脂的利用率。祁振宇[3]的研究结果表明，随着日粮能量水平的升高，肉鸡的平均体重、平均日增重显著增加，料肉比有降低的趋势，添加胆汁酸后各组间无差异，说明胆汁酸能够减弱日粮能量水平对肉鸡的影响。

5.2　胆汁酸与氯化胆碱在蛋鸡生产上的应用效果

5.2.1　概述

（1）中国蛋鸡产业发展历程

我国蛋鸡产业虽然起步较晚，但是发展迅猛，现阶段已经逐步进入自我整合期。回顾我国蛋鸡产业的发展，主要经历了以下 4 个发展阶段：第一阶段为发展起步期（20 世纪 70 年代末期至 80 年代中期），这一阶段我国的鸡蛋产量显著增加，并超越美国居于世界首位；第二阶段为快速增长期（20 世纪 80 年代中后期至 90 年代中期），这一阶段我国鸡蛋产量快速增长，1996 年超过 1 500 万 t，占世界总产量的 35% 左右；第三阶段为平稳增长期（20 世纪 90 年代中期至 2002 年），这一阶段我国蛋鸡产业发展稳定，鸡蛋产量呈平稳增长趋势；第四阶段为自我整合期（2002 年至今），我国蛋鸡产业发展较快，蛋鸡饲养品种、饲养规模、种鸡质量、相关政策等多方面发生了巨大的变化，加之连续几年的流感疫情影响，更加促进了产业的内部整合，并且鸡蛋产量在世界遥遥领先[20]。

(2)中国鸡蛋消费

鸡蛋是我国居民饮食中非常重要的部分，一方面由于鸡蛋自身具有优良的特性——廉价的优质蛋白，另一方面与我国传统的饮食习惯密切相关。随着我国经济的发展和人口的增长，在鸡蛋产量稳步增长的同时鸡蛋的消费量亦有显著增加。在我国鸡蛋的总产量中，用于出口的约占 4%，储运损失约占 4%，用于加工及其他用途的约占 2%，共计 10% 左右。目前，我国的人均鸡蛋占有量大约为 17.8 kg，按照人口和鸡蛋产量的比例换算，相当于中国以约占世界 21% 的人口，生产并消费着约占世界 38% 的鸡蛋，我国的人均鸡蛋消费量约为世界平均水平的 1.7 倍[21]。

(3)中国蛋鸡产业面临的挑战

目前，产能过剩是我国蛋鸡产业面临的最大挑战。其形成主要有三方面原因：一是 2016 年我国在产祖代种鸡存栏约 60.09 万套，据中国畜牧业协会禽业分会推算，与市场需求相匹配的在产祖代种鸡存栏量约为 36 万套。在产祖代种鸡多则父母代种鸡多，必然有可能导致商品代种鸡存栏增加。二是 2014 年我国蛋鸡主产区鸡蛋价格涨至 8.84 元/kg，比历史最高纪录(7.82 元/kg)高 13.04%，致使对市场价格较为敏感的各主体纷纷涌入蛋鸡行业。三是近几年很少发生高致病性鸡病，加之防治技术日趋成熟，蛋鸡存活率相较之前大大提升，存栏量也随之增加。此外，饲料原料价格的降低大大减少了蛋鸡养殖成本，也促使了蛋鸡存栏量的增加。2016 年蛋鸡存栏量如图 5-2-1 所示。

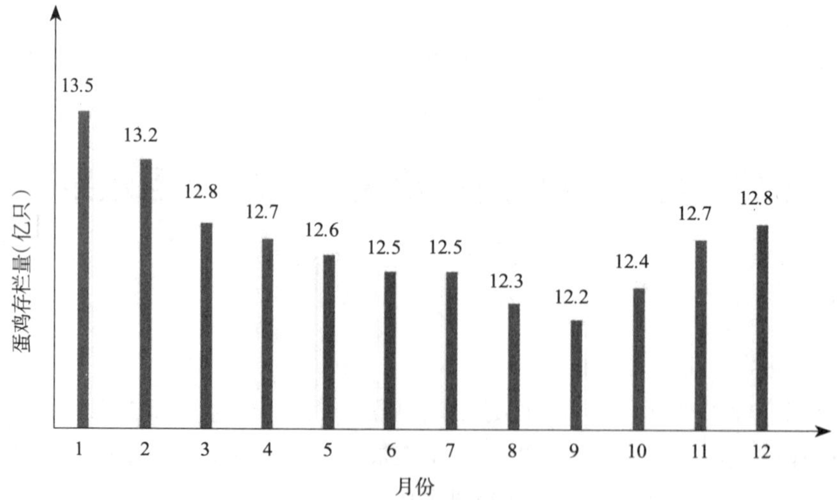

图 5-2-1　2016 年中国蛋鸡月度存栏量

2017 年 H7N9 给家禽行业带来了巨大冲击，其对蛋鸡产业的影响较为严重。2017 年 1 月以来，人感染 H7N9 的病例有所增加，一些地方政府采取谨慎措施如关闭活禽市场、限制活禽消费等，使家禽行业遭受了巨大的损失，大量的禽肉、禽蛋滞销，大量的养鸡场关闭。据中国畜牧业协会禽业分会的调查数据，47.95% 的养殖户认为 2017 年的 H7N9 威胁到了企业的生存。2017 年 1~5 月，家禽行业损失主要集中在商品蛋鸡，总金额达到 555.13 亿元，蛋鸡饲养经济损失达 234.76 亿元[22]。

（4）蛋鸡养殖面临的问题

鸡蛋，是老百姓餐桌上必不可少的食物之一，它为我们的健康提供必不可少的营养物质。我国是产蛋大国，每年鸡蛋产量居世界总产量的 45%，然而蛋品的安全却往往被人们所忽视。

当前在我国的畜牧生产中，小规模的散养仍然占有较大的比重，这种养殖模式具有一定的落后性，比如生产方式粗放、信息落后、卫生防疫条件差、标准化水平低、良种化水平不高等问题，所有的这些问题都严重地制约了我国畜牧产业的发展，这就导致了我国尽管是鸡蛋生产和消费的大国但并不是鸡蛋生产强国。当前，世界上的发达国家比如美国主要采用的就是大规模、集约化的养殖模式，这种模式最早出现在水产养殖方面，由于其具有现在广受人们所关注的环保、绿色、健康的特点，而成为行业的流行话题，目前这种集约化养殖的思想正在逐步向蛋鸡养殖领域扩散，很多学者对这一领域做出了卓有成效的具有突破性的研究，并提出了具有指导性的建议。赵华等对中国散养鸡的健康养殖技术进行了系统分析，提出要充分利用本地区的自然地貌特征，比如丘陵、林地等，建立自然健康符合生态发展规律的健康养殖模式；黄炎坤等则针对目前中国蛋鸡养殖过程中存在的众多突出性的问题提出了相应的六项生产管理标准加以应对；王茂增等则就蛋鸡的大规模、集约化养殖提出了规模化养殖园区的思想，并对生态健康养殖关键控制技术的制定进行了系统分析。所有的这些尝试都已经证明，在中国，蛋鸡的集约化养殖集成技术已经成为中国蛋鸡健康养殖技术发展的重要出路和主要对策[23]。

（5）目前大规模集约化养殖存在的主要问题

中国作为当前世界上最大的蛋鸡养殖国，如何处理鸡粪已经成为蛋鸡养殖过程中一个非常重要的问题，也是蛋鸡大规模集约化养殖亟待解决的问题。但是由于目前我国有关环境保护的法律法规还处于建设完善过程中，这就导致很多企业和蛋鸡养殖户忽视了对这一方面问题的重视，同时就技术层面而言，我国现有的鸡粪处理技术还不成熟，这就导致鸡粪对环境的污染日益严重，形成了一种恶性循环，鸡粪对环境的污染主要表现在以下方面：①未经无害化处理的鸡粪通过地表径流，比如下雨天经过雨水的冲刷进入水渠最终汇入河流湖泊等，导致水体的氮、磷等元素超标，水体富营养化，有机质大量滋生，污染了水体，导致水生生物的大量死亡，影响了水体生态环境的平衡，使水体变绿、发臭；②鸡粪也会对空气造成污染，这主要表现在粪便里的有机物在分解的过程中会产生恶臭，同时释放出大量的刺激性气体以及一些携带大量致病菌的粉尘等，这些粉尘会随着空气流动，从而对相当大的一片区域的空气质量产生影响，影响人和其他生物的健康，近几年来大家谈之色变的“禽流感”的主要成因中也有鸡粪的影子；③有的农户为了充分利用农家肥，将鸡粪施于田地中，以期望增加土壤营养与肥力，但是由于蛋鸡的粪便中存在着大量的钠元素和钾元素，如果直接用于农田，蛋鸡粪便中存在的过量的钠和钾会造成土壤的微孔减少，使土壤的通透性降低，长此以往,会使土壤的肥力减退,农作物产量下降,并且最终对人类的健康产生不利影响[24]。

最近几年,随着人们对食品安全的关注,鸡蛋这种家家户户的每日必需品的安全也越来越吸引人们的目光,很多与鸡蛋安全相关的问题也暴露出来。但在传统的养殖模式下,存在着鸡蛋来源不清楚、抗生素超标、含有违禁药物、出了问题难追溯等问题,随着蛋鸡集约化养殖技术的建立,这些问题可以得到有效解决。每个鸡蛋都有它的"身份证",出了问题可以找到源头,通过统一的管理监督,对生产过程实现全程监管,保证鸡蛋的品质。

当前,我国蛋鸡养殖业存在着较多问题,如发展方式落后、理论基础差、鸡蛋价格波动剧烈、安全事件频发、环境污染严重等等,这些问题严重地制约了我国畜牧产业的发展,这就导致我国尽管是鸡蛋生产和消费的大国但并不能成为鸡蛋生产的强国。而世界上的发达国家比如美国主要采用的就是大规模、集约化的养殖模式,为顺应世界发达国家的养鸡业的发展潮流,我们要加大对蛋鸡健康养殖的理论研究,同时结合中国的客观实际,走出一条具有中国特色的蛋鸡养殖之路。实践证明,通过大力推广蛋鸡集约化养殖,在我国形成一套顺应现代养殖业发展的蛋鸡的健康养殖模式,更有利于集中处理蛋鸡粪便、有助于标准的建立、有助于食品安全的保障,能有效提高蛋鸡健康养殖的效率和效益,是我国未来蛋鸡养殖的必然趋势[25]。

抗生素作为饲料添加剂在饲料中应用可降低畜禽发病率,维持畜禽的健康,对畜牧业的发展做出了巨大的贡献,但是,大量使用抗生素带来的危害也非常大。滥用抗生素会使残留的药物通过生物链进入人体,引起人体的不良反应,涉及身体内的各个组织器官,对人类健康的损害是显然易见的。而且因为大量使用抗生素,环境中产生了大量耐药菌,抗生素的效果也大不如从前。近年来,我国的蛋需求量逐年上升,但是鸡蛋质量未见有所提高。目前我国仍有大量的零散蛋鸡养殖户,饲料中违禁药物的使用和药物残留问题难于解决;消费者购买的鸡蛋并不能完全保证质量安全,并且鸡蛋还存在营养不全面,蛋黄、蛋白稀薄,蛋黄颜色浅,血斑、肉斑比率高,蛋壳的破损率高等诸多问题。国家提出的绿色产品理念已深入人心,蛋鸡养殖业生产绿色蛋品是当前社会持续发展的主旋律[26]。

因抗生素的滥用给人类的健康带来诸多潜在的威胁,研发抗生素的替代品——新型绿色饲料添加剂,为消费者提供优质的肉奶蛋已成为畜牧工作者的当务之急。胆汁酸是胆汁发挥作用的主要成分,其分子中的甲基具有疏水性,羧基和羟基具有亲水性,所以胆汁酸具疏水和亲水两个侧面,能降低油水之间的表面张力,加速脂类乳化,进而增加脂类和酶的接触面积,加速脂类的消化吸收。胆汁酸能够促进脂类乳化,提升脂肪酶自身的活性,提高家禽的脂肪消化率和生产性能;胆固醇是胆汁酸的前体物,胆汁酸对胆固醇在动物体内的动态平衡的保持有重要作用;胆汁酸还能对肠道内的有害菌的生长繁殖进行抑制,具有杀菌消炎,提高动物免疫力的作用[27]。

(6)蛋鸡养殖现状

目前,我国蛋鸡养殖无论是质量还是数量都得到了很大的发展,但仍存在一定的问题。

1)高密度养殖模式与环境污染

高密度养殖模式虽然能够提高蛋鸡的产蛋量,但是对环境的污染问题也很严重,尤其是蛋鸡粪便的处理问题。未经处理的蛋鸡粪便会对生态平衡造成严重的破坏：一是污染水体，粪便流入江河湖海会造成水体的富营养化；其次污染空气，蛋鸡粪便形成的恶臭和有害气体会对空气造成污染；再次污染土壤，蛋鸡粪便中含有大量有害物质和细菌，进入土壤不仅危害农作物的生长，进入食物链还会危害人类的健康[28]。

2）传统养殖模式与鸡蛋品质

在传统的蛋鸡养殖模式中，养殖户由于缺少专业人员的指导，对蛋鸡的疫病防治不重视，饲养管理不到位，同时检测设备较落后，生物安全规程不完善，导致我国蛋鸡养殖业中疫病频发，不仅给养殖户造成了严重的经济损失，也降低了鸡蛋的品质，影响鸡蛋的销售和消费者的安全饮食，同时阻碍了我国蛋鸡养殖业的发展。

3）饲料安全

当前限制我国畜牧业发展的饲料安全问题是一个亟待解决的难题，饲料是蛋鸡养殖的重要物质基础和保障，饲料的安全直接决定着蛋鸡的生长状态，决定蛋鸡的产能和效益。当前我国蛋鸡饲料在生产和配制过程中缺乏科学的指导，在饲料添加剂的使用方面也不合理，目前蛋鸡的养殖存在机体免疫力较低、产蛋率低、鸡蛋质量比较差等问题，不利于我国蛋鸡养殖业的发展。

鸡蛋是我们生活中非常重要的食物之一，为更好地满足当前我国对鸡蛋日益提高的消费要求，我们应当转变传统的蛋鸡养殖模式，采用健康养殖的策略和先进的蛋鸡养殖技术。蛋鸡的健康养殖技术是指在蛋鸡的养殖过程中坚持“健康、生态、环保”的理念和方向，注重对饲养环境的科学控制，实现无公害生产和饲养，提高蛋鸡的抗病能力，并进一步提高蛋鸡的产量和质量，实现蛋鸡的绿色健康养殖[29]。

4）改善鸡蛋品质的方法

人们根据畜禽的生长发育规律及体内营养物质的代谢沉积规律，适当调整摄入营养素的种类和数量，使动物的生长和生产过程朝着特定的方向发展的过程称为动物营养调控。由于当前养殖业的生产方式趋于集约化、规模化，致使动物营养素的摄入完全取决于饲养员，基于现状，可通过营养调控来提升动物产品的质量[30]。

5）添加主要营养素

饲料中的供能物质主要是脂质和糖类，日粮中的油脂种类和含量不仅影响鸡蛋重量，还影响着蛋黄和蛋白品质。相关研究表明，在初产期适当提高日粮能量水平可以提高蛋重，并且增加的主要是蛋黄重。日粮中的粗蛋白质含量对蛋品质也有一定的影响，耿爱莲等研究表明，提高日粮中的粗蛋白质水平，鸡蛋蛋白比重逐渐升高，蛋黄比重逐渐降低。其中，蛋氨酸和赖氨酸在日粮中的含量和组成对鸡蛋品种的影响最大。日粮中钙、磷的含量、比例及来源对某些蛋品质指标也有比较显著的影响，提高日粮钙水平能够显著提高鸡蛋的蛋壳相对重、蛋壳硬度及厚度；但日粮中钙、磷的比例有一定的适宜范围，过高或过低都会影响蛋重及蛋壳质量[31]。

（7）蛋鸡用饲料添加剂的种类与效果

目前，很多中草药渣和植物提取物被制成饲料添加剂添加到动物日粮中使用，取得了不错的效果。其中,植物提取物中的苜草素、茶多酚、糖萜素和大豆黄酮等均可改善鸡蛋品质。饲料添加剂中的中草药一类可以改善鸡蛋品质,张利娟等研究了黄芪多糖和小檗碱对鸡蛋品质的影响,发现日粮中添加小檗碱和黄芪多糖可以显著降低蛋黄中胆固醇的含量。饲料添加剂中的酶制剂一类也可以改善鸡蛋品质。高山林等研究发现,在低磷水平日粮中添加植酸酶显著提高了蛋壳厚度。另外,李海英等研究发现,蛋鸡日粮中添加甘露聚糖酶可以加深蛋黄颜色和增加蛋壳厚度。

微生态制剂也是调控鸡蛋品质的一种饲料添加剂。李福彬等研究发现在蛋鸡日粮中添加地衣芽孢杆菌可以增加蛋壳厚度,提高蛋壳相对比重。微生态制剂可能是通过改善肠道环境、增加钙磷吸收来改善蛋壳品质的,蛋鸡日粮中添加地衣芽孢杆菌能够降低蛋鸡血液及蛋黄中胆固醇的含量。微生态制剂降低蛋黄胆固醇含量可能是因为肠道微生物利用了食物中的胆固醇用于自身代谢,从而降低了蛋鸡的胆固醇吸收量。

(8)蛋鸡脂肪肝综合征

脂肪肝综合征是蛋鸡产蛋后期经常发生的一种疾病,又称脂肪肝出血综合征,是一种营养代谢障碍病。脂肪肝综合征的发生主要是因为过多的脂肪残留在肝细胞内,严重影响了肝脏的功能,病情严重会导致该鸡群肝细胞破裂,肝脏肿大出血,甚至死亡。该病在笼养产蛋鸡中的发病率较高,在各国蛋鸡养殖业中都常有发生。通常脂肪肝综合征在鸡群中的发病率在 5% 左右,有个别鸡群发病率较高,能达到 30% 左右,死亡鸡只数占病鸡只数的 10% 左右,给蛋鸡业造成了巨大的经济损失。

1)脂肪肝综合征产生的原因

脂肪肝综合征在蛋鸡中发生最重要的因素是遗传,当然,还与其他多种因素有关;脂肪肝综合征因鸡种不同而受到的影响也不同,因为雌激素能刺激肝脏中脂肪的合成,因此高产蛋鸡的发病率更高一些。饲料中营养素的种类和数量是影响蛋鸡脂肪肝综合征发生的关键因素,如果饲料中玉米及其他谷物的比例过高,则饲料中可能含有大量的碳水化合物,而其他营养物质如动物性蛋白和维生素等含量相对不足,这样的饲料能量水平过高,蛋鸡消耗不了,多余的能量就会以脂肪的形式储存在蛋鸡体内,尤其是储存到肝脏里,如果肝脏不能及时运出这些脂肪,就会产生脂肪肝。饲养方式也是影响蛋鸡脂肪肝综合征发生的一个关键因素,笼养的蛋鸡较散养的蛋鸡更容易发生脂肪肝综合征,是因为在笼养状态下蛋鸡的运动能力被大大地限制了,消耗的能量减少,同时采食高能量的饲料增加了代谢的负担,能量在肝脏中储存起来,久而久之就产生了脂肪肝。环境因素也是脂肪肝综合征产生的一个重要因素,高温季节为脂肪肝综合征高发期,这是因为热应激使机体能量代谢机能失控,促使机体释放糖皮质类固醇和外源性皮质类酮,促进葡萄糖异生作用,从而增强脂肪的合成,使体内脂肪沉积速度加快,从而形成脂肪肝。研究发现,鸡体温度比正常水平高 2~3 ℃可致使患病鸡群死亡率提高 20%,病鸡肥胖,高温天气使其新陈代谢旺盛,使血管膨胀破裂,导致肝脏出血,最终引起大量死亡。另外,脂肪肝综合征还和饲料中的有害物质有关,如黄曲霉毒素、芥子酸等,有毒物质能增加肝脏的解毒负担,从而影响肝脏的功能,增加患病的概率[32]。

2)蛋鸡脂肪肝综合征防控措施

蛋鸡脂肪肝综合征的防控主要以预防为主。首先，不同年龄阶段的蛋鸡有不同的饲养标准，要根据蛋鸡年龄随时调整饲料配方，尽量使饲料中所含的营养既能够满足生产需要又不过剩，使各种营养素搭配平衡，产蛋期适当降低饲料能量水平，调整蛋能比以及各种必需氨基酸之间的比例平衡。其次，可以在饲料中添加维生素、胆碱、蛋氨酸等，保持营养全面。最后，要注重饲养管理，应及时清理粪便，对鸡舍进行定期消毒，尤其是高温季节，要加强通风，必要时采取人工降温措施，为避免热应激的发生，可在饮水中添加维生素 C。饲养过程中也要减少其他的不良刺激，如换料、转群、免疫时，都要防止各种应激的发生，同时还要做好其他疾病的免疫接种或药物预防工作。在鸡群发病初期，可以在饲料中补加 1 000 mg 氯化胆碱，10 000 U 维生素 E，12 mg 维生素 B12 和 900 mg 肌醇，连续饲喂 3~4 周；针对病鸡，连续喂服氯化胆碱 0.1~0.2 mg 10 天，可有效缓解病情。

（9）胆汁酸在畜牧业上的应用

研究发现，饲料中添加 0.3% 的胆汁酸，对断奶仔猪的体增重和采食量改善明显，显著提升脂肪表观吸收量、脂肪摄入量、氮摄入量和氮储存量。胆汁酸可提高白羽肉鸡的脂肪表观消化率，改善肉鸡的脂肪利用率。

胆汁酸可增加鳗鱼食欲，提高鲤鱼和鲫鱼的增长速度，提高饲料转化率，降低内脏比，改善鱼肉品质，改善真鲷的外表颜色，提高养殖鱼类的观赏价值[33]。

5.2.2　试验设计

（1）试验安排

试验采用完全随机试验设计[34]，将 240 只健康、体况相近的 240 日龄的处于产蛋高峰期的海兰褐蛋鸡，随机分为 4 组，每组 5 个重复，每个重复 12 只。对照组饲喂基础饲粮，试验组分别饲喂在基础饲粮中添加 250、500、750 g/t 胆汁酸的试验饲粮。预饲期为 7 d，正式试验期为 42 d。

试验二采用 2 × 2 双因素试验设计，选取大小相似、体况健康的 730 日龄的处于产蛋后期的海兰褐蛋鸡 96 只，随机分为 4 组，每个组 2 个重复，每个重复 12 只鸡。其中对照组饲喂基础日粮，胆汁酸组饲喂添加 500 g/t 胆汁酸的试验日粮，联合添加组饲喂同时添加 500 g/t 胆汁酸和 2 000 g/t 氯化胆碱的试验日粮。按照蛋鸡饲养标准进行饲养。试验期为 21 d。

（2）试验日粮营养组成

试验饲粮参考《鸡饲养标准》与 NRC 蛋鸡饲养标准，并结合企业生产实际配制。基础饲粮组成及营养水平见表 5-2-1 及表 5-2-2。

表 5-2-1　基础饲粮组成

组成	含量（%）
玉米	62.3
豆粕	24.00
豆油	0.70

续表

组成	含量(%)
石粉	8.00
预混料	5.00
合计	100.0

表 5-2-2 营养水平(干物质基础)

营养水平	含量(%)
能量(MJ/kg)	11.29
蛋白质	16.3
钙	3.30
总磷	0.54
食盐	0.30
蛋氨酸	0.48
赖氨酸	1.02
蛋氨酸+半胱氨酸	0.70

(3)饲养管理

采用 2 层笼养,每日 8 时 和 14 时各喂料一次,根据各重复蛋鸡采食量变化,适当增减给料量。使鸡保持自由采食状态,提供充足饮用水。每天 15 时捡蛋,准确记录每个重复产蛋量及总蛋重,每日保持 16 h 光照。饲养管理和接种免疫均按照常规方法进行。

5.2.3 胆汁酸对产蛋高峰期海兰褐蛋鸡生产性能的影响

由表 5-2-3 可知,日粮中添加胆汁酸对产蛋高峰期海兰褐蛋鸡的产蛋率有一定的影响,试验 28 d 时, 500 g/t 添加组的产蛋率最高,而 750 g/t 添加组产蛋率比对照组低且显著低于 500 g/t 添加组。试验 42 d 时, 500 g/t 添加组的产蛋率高于对照组, 750 g/t 添加组产蛋率低于对照组,与 500 g/t 添加组相比差异显著。同时,试验 28 d 时,500 g/t 添加组的平均蛋重与对照组相比下降了 3.65%;试验 42 d 时, 500 g/t 添加组的平均蛋重与对照组相比下降了 1.34%。

表 5-2-3 胆汁酸对产蛋高峰期海兰褐蛋鸡生产性能的影响

阶段(d)	项目	BA(g/t)				非均衡数据标准误差	*P* 值
		0	250	500	750		
28	平均蛋重(g)	62.69	62.06	60.40	62.33	0.205	0.273 2
	产蛋率(%)	91.31	90.18	93.57	87.86	0.703	0.170 7
	破蛋率(%)	1.24	1.07	1.59	1.17	0.125	0.820 8
	料蛋比	1.99	2.00	1.97	2.09	1.675	0.311 6

续表

阶段（d）	项目	BA（g/t）				非均衡数据标准误差	*P* 值
		0	250	500	750		
42	平均蛋重（g）	61.38	62.07	60.56	61.57	0.188	0.440 1
	产蛋率（%）	90.36	90.52	93.57	87.94	0.690	0.190 5
	破蛋率（%）	1.15	0.80	1.32	1.15	0.095	0.715 0
	料蛋比	2.06	2.03	2.00	2.11	1.128	0.471 3

产蛋高峰期的蛋鸡的生产性能受多种因素的影响，其中日粮因素是一个关键因素。胆汁酸具有乳化脂肪的作用，可以增加脂肪酶与脂肪的接触面积，加快机体消化吸收脂肪，提升脂肪利用率。在蛋鸡上，脂肪肝综合征属于营养代谢疾病，目前非常常见，主要是肝细胞内脂肪积累过多，使肝脏的正常机能严重损坏，胆汁酸的添加可对甲状腺素的活性进行激活，加速蛋鸡基础代谢，“燃烧”多余的脂肪，防止脂肪肝的发生，使鸡体健康得到维护。在崔明明的试验中，日粮中添加 500 g/t 胆汁酸对蛋鸡产蛋率有影响，并在一定程度上降低了蛋重，说明胆汁酸对脂肪的乳化分解有促进作用，可减少脂肪肝综合征的发生。胆汁酸发挥作用的途径可能是：①促进脂类物质的乳化，加速脂肪的消化利用；②提高消化酶的活性，并能将小肠内无活性的脂肪酶原激活为有活性的脂肪酶而发挥作用；③具有抑菌杀菌的作用，可改善肠道健康，利于肠道分泌各种消化酶，促进消化吸收饲料中的各种营养物质[35]。

5.2.4　胆汁酸对产蛋高峰期海兰褐蛋鸡蛋品质的影响

由表 5-2-4 可知，日粮中添加胆汁酸对产蛋高峰期海兰褐蛋鸡的蛋品质有一定的影响，试验 28 d 时，750 g/t 添加组的蛋壳颜色的红度 *a* 值与其他各组相比显著升高。随着胆汁酸添加剂量的升高，蛋黄颜色有升高的趋势，但差异不显著。试验 42 d 时，250 g/t 添加组的蛋壳颜色的红度 *a* 值与其他各组相比显著降低。蛋白高度、蛋黄颜色和哈氏单位都随着胆汁酸添加量的升高而升高，750 g/t 添加组的蛋白高度显著高于对照组，750 g/t 添加组的蛋黄颜色显著高于对照组和 250 g/t 添加组，500 g/t 和 750 g/t 添加组的哈氏单位显著高于对照组。

遗传是影响蛋鸡蛋重的最主要因素，蛋重的大致范围由鸡的品种决定。在此基础上，能量、亚油酸和蛋白质水平等营养因素也可以影响蛋重，并且蛋重大致上由蛋黄重决定，而蛋黄的主要成分为脂质，因此蛋重在很大程度上受机体脂肪代谢的影响。在崔明明的试验中，日粮中添加胆汁酸后，蛋重有一定程度的降低。这是因为胆汁酸有消化分解脂肪的作用，从而使机体中的脂质水平降低，进而影响脂质在鸡蛋中的沉积，降低蛋重。影响蛋形指数的最大因素就是遗传，主要取决于输卵管的生理状态和峡部的结构。所以，同一鸡种的蛋形指数基本相同。试验结果也显示出，各组蛋形指数基本一样。蛋壳质量也是衡量蛋品质的重要指标，蛋壳的组成成分主要是碳酸钙，所以蛋壳质量的影响因素主要是饲料中的钙、磷、锰等元素。本试验中，各组蛋壳厚度、蛋壳硬度未见显著差异，可能是胆汁酸未影响蛋鸡对钙、磷等矿物质的吸收利用，从而未对蛋壳质量产生影响。

表 5-2-4　胆汁酸对产蛋高峰期海兰褐蛋鸡蛋品质的影响

阶段(d)	项目	BA(g/t)				非均衡数据标准误差	P 值
		0	250	500	750		
28	L 值	49.06	50.50	49.40	47.84	0.330	0.255 6
	a 值	49.38	49.01	49.58	51.02	0.110	0.005 3
	b 值	18.77	18.73	19.25	18.31	0.143	0.629 8
	蛋重(g)	63.48	64.78	63.04	63.44	0.353	0.380 6
	蛋形指数	1.27	1.27	1.25	1.30	0.003	0.266 0
	蛋壳厚度(mm)	0.34	0.33	0.35	0.34	0.002	0.331 9
	蛋壳硬度(kg/cm²)	4.63	4.54	4.53	4.42	0.038	0.693 3
	蛋白高度(mm)	7.45	7.39	7.54	7.45	0.113	0.990 2
	蛋黄颜色	4.45	4.81	5.65	6.45	0.258	0.339 4
	哈氏单位	85.09	83.74	85.19	84.09	0.708	0.946 7
	蛋黄比重(%)	25.13	24.11	24.29	25.02	0.130	0.444 7
	蛋壳比重(%)	10.51	10.82	11.06	10.91	0.080	0.700 4
42	L 值	48.64	49.71	47.99	48.03	0.225	0.366 1
	a 值	47.41	45.66	48.20	47.72	0.128	0.000 1
	b 值	20.70	21.34	20.85	20.82	0.145	0.744 9
	蛋重(g)	63.84	64.78	62.49	63.54	0.318	0.461 4
	蛋形指数	0.78	0.78	0.79	0.77	0.001	0.401
	蛋壳厚度(mm)	0.33	0.33	0.33	0.32	0.004	0.928 9
	蛋壳硬度(kg/cm²)	4.29	4.26	4.06	4.20	0.038	0.701 3
	蛋白高度(mm)	7.15	7.57	7.85	8.02	0.190	0.069 8
	蛋黄颜色	5.18	5.45	6.34	7.51	0.168	0.010 4
	哈氏单位	82.23	85.38	87.75	88.42	0.402	0.059 5
	蛋黄比重(%)	24.39	24.28	25.04	25.04	0.130	0.855 1
	蛋壳比重(%)	10.51	10.37	10.77	10.43	0.055	0.932 9

鸡蛋的蛋内品质主要由蛋白高度、哈氏单位、蛋黄颜色来衡量，哈氏单位代表鸡蛋的新鲜程度，数值越大，越新鲜，蛋白黏稠度越高。蛋白高度与哈氏单位相关，一般地，哈氏单位越高，蛋白高度也越高。蛋黄颜色是由于脂溶性色素沉积在蛋黄上形成的，一般地，消费者更喜爱蛋黄颜色深的鸡蛋。饲料中添加胆汁酸后，试验结果显示，蛋白高度、蛋黄颜色和哈氏单位都随着胆汁酸添加量的增大而升高，说明胆汁酸能改善蛋内品质，且 750 g/t 添加量的效果最好。

目前，人们对饮食的需求不再满足于温饱状态，而是追求饮食的健康，蛋黄胆固醇水平也成为消费者关注的一个方面，蛋黄中粗脂肪的含量主要由日粮能量水平决定。田博等[36]研究发现，高能日粮增加肉种鸡蛋黄中粗脂肪的含量。崔明明的研究发现，日粮中添加胆汁酸一定程度上降低了蛋黄中的粗脂肪含量，说明胆汁酸促进脂质的消化、吸收、利用，减少脂肪在蛋中的沉积。

5.2.5　胆汁酸对产蛋高峰期海兰褐蛋鸡蛋黄粗脂肪含量的影响

由表 5-2-5 可知，28 d 时，日粮中添加胆汁酸对产蛋高峰期海兰褐蛋鸡的蛋黄粗脂肪未产生显著影响，但是试验 42 d 时，添加胆汁酸各组的蛋黄粗脂肪含量与对照组相比有一定程度的降低，250 g/t、500 g/t、750 g/t 添加组相较对照组分别降低了 2.0%、3.2%、1.4%。

表 5-2-5　胆汁酸对产蛋高峰期海兰褐蛋鸡蛋黄粗脂肪含量的影响　单位：%

阶段（d）	BA（g/t）				非均衡数据标准误差	*P* 值
	0	250	500	750		
28	51.38	51.26	51.67	51.08	0.140	0.858 6
42	51.91	50.87	50.26	51.19	0.158	0.201 4

5.2.6　胆汁酸对产蛋高峰期海兰褐蛋鸡血液生化指标的影响

由表 5-2-6 可知，28 d 时，日粮中添加胆汁酸对产蛋高峰期海兰褐蛋鸡血液生化指标未产生显著影响，但试验 42 d 时，随着胆汁酸添加量的增加，蛋鸡血液中甘油三酯和游离脂肪酸的含量出现升高的趋势，其中 500 g/t、750 g/t 添加组的甘油三酯含量相对对照组分别升高了 48%、51%，而游离脂肪酸含量相对对照组分别升高了 15%、21%。

表 5-2-6　胆汁酸对产蛋高峰期海兰褐蛋鸡血液生化指标的影响　单位：mmol/L

阶段（d）	项目	BA（g/t）				非均衡数据标准误差	*P* 值
		0	250	500	750		
28	甘油三酯	10.16	9.43	8.71	8.37	0.533	0.876 8
	游离脂肪酸	1 477.66	1 466.43	1 542.02	1 398.94	11.13	0.889 8
42	甘油三酯	8.52	9.99	12.62	12.84	0.775	0.358 1
	游离脂肪酸	1 565.46	1 600.10	1 805.99	1 898.86	24.11	0.347 4

动物血液中的生化数据能显示出体内各种物质的代谢水平和某些组织器官的机能状态。在家禽中，血液中甘油三酯的含量反映机体的血脂水平，影响着机体内脂类的沉积与代谢。仇雪梅研究发现，血浆中 TG 含量高的蛋鸡脂肪合成能力较强。左旭冬等研究结果发现，饲粮中添加 100 mg/kg 的鹅脱氧胆酸能够显著增加种鸡血清中 TG 的含量。崔明明的试验结果显示，日粮添加胆汁酸能在一定程度上提高血液中甘油三酯的含量。这是因为胆汁酸能促进脂质的消化吸收，而进入机体血液的脂质的主要存在形式就是甘油三酯。游离脂肪酸则是机体内非常重要的“代谢燃料”，其含量和流量时刻发生着巨大的变化，反映着机体的营养状态和物理活性，受到激素、代谢和神经信号的高度调控，在禁食状态下其进入血

液循环的主要途径是通过细胞内激素敏感性脂肪酶的作用使储存在脂肪细胞内的甘油三酯迅速分解从而进入循环,血脂水平升高的同时游离脂肪酸含量也会升高。从而说明,日粮中添加胆汁酸不仅提高了血液中甘油三酯的含量,也提高了游离脂肪酸含量[37]。

5.2.7　胆汁酸和氯化胆碱对产蛋后期海兰褐蛋鸡生产性能的影响

由表 5-2-7 可知,日粮添加胆汁酸和氯化胆碱对产蛋后期海兰褐蛋鸡的生产性能产生了一定的影响。胆汁酸添加组和氯化胆碱添加组的蛋重相对对照组有一定程度的降低,而联合添加组的蛋重与对照组相比变化不大。氯化胆碱添加组的产蛋率相对对照组提高了 8.1%,胆汁酸添加组的产蛋率无变化,但是联合添加组的产蛋率相对对照组反而降低了 9.6%,说明日粮中同时添加胆汁酸和氯化胆碱可能有拮抗作用。

表 5-2-7　胆汁酸和氯化胆碱对产蛋后期海兰褐蛋鸡生产性能的影响

项目	0 g/t BA		500 g/t BA		非均衡数据标准误差	*P* 值		
	0 g/t CC	2 000 g/t CC	0 g/t CC	2 000 g/t CC		CC	BA	CC × BA
平均蛋重(g)	71.40	64.69	66.99	70.10	0.735	0.404 7	0.809 7	0.063 8
平均日采食量(g/(只·g))	122.66	119.69	117.68	118.04	1.825	0.831 3	0.594 9	0.786 6
平均产蛋率(%)	50.00	54.04	50.09	45.18	0.988	0.854 4	0.122 0	0.116 7
料单比	3.45	5.73	6.27	3.73	0.593	0.932 7	0.792 3	0.175 2
破蛋率(%)	2.31	4.62	1.61	0.00	0.473	0.798 5	0.103 6	0.196 3
沙皮蛋比率(%)	4.51	2.68	4.08	3.86	0.518	0.532 3	0.814 5	0.619 5
总坏蛋率(%)	6.82	7.29	5.69	3.86	0.890	0.748 8	0.311 7	0.589 5

在动物体内,胆汁酸是胆汁的重要组成成分,对脂肪代谢有着重要作用。研究发现,在动物机体内,胆汁酸可以将脂肪乳化成脂肪微粒,进而扩大与脂肪酶的接触面积,并且能够激活脂肪酶,增加脂肪酶的活性,促进脂肪的水解代谢。研究表明,在日粮中添加胆汁酸能够节约能量原料,提高能量利用率,改善生长性能及屠宰性能,同时还可以疏通胆道,具有保肝护胆的功能[14]。胆碱是一种有机碱,也是机体神经鞘磷脂和卵磷脂的组成成分,同时又是乙酰胆碱的前体,是畜禽所需的重要物质。氯化胆碱作为饲料添加剂可以调节脂肪的转化与代谢,有效地预防和治疗畜禽器官内的组织变性和脂肪沉积,增强畜禽的体质和抗病能力,提高氨基酸的利用率,尤其是蛋氨酸,促进生长发育。廖杰研究报道,在商品蛋鸡基础日粮中添加氯化胆碱能显著提高蛋鸡生产性能,添加 0.04%、0.08% 和 0.12% 的氯化胆碱的试验组相比对照组产蛋率分别提高 4.33%、4.67% 和 7.48%。本试验研究结果与前人研究结果相同,日粮添加 0.2% 的氯化胆碱,蛋鸡产蛋率提高 8.1%。而日粮中同时添加胆汁酸和氯化胆碱使产蛋率下降了 9.6%,分析可能是因为二者一个是酸性物质,一个是碱性物质,二者发生中和作用生成了其他物质,而不具备原本的生物学功能,甚至可能对机体有害,具体作用机制需要进一步深入研究[38]。

5.2.8 胆汁酸和氯化胆碱对产蛋后期海兰褐蛋鸡蛋品质的影响

由表 5-2-8 可知，日粮中添加胆汁酸和氯化胆碱对产蛋后期海兰褐蛋鸡蛋品质产生了一定影响，其中氯化胆碱添加组的蛋黄颜色显著降低。胆汁酸添加组的蛋壳厚度和蛋白蛋黄比有升高趋势，蛋黄颜色有降低的趋势。日粮中添加胆汁酸和氯化胆碱降低了蛋黄颜色，提高了蛋白高度和哈氏单位，在对蛋内品质的影响上二者具有协同作用。

表 5-2-8　胆汁酸和氯化胆碱对产蛋后期海兰褐蛋鸡蛋品质的影响

项目	0 g/t BA		500 g/t BA		非均衡数据标准误差	P 值		
	0 g/t CC	2 000 g/t CC	0 g/T CC	2 000 g/t CC		CC	BA	CC × BA
蛋重(g)	78.86	67.09	66.44	74.50	0.605	0.373 7	0.233 9	<0.000 1
蛋形指数	1.35	1.37	1.43	1.35	0.005	0.311 6	0.311 6	0.057 5
蛋壳厚度(mm)	0.26	0.27	0.28	0.29	0.004	0.372 7	0.622	0.653 4
蛋黄颜色	8,72	6.05	6.38	6.62	0.155	0.016 2	0.071 2	0.005 3
哈氏单位	55.92	75.30	74.77	74.57	2.088	0.129 3	0.150 7	0.121 9
蛋白高度(mm)	4.92	6.27	6.30	6.48	0.203	0.291 8	0.271 9	0.419 8
蛋壳颜色 *L* 值	60.77	58.10	57.57	57.29	0.428	0.328 4	0.189 1	0.427 6
蛋壳颜色 *a* 值	29.54	31.27	31.60	31.88	0.218	0.195 9	0.090 0	0.348 0
蛋壳颜色 *b* 值	19.78	21.81	23.37	21.36	0.033	0.620 6	0.306 5	0.149 9
蛋壳硬度(kg/cm^2)	2.82	2.07	2.60	2.91	0.100	0.442 6	0.291 0	0.072 4
蛋黄比重(%)	24.22	24.32	26.08	24.95	0.235	0.486 5	0.102 0	0.406 2
蛋壳比重(%)	8.66	8.69	10.14	8.44	0.202	0.109 7	0.230 6	0.098 5
蛋黄蛋白比	0.36	0.36	0.41	0.38	0.005	0.354 3	0.072 4	0.264 3

5.2.9 胆汁酸和氯化胆碱对产蛋后期海兰褐蛋鸡血液生化指标的影响

由表 5-2-9 可知，日粮中添加胆汁酸和氯化胆碱对产蛋后期海兰褐蛋鸡血液生化指标未产生显著影响，但添加氯化胆碱后，蛋鸡血液中甘油三酯含量有升高的趋势，总胆固醇、HDL、LDL 的含量也有一定程度的升高。添加胆汁酸和氯化胆碱使蛋鸡血液中的总蛋白、白蛋白含量升高，尿酸含量降低，但二者未出现显著的交互作用。

崔明明在试验中检测了与蛋鸡脂肪代谢、蛋白质代谢和核酸代谢相关的血清生化指标，研究了胆汁酸和氯化胆碱在理化性质上的作用。血清总蛋白和白蛋白指标反映机体内蛋白质合成与代谢的状态，其含量越高，机体的免疫功能越高。研究发现，胆汁酸具有杀菌消毒、提高动物免疫力的作用，而胆碱为机体合成蛋白质提供甲基，因此，试验中添加胆汁酸和氯化胆碱使蛋鸡血液中总蛋白和白蛋白含量升高与理论相符。血清中甘油三酯、总胆固醇、HDL、LDL 含量代表着机体脂肪代谢情况，胆碱参与合成卵磷脂，而卵磷脂是合成脂蛋白的重要原料，因此日粮中补充氯化胆碱可以提高机体脂肪代谢水平。试验研究发现，日粮添加氯化胆碱提高了 HDL、LDL、甘油三酯、总胆固醇的含量。

表 5-2-9 胆汁酸和氯化胆碱对产蛋后期海兰褐蛋鸡血液生化指标的影响

项目	0 g/t BA		500 g/t BA		非均衡数据标准误差	*P* 值		
	0 g/t CC	2 000 g/t CC	0 g/t CC	2 000 g/t CC		CC	BA	CC × BA
总蛋白(g/L)	57.03	61.38	62.00	59.55	1.223	0.670 3	0.781 4	0.528 2
白蛋白(g/L)	18.00	19.18	18.75	18.60	0.224	0.481 8	0.957 3	0.569 8
葡萄糖(mmol/L)	13.57	13.28	13.65	14.34	0.135	0.988 0	0.464 8	0.540 3
尿酸(μmol/L)	235.67	207.60	193.00	196.00	13.65	0.782 5	0.638 5	0.777 0
甘油三酯(mmol/L)	5.60	10.38	7.36	12.60	0.659	0.076 5	0.464 6	0.933 9
总胆固醇(mmol/L)	1.96	2.76	1.83	2.35	0.126	0.127 7	0.571 7	0.763 4
HDL(mmol/L)	1.01	1.22	0.90	1.08	0.205	0.186 4	0.434 3	0.926 8
LDL(mmol/L)	0.39	0.62	0.41	0.60	0.078	0.181 4	0.980 5	0.913 1

5.2.10 胆汁酸和氯化胆碱对产蛋后期海兰褐蛋鸡肝脏脂肪代谢指标的影响

由表 5-2-10 可知，日粮中添加胆汁酸和氯化胆碱对产蛋后期海兰褐蛋鸡肝脏脂肪代谢指标未产生显著影响，但胆汁酸添加组的肝脏丙二醛含量相对对照组减少了 10.1%，氯化胆碱添加组减少了 16.3%，而联合添加组的变化不大，说明添加胆汁酸和氯化胆碱能提高肝脏抗氧化能力，并且二者可能具有拮抗作用。

表 5-2-10 胆汁酸和氯化胆碱对产蛋后期海兰褐蛋鸡肝脏脂肪代谢指标的影响

项目	0 g/t BA		500 g/t BA		非均衡数据标准误差	*P* 值		
	0 g/t CC	2 000 g/t CC	0 g/t CC	2 000 g/t CC		CC	BA	CC × BA
甘油三酯(mmol/L)	0.18	0.18	0.18	0.19	0.005	0.634 7	0.909 7	0.734 5
丙二醛(mmol/L)	2.08	1.74	1.87	2.04	0.081	0.711 1	0.903 5	0.333 9
总胆固醇(mmol/L)	0.10	0.10	0.10	0.04	0.002	0.345 0	0.833 4	0.488 0

5.3 复合乳化剂对肉仔鸡生产性能及营养物质利用的影响

5.3.1 我国鸡肉产量

根据联合国联盟组织统计，中国鸡的存栏量为 46.1 亿，家禽总存栏量为 58.1 亿，我国鸡的出栏量为 85.3 亿，家禽总出栏量为 113.7 亿，和存栏基本情况相比，我国出栏量占世界的份额要小得多，这说明我国家禽生产效益还存在一定问题，还有很大的提升空间。中国鸡肉的产量每年在 1 200 万 t 左右，我国的鸡肉产量和出栏情况差不多，也占世界总产量的 14%[39]。

5.3.2　近年来中国肉鸡产业发展现状

2015 年以来，随着禽流感疫情影响消退，禽肉产量结束下降状况，呈逐年增长态势。国家统计局数据显示，2019 年我国禽肉产量为 2 239 万 t，同比增长 12.3%，比 2014 年增长 13.9%。在我国，鸡肉约占禽肉产量的 60%，是仅次于猪肉的第二大肉类产品。从全国地域分布来看，我国禽肉生产主要集中于华东和华南地区。国际畜牧网数据显示，2017 年家禽出栏量前 10 位的地区分别为山东、广东、福建、河南、安徽、广西、辽宁、江苏、四川、河北，总占比达到 73.2%，比 2016 年占比增加 1.8 个百分点。其中，山东家禽出栏仍位居榜首，出栏量超过 20 亿羽的关口，达到 22.02 亿羽，出栏量比重提高到 16.9%；广东跃过 10 亿羽的关口，达到 10.87 亿羽，占 8.3%[40]。

在畜禽标准化规模养殖政策的推动下，我国畜禽规模化养殖水平不断提高，肉鸡是规模化程度最高的品种，管理水平较高，抗市场风险能力较强。农业农村部数据显示，年出栏数 1 万只以上肉鸡规模养殖比重由 2010 年的 67.9% 提高至 2016 年的 76.6%，提高近 10 个百分点，肉鸡规模养殖远高于生猪、奶牛的规模化程度，2017 年我国年出栏 500 头以上生猪的规模养殖场占比仅超过 50%，2018 年百头以上奶牛规模养殖的占比才达到 61.4%。

从市场集中度看，全国前 50 家肉鸡企业的肉鸡出栏量约占全国出栏总量的 40%。其中，圣农集团作为全国第一大白羽肉鸡上市公司，2019 年共销售鸡肉产品 88.5 万 t，同比增长 1.4%，约占全国白羽鸡肉产量的 10%；实现营业收入 145.58 亿元，同比增长 26.1%[41]。

2019 年我国禽肉表观消费量为 2 297 万 t，同比增长 13.6%，2010—2019 年年均增速为 3.2%。禽肉消费自给率保持在 95% 以上，2019 年禽肉对外依存度仅 3.5%，但因我国禽肉进口集中度较高，加上禽流感疫情的不可控性，整体看仍存在一定的外部风险。数据显示，2017 年鸡肉消费约占禽肉消费量的 63%，其中，白羽肉鸡消费量占消费总量的 53%，黄羽肉鸡占 30%，蛋鸡占 10%，817 小型肉鸡占 7%[3]。我国鸡肉消费总量大，但人均消费量与世界鸡肉消费大国相比仍存在较大差距，资料显示，我国年人均鸡肉消费量不足 10 kg，而美国、巴西超过 40 kg，因此国内消费增长潜力很大[42]。

禽肉产品中抗生素及药物残留问题一直是社会关注的焦点，也是影响我国鸡肉产品国际竞争力的重要因素。一方面，有关白羽肉鸡的相关科学知识在消费者中普及甚少，相当一部分消费者不了解白羽肉鸡的快速生长性能，容易片面而主观地把白羽肉鸡生长快的特点归结为抗生素和激素喂养。另一方面，部分养殖企业对于产品质量安全的重视程度不够，饲养管理和药物检测能力较低，导致过量使用抗生素、农药残留超标以及微生物含量超标等问题频发。抗生素、农药滥用不仅会导致致病细菌、病毒耐药性提升，进一步加大养殖行业疫病风险，而且也会导致禽肉产品质量安全风险，从而影响禽类养殖行业健康发展[43]。

5.3.3　鸡肉质量安全控制

从20世纪90年代,鸡肉的食品安全事件就已经开始出现,而且一直就没有间断,食品安全事件呈现日趋严峻的形势。把鸡肉的安全生产简单分析一下,笔者认为鸡肉产品的安全主要受两个因素影响:药物残留和疫病。特别是药物残留,其中大家关注比较多的是抗生素这一类,因为抗生素会导致细菌产生耐药性,影响人类对疾病的治疗,所以有关这方面的研究更为深入。动物性食品中的药物残留控制包括兽药生产和经营企业的药物残留的控制、饲料厂的残留控制、养殖场的残留控制、动物产品加工企业残留控制、环境污染导致的药物残留控制、农牧行政部门的监督管理。

饲料厂和养殖场药物残留超标,主要是饲料产品中超剂量或滥加其他违禁药品,另外养殖场(户)盲目用药,不严格执行停药期。考虑到这些因素,实际上养殖方式和质量安全还是有很大的关系。现在很多企业,特别是一些大型肉鸡养殖企业,逐渐向纵向一体化发展。过去不管是白羽肉鸡还是黄羽肉鸡基本是“公司＋农户”模式,这和国外比较接近。但是国外的农户相对来说,对药品的使用更规范、对合同的遵守更严格,而国内在这方面还有很漫长的路要走[1]。

我们当前禽肉生产面临的突出问题,主要是两个方面,一个是残留,一个是疫病。但是总的来说,虽然我国近年来食品安全事件频发,但是整体上食品安全的形势,包括鸡肉的安全形势在不断改进和提高。鸡肉的安全状况,在农产品中不比其他的农产品差,消费者可以正常消费,不必过分担心。

5.3.4　乳化剂的发展进程

现代畜牧业飞速发展,为满足现代集约化养殖肉鸡的需要,就要在其日粮中添加非常高浓度的养分和能量,为达到这种高能量密度,就需要在商品日粮中加入油脂。这些油脂除了可用作能量源之外,还可向机体提供必需脂肪酸,提高饲料的适口性,减少热增耗,并作为脂溶性维生素的溶剂,促进维生素和矿物元素的吸收,显著地提高肉禽的增重和饲料转化率。添加油脂的另一个原因是它可以改变饲料的物理性质,如改善饲料外观、降低饲料的多尘性以及降低粉料日粮的粒子分离等。

但是,在使用油脂的过程中也有一些必须克服的缺点,即在幼龄畜禽中使用油脂的效果不明显。主要原因是在畜禽生长的早期阶段,作为良好的内源性乳化剂的胆汁酸分泌相对不足,日粮中高比例油脂所需要的胆汁酸盐量大大超过了畜禽体内能分泌的量,所以油脂的乳化不彻底,没有乳化的油脂常常导致畜禽的腹泻,从而造成畜禽生产的损失。

为了弥补畜禽饲粮中添加高浓度脂肪所产生的胆汁酸分泌相对不足的缺陷,人们经常在饲料中添加外源性乳化剂来提高畜禽对脂肪的利用率。现在乳化剂在饲料中的应用研究主要集中在单甘酯、磷脂等方面,胆汁酸(盐)乳化剂方面[54]的研究较热。饲料中应用的卵磷脂含脑磷脂较多,乳化能力有限,添加量大,油脂的乳化在一定的条件下才能获得最佳的效果,所以研究乳化效果较好的复合乳化剂在畜禽饲料中的应用有着实际的意义。乳化剂在食品和其他工业中已经得到了广泛、系统的应用和研究。卵磷脂是食品工业上最先使用的人工提纯的天然乳化剂，1929 年美国人将人工合成的甘油单硬脂酸用于食品工业化生产，1959 年日本允许用蔗糖脂肪酸酯作为食品添加剂使用。从此以后食品乳化剂的品种和数量迅速增长，其质量和效果不断提高。20 世纪 70 年代以前，普遍使用的食品乳化剂是大豆磷脂，70 年代以后食品乳化剂已扩大到甘油脂肪酸酯、失水山梨醇脂肪酸酯、丙二醇脂肪酸酯、蔗糖脂肪酸酯 4 大类 60 多种，种类丰富。因此乳化剂的飞速发展，尤其是在食品工业中的发展为乳化剂在饲料中的应用奠定了坚实的理论和物质基础。综上所述，在畜牧业生产中合理地利用脂肪和乳化剂及脂肪酶有着一定的意义。

5.3.5 脂肪的营养作用及在畜禽生产中的应用

(1)脂肪的营养功能及在饲料加工过程中的作用

添加脂肪的许多优点已在生产实践中得到证明，尤其对于代谢率高的怀孕后期及泌乳期母猪、仔猪、肉鸡、高产奶牛以及在高温季节改善动物的热应激均具有明显作用。

脂肪是一种高能量的饲料原料，一般认为脂肪可提供相当于碳水化合物 2.25 倍的能量。添加脂肪可以在较小的配方空间中提供较高的能量浓度以满足部分畜禽对高能量的需求，使得饲料生产商能够提高其他营养成分的浓度，这对于肉鸡饲料尤其重要。其次，脂肪的体增热较低，动物直接分解饲粮中的脂肪产生脂肪酸比从葡萄糖合成脂肪酸更节约能量[44]。另外，添加脂肪可以为畜禽提供必需脂肪酸，促进脂溶性维生素和叶黄素的吸收利用，保证家畜正常生长发育。油脂还可以促进氨基酸的消化和吸收，尤其是使用一些非常规的蛋白质原料如肉粉和肉骨粉日粮中，这是由于油脂的额外效应，即脂肪的添加可以降低食糜的流通速度，增加动物对日粮的消化时间。于会民等[7]的试验也表明添加脂肪提高了肉仔鸡对蛋白质与干物质的表观利用率。在饲料中添加油脂后，饲料的物理性质得到改善，其结果是饲料粉粒的分散及灰尘可显著地减少，同时改善了饲料的适口性，使畜禽的生产量提高。因此脂肪在畜禽养殖中应用广泛以提高生产效果。

张照喜等[8]的试验表明，夏季在肉仔鸡日粮中添加适量动物脂肪后可以有效缓解热应激，提高鸡的采食量，改善饲料转化率和经济效益。蔡泽华等[9]的试验表明，在 30 日龄的快大型肉鸡日粮中添加 3% 的棕榈油，可明显提高日增重和饲料转化率。

(2)家禽对脂肪的消化和利用

家禽的口腔和胃不能分泌脂肪消化酶，胃部是脂肪进行初步消化的地方。饲料脂肪以相当大的凝聚颗粒作为食糜的一部分进入胃肠道后，在胃肠蠕动的机械作用下，这些脂肪颗粒在来自胆囊的胆汁酸盐及油脂中含有的磷脂的作用下被乳化成较小的颗粒并形成粗糙的乳液，增大了脂肪的比表面积。由于胰脂肪酶不溶于水，只作用在水油交界面，因此表面积增大有利于脂肪酶对脂肪的水解作用。脂肪酶的水解有立体位置的特异性，即只有 1、3 位的脂肪酸被水解，最后生成 2 位的甘油一酯。

脂肪水解生成的产物包括甘油、游离脂肪酸、甘油一酯和甘油二酯。在生理环境中，由脂肪酶水解产生的大多数脂肪酸是不溶的。为了进一步通过肠道的水环境，需要使这些脂解产物被溶解。这可通过微粒形成的过程完成，即疏水性成分(主要是脂肪酸)的聚集体通过双亲溶性分子(如胆汁酸盐和甘油一酯)的介导作用而微粒化。除了这些生理双亲溶性分子外,在饲料中添加外源性乳化剂也可实现这一功能[45]。

尽管最近发现某些脂肪酸可能是通过载体介导过程被吸收的,但据认为,肠细胞对微粒的吸收主要是通过被动扩散过程而实现的。被动扩散是肠腔内的化合物通过肠细胞膜进入肠细胞以便平衡细胞膜两基质浓度的过程。与单个的脂肪酸不同的是,微粒结构内的脂肪酸可在肠壁局部产生更高的扩散梯度。

(3)饲料中添加乳化剂的必要性

肉用仔鸡由于增长迅速,尤其对能量有更高的要求,常规饲料一般难以满足其营养需要,脂肪作为高能量的饲料原料,经常被添加于肉鸡日粮中以提高日粮能量。但是,在幼畜禽日粮中添加脂肪,效果往往不理想。主要原因是在畜禽生长的早期阶段,作为良好的内源性乳化剂的胆汁酸分泌不足,同时脂肪酶分泌器官尚未发育完全,使日粮中的脂肪未经完全乳化,未能形成脂肪微粒,从而影响消化吸收[12]。在幼畜日粮中添加乳化剂,尤其是生理乳化剂——胆汁酸或胆汁酸盐,一方面可以乳化日粮中的脂肪,另一方面可以弥补幼畜禽体内胆汁酸分泌不足的缺点,增加营养物质与消化酶的接触面积,从而有效改善动物对脂肪、脂溶性维生素及胆固醇的吸收利用,促进动物摄食,提高幼畜的消化能力,改善动物生产性能,减少腹泻,提高饲料转化率,促进幼畜生长,降低饲养成本[14]。

5.3.6 饲料中胆汁酸盐应用的研究概况

Polin 等[46]在肉仔鸡日粮中添加 0.4% 的胆酸、脱氧胆酸和鹅脱氧胆酸,其中鹅脱氧胆酸显著提高了牛油的利用率,胆酸提高了牛油的利用率(但不显著)。Atteh 等[47]的研究表明,外源性的胆酸盐可以提高肉鸡对棕榈酸和硬脂酸的利用率。王吉峰等[48]发现外源性胆酸可以提高纯合日粮中牛油、猪油、豆油和玉米油的消化,饲料中添加胆汁酸,使白洛克鸡脂肪表观消化率提高 2.1%。胆汁酸还能提高肉鸡对脂肪的利用率。

5.3.7 复合乳化剂对肉仔鸡生产性能及营养物质利用的影响

为了考察胆汁酸复合乳化剂对肉仔鸡生产性能及营养物质利用的影响,武中会试验设计了Ⅰ(蔗糖酯+胆酸钠)、Ⅱ(蔗糖酯+猪脱氧胆酸钠)、Ⅲ(蔗糖酯+猪胆粉)、Ⅳ(蔗糖酯+牛胆粉)几组复合乳化剂开展相关的性能研究[49]。

(1)试验设计

试验设计的几种不同的乳化剂组合:复合乳化剂Ⅰ分为 300 g/t、550 g/t、800 g/t 组;复合乳化剂Ⅱ分为 400 g/t、800 g/t、1 200 g/t 组;以及一个不加任何乳化剂的对照组。试验分组见表 5-3-1,基础日粮相同。试验中得到的不同乳化剂对肉鸡生产性能的影响结果如表 5-3-2 所示。

表 5-3-1　试验处理分组代号

代号	处理	添加量(g/t)
A	无添加	0
B	复合乳化剂 I	300
C	复合乳化剂 I	550
D	复合乳化剂 I	800
E	复合乳化剂 II	400
F	复合乳化剂 II	800
G	复合乳化剂 II	1 200

(2)体重及平均日增重

由表 5-3-2 可知，21 日龄时各组体重差异不显著，但是各处理组体重均大于对照组；42 日龄时添加胆汁酸组的体重显著高于对照组。1~21 日龄时各处理组平均日增重差异不显著，但是都高于对照组，22~42 日龄平均日增重(ADG)添加胆汁酸组显著高于对照组。

表 5-3-2　不同乳化剂对肉鸡生产性能的影响

阶段	项目	A	B	C	D	E	F	G
1~21 日龄	末重(g/只)	777.29 ± 42.85	805.66 ± 41.00	783.30 ± 25.88	819.05 ± 44.85	783.70 ± 29.28	788.78 ± 20.79	816.07 ± 25.14
	ADG	34.78 ± 2.04	36.13 ± 1.95	35.06 ± 1.23	36.76 ± 2.14	35.08 ± 1.39	35.32 ± 0.99	36.62 ± 1.20
	ADFI	57.41 ± 3.26	56.13 ± 1.10	55.91 ± 1.51	56.16 ± 1.47	55.89 ± 1.92	56.46 ± 2.43	56.55 ± 3.18
	FCR	1.652 ± 0.041	1.557 ± 0.062	1.596 ± 0.060	1.531 ± 0.076	1.595 ± 0.071	1.599 ± 0.066	1.546 ± 0.112
22~42 日龄	末重(g/只)	2 490.57 ± 80.59	2 625.85 ± 40.12	2 585.17 ± 56.59	2 677.13 ± 60.54	2 507.56 ± 62.84	2 661.66 ± 55.10	2 588.42 ± 38.17
	ADG	81.58 ± 2.69	86.68 ± 6.23	85.80 ± 5.34	88.48 ± 3.92	82.09 ± 2.38	89.18 ± 2.37	84.40 ± 1.99
	ADFI	149.31 ± 2.94	151.25 ± 1.66	149.93 ± 3.46	148.56 ± 2.83	151.31 ± 3.51	154.94 ± 5.44	155.64 ± 4.93
	FCR	1.832 ± 0.081	1.753 ± 0.127	1.753 ± 0.108	1.682 ± 0.076	1.845 ± 0.086	1.739 ± 0.101	1.845 ± 0.074
1~42 日龄	ADG	59.60 ± 1.97	62.90 ± 3.42	61.91 ± 2.60	64.15 ± 1.48	60.01 ± 1.53	63.77 ± 1.34	61.99 ± 0.93
	ADFI	105.88 ± 2.95	106.22 ± 0.88	105.43 ± 1.96	104.86 ± 1.51	106.13 ± 1.89	108.283.48	108.68 ± 3.14
	FCR	1.778 ± 0.060	1.693 ± 0.091	1.705 ± 0.062	1.635 ± 0.040	1.770 ± 0.066	1.699 ± 0.074	1.754 ± 0.060

(3)采食量

由表 5-3-2 可知，1~21 日龄时各处理组平均日采食量(ADFI)差异不显著，但是都低于对照组，22~42 日龄平均日采食量除对照组外，各组差别不显著。

(4)饲料系数

由表 5-3-2 可知，1~21 日龄时，添加胆汁酸组的饲料转化效率显著好于对照组 A，各添加胆汁酸组间差异不显著；22~42 日龄时，添加胆汁酸组饲料转化效率显著好于对照组，其余各组间差异不显著。在1~42日龄的整个试验期内，各处理组饲料转化效率均好于对照组，其余各组间差异不显著。

(5)混合饲料添加剂的作用效果解释

1)饲养试验

在饲养试验中，复合乳化剂Ⅰ的添加对肉鸡的生产性能有明显的提高作用，其中添加复合乳化剂Ⅰ 300 g/t、800 g/t的B、D组的平均日增重都显著高于对照组；添加同一种复合乳化剂三个不同水平的组之间平均日增重的差异不显著。

试验前期(1~21日龄)，试验组除饲料转化效率显著好于对照组外，其余各项指标虽然好于对照组但差异都不显著，相差也不大。试验后期(22~42日龄)平均日增重，试验组显著大于对照组，其余各项指标，各试验组也都好于对照组。这说明复合乳化剂的添加，改善了肉鸡的饲料转化效率，提高了肉鸡采食量和生长速度。

新型饲用乳化剂的应用研究较少，其中在饲料中添加十二烷基磺酸钠没有发现显著的效果。侯永清等[50]在肉鸡日粮中添加0.11%的Span 20，使料肉比下降4%，增重提高2.2%，差异不显著。Marzooqt等[51]在肉仔鸡饲料中添加0.4%的Span和Tween的混合乳化剂，也没有得到显著的效果，即乳化剂没有作用。秦鹏[52]的试验中，试验日粮中使用牛油，添加乳化剂的试验组在出栏重和饲料转化效率上要好于对照组，说明乳化剂对于改善动物性油脂的利用有一定的作用。秦全忠[53]在肉仔鸡日粮中添加脂肪乳化剂(益乳生)，显著提高了平均日增质量和脂肪消化率，显著降低料重比。在武中会的试验中，使用了两种复合乳化剂，对肉鸡生产性能的改善均有一定的作用，并且含有胆汁酸的复合乳化剂对肉鸡生产性能的改善尤为明显。

2)代谢试验

代谢试验的粗脂肪利用率，添加胆汁酸组的效果显著高于对照组，但对照组之间差异不显著。试验结果说明，试验中使用的两种复合乳化剂，可提高肉鸡对油脂的利用率。Polin等[46]在肉仔鸡日粮中使用0.04%的胆酸、脱氧胆酸和鹅脱氧胆酸，其中鹅脱氧胆酸显著提高了牛油的利用率，胆酸提高牛油的利用率，但效果并不显著。Atteh等[47]的研究表明外源性的胆汁酸盐可以提高肉鸡对棕榈酸和硬脂酸的利用率。秦鹏[52]使用蔗糖酯和单甘酯的复配乳化剂，显著提高了牛油的利用率。秦全忠[53]在肉仔鸡日粮中添加益乳生，显著提高了牛油消化率。武中会[49]的试验和Marzooqt等[1]的试验结果不同，他的试验用Span和Tween进行复配，饲料中使用的油脂一直都是混合油脂(豆油50%+猪油50%)，而复配时的HLB是按猪油的最适HLB值计算的，试验结果不一致可能是因为其乳化剂的选择和配伍不合适。

代谢试验粗蛋白质的利用率，各试验组都高于对照组，但是差异不显著，并且各乳化剂添加组之间差异也不显著，说明乳化剂对粗蛋白质的消化利用无显著影响，这与秦鹏和秦全忠的结果一致。

钙的表观利用率，各试验组都高于对照组，并且除B组外其余各试验组与对照组差异显著。秦鹏[52]的研究也表明，乳化剂的添加可以提高钙的表观利用率，这也与本次试验的结果一致。脂肪的添加会影响钙的消化和吸收，因为脂肪酸会和钙形成不溶的物质，降低钙的利用率，但是有人报道乳化剂可以降低粪中脂肪酸钙的含量。试验结果说明，乳化剂可以改善钙的利用率。

磷的表观利用率，各试验组均高于对照组，但所有处理组之间差异都不显著，并且相差也不大，说明乳化剂对磷的消化无明显的影响。Polin 和秦鹏的试验结果表明，代谢试验中脂肪的利用率显著得到了提高，但在生产性能指标上只有改善的趋势却没有显著的差异，代谢试验结果和生产性能指标有较好的一致性，这与秦全忠的结果一致，这说明选择合适的乳化剂和添加剂量，可以提高肉鸡对脂肪的利用率和生产性能。

血液生化指标。血清脂肪酶是最初发动脂肪组织中甘油三酯分解的关键酶和限速酶，负责分解脂肪组织中甘油三酯释放出游离脂肪酸，是调控脂肪组织分解的最关键因素，也是影响动物脂肪沉积的关键酶之一[54]，血脂含量也可反映脂类的吸收和代谢状况。武中会试验中，乳化剂的添加使试验组肉鸡 21 日龄血清脂肪酶活性显著高于对照组，但是对 42 日龄血清脂肪酶活性以及 21 日龄和 42 日龄的血清总胆固醇、甘油三酯及高密度脂蛋白含量都没有明显的影响，饲养试验及代谢试验结果表明，乳化剂的添加可以促进肉鸡对营养物质的利用，这说明乳化剂可以影响肉鸡生长前期对脂肪的消化吸收及代谢，但是对肉鸡生长后期的脂肪代谢过程没有显著影响。

血清中胆固醇和甘油三酯的升高是诱发心血管疾病的重要因素。试验结果表明，添加乳化剂后虽然提高了肉鸡对脂肪的消化和吸收，但是血清中总胆固醇和甘油三酯的浓度却没有明显的变化，这可能是由于在肉鸡日粮中添加乳化剂时对肝脏低密度脂蛋白的合成和分泌产生了一定的抑制作用，减少了肝向肝外组织转运油脂的数量。

肠道消化酶活性。21 日龄十二指肠内容物脂肪酶活性，各乳化剂添加组均极显著高于基础日粮对照组；42 日龄十二指肠内容物脂肪酶活性，添加复合乳化剂组都极显著高于对照组。这说明添加乳化剂能显著提高肉鸡肠道内容物脂肪酶活性。这可能是由于外源乳化剂的添加，促进了脂肪的乳化，提高了脂肪颗粒的比表面积，有利于脂肪颗粒与酶结合，而且胆汁酸具有特殊的生物活性，可以被肠上皮细胞识别，反馈性调节胆汁的分泌，并且能与脂肪酸形成脂肪酸-胆汁酸复合物，改变脂肪酶的性质，提高脂肪酶活性。另外，21 日龄及 42 日龄肠道内容物胰蛋白酶和糜蛋白酶活性，添加复合乳化剂的各试验组也都明显高于对照组，这可能是由于添加的胆汁酸经肝肠循环吸收入肝后，促进了胆汁和胰液的分泌从而增加了肠道消化酶的含量，胆汁和胰液中的 HCO_3^- 可以调节肠道内的酸碱度，提供各种消化酶作用的适宜 pH 值，使消化酶活性增强。胆汁、胰液及肠道消化液分泌量的增加可降低食糜的黏度，食糜黏度的降低会消除对一些激素如促胰液素、肠促胰酶素等分泌的限制作用，从而间接调控消化液分泌。此外，乳化剂的添加可以提高脂肪的利用率，从而间接提高饲料中能量蛋白比例，在同一蛋白水平下，随着脂肪含量的增加，胃肠道脂肪酶活性会增强。而食糜中较高的酶活性，又可影响胰酶的产生[55]。

5.3.8　乳化剂与脂肪酶复合使用对肉仔鸡生产性能及营养物质利用的影响

影响脂肪消化的物质有很多,乳化剂是其中之一。乳化剂可以提高脂肪的分散程度,增加表面积。但是乳化只是脂肪消化的前提,脂肪消化还需要脂肪酶的水解作用。一般认为幼龄肉鸡脂肪酶分泌不足,不足以消化脂肪。在1~21日龄间,随日龄增加,脂肪酶的活性不断增加,在实际的日粮中添加脂肪酶也可以增加肉鸡(1~21日龄)对牛油的利用率。为了提高肉鸡饲养中脂肪的利用率,将乳化剂与脂肪酶配合使用是一种综合性的手段。随着国内脂肪酶生产工艺的成熟,脂肪酶已经可以用微生物高效生产,使得在饲料中添加脂肪酶成为可能。

(1)试验设计

采用单因子试验设计,设置一个复合乳化剂添加组(复合乳化剂Ⅰ550 g/t),一个复合乳化剂和脂肪酶混合添加组(复合乳化剂Ⅰ550 g/t + 脂肪酶),还有一个基础日粮对照组。基础日粮相同。试验分组请见表5-3-3。所得的试验结果如表5-3-4至表5-3-7所示。

表5-3-3　试验处理分组

代号	处理	添加量(g/t)
A	无添加	0
C	蔗糖酯 + 猪胆粉	550
H	蔗糖酯 + 猪胆粉 + 脂肪酶	550

试验动物的选择与分组:将324只健康正常的1日龄AA肉仔鸡,随即分成3个处理组,每个处理设6个重复组,每个重复18只鸡。

(2)体重及平均日增重

由表5-3-4可知,21日龄体重及1~21日龄平均日增重各处理组间差异均不显著。42日龄体重及22~42日龄平均日增重,乳化剂 + 脂肪酶组显著高于对照组,复合乳化剂添加组也显著高于对照组,乳化剂 + 脂肪酶组虽然高于复合乳化剂组,但两组之间的差异不显著。42日龄的屠体重,各处理组间差异不显著,但是乳化剂 + 脂肪酶组高于另外两组。在1~42日龄的整个试验期内的平均日增重,乳化剂 + 脂肪酶组显著高于基础日粮对照组,同时也高于复合乳化剂组,但是差异不显著,复合乳化剂组高于基础日粮对照组,但是差异也不显著。

采食量:由表5-3-4可知,在各试验期内,各处理组之间只鸡平均日采食量差异均不显著。

(3)饲料系数

如表5-3-4所示,1~21日龄各处理组饲料转化效率差异不显著,但是乳化剂 + 脂肪酶组好于其他两组。22~42日龄时,饲料转化效率乳化剂 + 脂肪酶组极显著好于基础日粮对照组,也好于复合乳化剂添加组,但是差异不显著,复合乳化剂组也显著好于基础日粮对照组。

表 5-3-4　不同乳化剂对肉鸡生产性能的影响

阶段	项目	对照组（A 组）	复合乳化剂组（C 组）	乳化剂 + 脂肪酶组（H 组）
1~21 日龄	末重（g/只）	777.29 ± 42.85	783.30 ± 25.88	773.51 ± 45.67
	ADG	34.78 ± 2.04	35.06 ± 1.23	34.60 ± 2.17
	ADFI	57.41 ± 3.26	55.91 ± 1.51	55.21 ± 2.61
	FCR	1.652 ± 0.041	1.596 ± 0.060	1.600 ± 0.098
22~42 日龄	末重（g/只）	2 490.57 ± 80.59	2 585.17 ± 56.59	2 646.94 ± 42.71
	ADG	81.58 ± 2.69	85.80 ± 5.34	89.21 ± 3.61
	ADFI	149.31 ± 2.94	149.93 ± 3.46	149.71 ± 2.03
	FCR	1.832 ± 0.081	1.753 ± 0.108	1.709 ± 0.044
1~42 日龄	ADG	59.60 ± 1.97	61.91 ± 2.60	63.41 ± 1.04
	ADFI	105.88 ± 2.95	105.43 ± 1.96	104.96 ± 1.50
	FCR	1.778 ± 0.060	1.705 ± 0.062	1.678 ± 0.051

（4）粗脂肪利用率

由表 5-3-5 可知，对于粗脂肪利用率，H 组显著高于 A 组，H 组也高于 C 组，但差异不显著。

（5）粗蛋白质利用率

如表 5-3-5 所示，H 组略高于 C 组和 A 组，但是各组间差异不显著。

（6）钙的表观利用率

由表 5-3-5 可知，钙的表观利用率，H 组和 C 组都显著高于 A 组，H 组也高于 C 组，但是差异不显著。

（7）磷的表观利用率

由表 5-3-5 可知，磷的表观利用率 H 组略高于 C 组和 A 组，但差异不显著。

表 5-3-5　不同乳化剂对肉鸡营养物质利用率的影响　单位：%

处理	粗脂肪利用率	粗蛋白质利用率	钙的表观利用率	磷的表观利用率
A	76.59 ± 0.37	62.30 ± 0.78	46.77 ± 0.78	52.56 ± 0.50
C	77.28 ± 0.99	62.75 ± 0.76	48.62 ± 0.46	52.85 ± 0.62
H	77.95 ± 0.39	63.00 ± 0.32	48.98 ± 0.54	53.09 ± 0.76

（8）血清脂肪酶活性

如表 5-3-6 所示，21 日龄和 42 日龄时，各处理组间血清脂肪酶活性差异均不显著。

（9）血清总胆固醇含量

由表 5-3-6 可知，无论是 21 日龄还是 42 日龄时，各处理组间血清总胆固醇含量差异均不显著。21 日龄时，H 组的血清总胆固醇含量高于其他两组。

(10)血清甘油三酯含量

由表 5-3-6 可知，21 日龄和 42 日龄时,血清甘油三酯含量各处理组之间的差异均不显著。21 日龄时,H 组的血清甘油三酯含量高于其他两组。

(11)血清高密度脂蛋白

由表 5-3-6 可知,21 日龄和 42 日龄时,各处理组血清高密度脂蛋白含量差异都不显著。

表 5-3-6 不同乳化剂对肉鸡血液生化指标的影响

阶段	处理	脂肪酶(U/L)	总胆固醇(mmol/L)	甘油三酯(mmol/L)	高密度脂蛋白(mmol/L)
21 日龄	A	8.33 ± 0.82	3.79 ± 0.44	0.96 ± 0.29	2.25 ± 0.25
	C	10.67 ± 1.86	3.76 ± 0.29	0.84 ± 0.26	2.17 ± 0.21
	H	10.67 ± 3.14	3.84 ± 0.48	1.16 ± 0.54	2.23 ± 0.32
42 日龄	A	12.83 ± 1.31	3.30 ± 0.36	0.34 ± 0.11	1.77 ± 0.21
	C	12.67 ± 1.50	3.43 ± 0.31	0.43 ± 0.12	1.99 ± 0.16
	H	12.33 ± 1.07	3.64 ± 0.31	0.38 ± 0.18	1.96 ± 0.18

(12)肠道消化酶活性

1)脂肪酶

由表 5-3-7 可知,21 日龄时,C 组和 H 组的肠道脂肪酶活性都显著高于 A 组; H 组高于 C 组,但是差异不显著。42 日龄肠道脂肪酶活性 C 组和 H 组都显著高于 A 组; H 组高于 C 组,但是差异不显著。

2)胰蛋白酶

肠道胰蛋白酶活性测定结果见表 5-3-7,关于 21 日龄十二指肠胰蛋白酶活性, C 组和 H 组都显著高于 A 组; H 组低于 C 组,差异显著。42 日龄十二指肠胰蛋白酶活性, C 组和 H 组都显著高于 A 组,C 组高于 H 组,但是差异不显著。

3)糜蛋白酶

由表 5-3-7 可知,21 日龄十二指肠糜蛋白酶活性,C 组和 H 组都显著高于 A 组; C 组高于 H 组,但是差异不显著。42 日龄十二指肠糜蛋白酶活性,C 组和 H 组都显著高于 A 组;H 组高于 C 组,但是差异不显著。

表 5-3-7 不同乳化剂对肉鸡肠道内容物酶活性的影响

阶段	处理	脂肪酶(U/g)	胰蛋白酶(U/g)	糜蛋白酶(U/g)
21 日龄	A	1.13 ± 0.12	4.40 ± 0.43	2.16 ± 0.25
	C	2.06 ± 0.16	8.13 ± 0.83	3.05 ± 0.16
	H	2.09 ± 0.17	7.88 ± 0.26	2.91 ± 0.09

续表

阶段	处理	脂肪酶(U/g)	胰蛋白酶(U/g)	糜蛋白酶(U/g)
42 日龄	A	0.88 ± 0.13	3.23 ± 0.42	1.98 ± 0.21
	C	1.27 ± 0.07	5.13 ± 0.38	3.81 ± 0.33
	H	1.28 ± 0.15	4.77 ± 0.32	3.92 ± 0.32

5.3.9　乳化剂与脂肪酶复合使用对肉仔鸡生产性能及营养物质利用的影响结果分析

(1)饲养试验

在饲养试验中,复合乳化剂与脂肪酶合用,对肉鸡的生产性能有明显的提高作用, H 组平均日增重显著高于 A 组,也高于 C 组,这说明乳化剂与脂肪酶合用对肉鸡生产有一定的作用。试验前期(1~21 日龄)各项指标差异不显著,并且相差也不大,试验后期(22~42 日龄)平均日增重 H 组显著高于 A 组,也高于 C 组,但是差异不显著。饲料转化效率 H 组显著高于 A 组,也高于 C 组,但是差异不显著, C 组和 A 组之间的差异也不显著,这说明乳化剂与脂肪酶合用对肉鸡生产性能的提高有一定的作用,并且在肉鸡生长的后期效果比较明显。

从整个试验期的饲料转化效率来看,H 组显著好于 A 组,H 组也好于 C 组,但差异不显著,这说明乳化剂与脂肪酶合用可以有效改善饲料转化效率,并且要比单一使用乳化剂效果更好。秦鹏[52]的试验中乳化剂 + 脂肪酶显著提高了肉鸡 35~49 日龄和 21~49 日龄的平均日增重,并且乳化剂和脂肪酶的添加提高了肉鸡的采食量,改善了饲料转化效率。

(2)代谢试验

代谢试验的粗脂肪利用率 H 组显著高于 A 组,也高于 C 组,但差异不显著。粗蛋白质利用率 H 组略高于其他两组但差异不显著。钙的表观利用率 H 组极显著高于 A 组,但是和 C 组之间的差异不显著。磷的表观利用率 H 组略高于其他两组,但差异不显著。这与其他学者的研究结果基本一致。Polin 等[46]的试验证明乳化剂与脂肪酶都可以提高肉仔鸡对牛油的利用率,但是乳化剂 + 脂肪酶复合使用的效果与乳化剂或脂肪酶单独使用的效果并未有显著差别,即乳化与脂肪酶无显著的互作效应。Marzooqt 等[51]的试验结果也是如此,即脂肪酶可以显著提高肉仔鸡的牛油利用率,但是与乳化剂无互作效应。本试验中 H 组的粗蛋白质、粗脂肪及钙、磷的利用率虽然都好于 C 组但差异不显著,说明乳化剂与脂肪酶合用对提高肉鸡对营养物质的利用具有一定的作用。

(3)血液生化指标

试验中,乳化剂与脂肪酶合用,对肉鸡 21 日龄和 42 日龄的血清脂肪酶活性及血清总胆固醇、甘油三酯和高密度脂蛋白含量都没有显著影响,血清脂肪酶是脂肪组织中甘油三酯分解的一种很重要的酶,负责分解脂肪组织中甘油三酯释放出游离脂肪酸,是调控脂肪组织分解的关键因素,也是影响动物脂肪沉积的关键酶之一,血脂含量也反映了脂类的吸收和代谢状况。试验表明乳化剂与脂肪酶合用对肉鸡血液生化指标的影响没有互作效应,这与饲养试验及代谢试验结果一致。脂肪酶与乳化剂合用对肉鸡生长性能的促进作用,可能主要是通过促进酯类物质在肠道中的消化吸收来实现的。

(4)肠道消化酶活性

肠道内容物脂肪酶活性,21 日龄及 42 日龄时 H 组显著高于 A 组,也高于 C 组,但是差异不显著。胰蛋白酶活性,H 组显著高于 A 组,但是低于 C 组。糜蛋白酶活性,H 组显著高于 A 组但是和 C 组之间的差异不显著。这可能是由于添加酶制剂后,胰液的分泌量下降,由于胰液中的 HCO_3^- 是小肠中碱性物质的主要来源,所以胰液分泌量的多少将直接影响小肠食糜的 pH 值. 进而影响消化酶的活性和机体的消化。试验中的几个试验组的肠道消化酶活性与生产性能指标不完全一致,这可能由于乳化剂与脂肪酶之间有一定的互作效应。酶制剂还可以降低肉雏鸡肠道内容物的黏度,使肠道微生物失去理想的生存环境,减少病原菌的繁殖,降低肠道微生物数量,有利于畜禽的健康生长。此外酶制剂可以作用于日粮中的抗营养因子,解除其抗营养效应,加强对碳水化合物及其他营养物质的消化和吸收,从而提高饲料的转化效率,有利于肉仔鸡的生长。

5.4 胆汁酸复合制剂对蛋鸡生产性能、蛋品质及免疫指标的影响

5.4.1 饲料添加剂概述

中草药添加剂具有无毒副作用、无残留、不产生耐药性、无污染等优点,在畜牧养殖中应用广泛。于杜鹃等 [58] 在研究中草药添加剂对蛋鸡生长性能、免疫性能的影响时均发现其能够提高蛋鸡的生产性能。微生态制剂具有绿色无污染、副作用小、无残留等优点,其作用机理和功能已较明确。微生态制剂用于产蛋后期的蛋鸡可增加微生物在其绒毛吸收部位的定值,从而改善蛋鸡的生产性能和提高蛋品质。微生态制剂已在养殖业中进行了大量的应用,取得了一定的效果。胆汁酸是目前备受关注的饲料添加剂,具有提高动物免疫力、减少动物体内细菌内毒素的吸收和保肝护胆等功能,还可促进动物摄食,提高饲料利用率从而降低养殖成本,且可改善对脂肪、胆固醇及脂溶性维生素的吸收等。另外,胆汁酸在家畜脂肪的乳化、消化和吸收阶段也发挥着重要作用,可通过营养调控来改善机体生理内环境,从而有效解决家禽代谢病。为研究中草药、微生态制剂、胆汁酸混合物用作蛋鸡饲料添加剂的使用效果,曾佳佳等将中草药(黄芪、当归)、益生菌(乳酸杆菌)和胆汁酸制成复合制剂(20% 黄芪、10% 当归、0.7% 乳酸杆菌、20% 胆汁酸粉末混匀)用于蛋鸡养殖中,研究了这种复合添加剂对蛋鸡生产性能、蛋品质及免疫指标的影响。

5.4.2 试验设计

曾佳佳等在试验中选择 495 日龄常规免疫处理的海兰褐健康蛋鸡 160 只,随机分为 2

组，每组 80 只鸡，每组 4 个重复，每个重复 20 只鸡。预饲期所有组均饲喂基础日粮，记录每组的产蛋数，并根据结果进行调整使对照组和试验组产蛋率差异不显著。试验期对照组饲喂基础日粮，试验组在基础日粮中添加 0.2% 中草药-益生菌-胆汁酸复合制剂，将其拌匀后饲喂蛋鸡。预饲期 1 周，试验期 3 周 [59]。

5.4.3　试验日粮与饲养管理

试验日粮组成及营养水平见表 5-4-1 和表 5-4-2。试验期间，海兰褐蛋鸡在全封闭鸡舍中笼养，鸡笼为 4 阶梯式金属笼，机械纵向通风，高温时开窗和洒水降温。光照时间为 16 h/d，舍内温度控制在 19~23 ℃，相对湿度为 40%~60%。所有鸡均为人工饲喂，每天 8 时、11 时、14 时、17 时各喂料 1 次，每天 15 时捡蛋，记录产蛋数、蛋重。每周计算 1 次采食量。

5.4.4　测定指标和方法

（1）生产性能

预饲期第 1 天开始将料槽中的饲料全部清除，然后饲喂基础日粮，每周末定时称剩料重，计算耗料量。试验期每天记录产蛋枚数、蛋重，计算产蛋率、料蛋比、平均蛋重、平均日采食量。

表 5-4-1　基础日粮组成

原料	含量（%）
玉米	66.00
豆粕	22.05
石粉	8.50
磷酸氢钙	1.50
食盐	0.30
蛋氨酸	0.15
预混料	1.50
合计	100.00

表 5-4-2　营养水平（风干基础）

营养成分	含量（%）
代谢能	11.20
粗蛋白质	16.60
钙	3.50
有效磷	0.40
蛋氨酸	0.35
赖氨酸	0.65
蛋氨酸＋胱氨酸	0.50

(2)蛋品质分析

试验期第0、7、14、21天每组随机抽取16枚鸡蛋用多功能蛋品质分析仪测定鸡蛋的蛋白高度、蛋黄颜色、哈氏单位、蛋黄比重。蛋壳厚度的取值方法为:分别取鸡蛋的大头、小头以及中间部分的蛋壳,用镊子踢掉内壳膜,用蛋壳厚度测定仪分别测定蛋壳厚度,取平均值作为蛋壳厚度。

(3)免疫指标测定

预饲期和试验期结束后每个重复分别选择接近平均体重的健康海兰褐蛋鸡2只,翅下静脉采血10 mL, 37 ℃恒温培养箱中水平放置1 h左右,离心分离血清,分装2份于1.5 mL离心管中,-20 ℃保存。用IgA ELISA试剂盒和IgG ELISA试剂盒测定血清中的IgA、IgG。

(4)微生物指标

粪便中乳酸杆菌和大肠杆菌的计数于试验正试期结束时,各组取新鲜粪便,进行无菌、低温保存,按常规平板菌落计数方法检测粪便中乳酸杆菌和大肠杆菌的数量,结果用自然对数表示。

(5)统计分析

使用Excel 2007软件对原始数据进行处理,采用SPSS 17.0统计软件进行单因素方差分析,并采用LSD法进行多重比较,结果用平均值±标准误差表示,以$P<0.05$作为差异显著性判断标准。

5.4.5　复合制剂对蛋鸡生产性能的影响

试验过程中蛋鸡没有出现死亡情况。由表5-4-3可知,两组间产蛋率、料蛋比、平均蛋重、平均日采食量差异均不显著。与试验第0天(预饲期结束)相比,试验期对照组产蛋率降低1.92%,试验组升高1.11%;对照组料蛋比升高5.24%,试验组升高0.49%;对照组平均蛋重升高0.3%,试验组升高1.30%;对照组平均日采食量升高4.35%,试验组升高3.31%。整个试验期,与对照组相比,试验组的产蛋率、平均蛋重、平均日采食量分别提高4.97%、1.71%、0.49%,料蛋比降低6.33%。试验组在试验第2周时,产蛋率和平均日采食量达到最高值。

表5-4-3　复合制剂对蛋鸡生产性能的影响

组别	时间(d)	产蛋率(%)	料蛋比	平均蛋重(g/d)	平均日采食量(g/d)
对照组	0	85.31 ± 7.32	2.10 ± 0.28	62.46 ± 1.03	110.35 ± 6.19
	7	83.57 ± 7.02	2.23 ± 0.20	62.19 ± 1.11	115.22 ± 5.27
	14	82.86 ± 5.80	2.29 ± 0.12	62.66 ± 0.96	118.55 ± 3.78
	21	84.58 ± 9.64	2.11 ± 0.20	63.11 ± 1.22	111.69 ± 7.50
	均值	83.68 ± 6.96	2.21 ± 0.18	62.65 ± 1.07	115.15 ± 5.95

续表

组别	时间(d)	产蛋率(%)	料蛋比	平均蛋重(g/d)	平均日采食量(g/d)
试验组	0	86.87 ± 5.05	2.06 ± 0.13	62.90 ± 0.66	112.00 ± 3.65
	7	88.09 ± 2.51	2.05 ± 0.02	63.48 ± 0.84	114.57 ± 2.11
	14	88.75 ± 4.06	2.11 ± 0.08	63.42 ± 1.33	118.50 ± 3.20
	21	86.67 ± 2.64	2.05 ± 0.12	64.25 ± 1.09	114.06 ± 3.98
	均值	87.83 ± 3.03	2.07 ± 0.08	63.72 ± 1.09	115.71 ± 3.65

中草药含有生物活性物质,包括多糖、苷类、生物碱、挥发油类有机酸等,还有大量的氨基酸、维生素和微量元素,有增强营养和促进生长的作用。益生菌有调节肠道,提高饲料转化率等功能。不同添加剂的使用有助于延长产蛋高峰期,获得较高的经济收益。程伟伟等[60]认为日粮中添加胆汁酸能够间接提高脂肪酶活性,从而改善动物生产性能。研究表明在基础日粮中添加益生菌有助于提高产蛋率,鸡蛋、蛋壳及蛋白重量,降低蛋黄胆固醇含量。范彧等[61]研究微生态制剂对产蛋后期蛋鸡生产性能的影响时发现,适量的芽孢杆菌及合生元类复合微生态制剂可提高产蛋后期蛋鸡生产性能。刘家国等[62]研究了不同中药组方对中后期蛋鸡生产性能的影响及其机理,结果表明,调理气血为主的中药组方对中后期产蛋鸡的免疫、内分泌系统和抗氧化功能有一定的促进作用,能够改善血液运氧能力,从而提高蛋鸡生产性能。使用中草药-益生菌-胆汁酸复合制剂能够在不同程度上改善蛋鸡的产蛋率、料蛋比、平均日采食量、平均蛋重。

5.4.6　复合制剂对鸡蛋蛋品质的影响

复合制剂对鸡蛋蛋品质的影响的结果如表 5-4-4 所示。由表可知,对照组和试验组的蛋白高度、蛋黄颜色、哈氏单位、蛋黄比重、蛋壳厚度差异不显著。与试验第 0 天(预饲期结束)相比,试验期对照组蛋白高度提高 0.50%,试验组提高 18.38%;对照组蛋黄颜色提高 0.18%,试验组提高 6.64%;对照组哈氏单位降低 5.79%,试验组提高 2.10%;蛋黄比重和蛋壳厚度变化不大。整个试验期,试验组的蛋白高度、蛋黄颜色、哈氏单位比对照组分别提高 9.87%、6.64%、3.94%。试验组在试验第 3 周时,哈氏单位达到最高值。

试验中,使用中草药-益生菌-胆汁酸复合制剂的试验组在鸡蛋蛋白高度、哈氏单位和蛋黄颜色方面均有不同程度的提高。哈氏单位代表蛋白质的含量和蛋的新鲜度,一般蛋的最佳哈氏单位指标为 75~80。李晓丽等[63]研究了不同微生态制剂对蛋鸡生产性能、血清生化指标及蛋品质的影响发现,试验组提高了哈氏单位和蛋黄颜色。谢全喜等[64]研究益生菌-中草药复方制剂对蛋鸡生产性能、蛋品质及输卵管组织的影响发现,益生菌和中草药联合使用能在一定程度上减轻蛋鸡的输卵管炎症反应,改善蛋品质,提高产蛋率。肖琎等[65]在研究中草药饲料添加剂对鸡蛋品质的影响时发现,试验组蛋重、蛋黄相对重、蛋形指数、哈氏单位、蛋黄颜色、蛋壳厚度、蛋壳强度和蛋比重都有所提高,与本研究结论一致。

表 5-4-4 预饲期和试验期鸡蛋蛋品质

组别	时间(d)	蛋白高度(mm)	蛋黄颜色	哈氏单位	蛋黄比重	蛋壳厚度(mm)
对照组	0	5.95 ± 1.10	5.56 ± 1.03	75.43 ± 7.70	0.26 ± 0.03	0.28 ± 0.03
	7	5.87 ± 2.24	5.69 ± 1.08	68.56 ± 14.55	0.23 ± 0.03	0.32 ± 0.06
	14	5.61 ± 2.02	5.94 ± 1.12	67.73 ± 12.46	0.24 ± 0.03	0.29 ± 0.03
	21	6.47 ± 1.55	5.08 ± 0.95	72.90 ± 14.32	0.24 ± 0.07	0.27 ± 0.02
	均值	5.98 ± 1.35	5.57 ± 1.11	71.06 ± 13.10	0.24 ± 0.04	0.29 ± 0.04
试验组	0	5.55 ± 0.10	5.57 ± 0.94	72.34 ± 7.45	0.32 ± 0.02	0.29 ± 0.02
	7	7.12 ± 1.17	6.13 ± 1.20	71.41 ± 14.04	0.25 ± 0.02	0.30 ± 0.02
	14	6.16 ± 1.63	6.06 ± 1.29	73.06 ± 11.58	0.24 ± 0.02	0.28 ± 0.02
	21	6.43 ± 1.35	5.63 ± 0.96	77.10 ± 10.71	0.23 ± 0.07	0.27 ± 0.02
	均值	6.57 ± 1.38	5.94 ± 1.12	73.86 ± 11.80	0.24 ± 0.05	0.28 ± 0.02

5.4.7 复合制剂对免疫指标的影响

复合制剂对免疫指标的影响结果如图 5-4-1 所示。由图 5-4-1 可知,试验结束后对照组与试验组的 IgA 和 IgG 不存在显著差异。与对照组相比,试验组 IgA 提高 2.38%, IgG 提高 1.51%。中草药-益生菌-胆汁酸复合制剂能够促进机体产生 IgA 和 IgG,从而增强机体的免疫力。

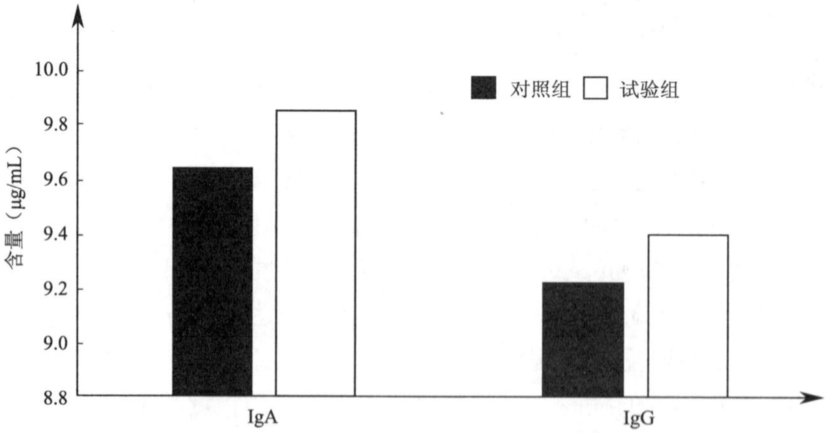

图 5-4-1 血清中 IgA 和 IgG 含量

动物机体的特异性免疫包括细胞免疫和体液免疫,通过检测血清中免疫球蛋白(IgG、IgA、IgAM)含量可以反映动物机体的体液免疫状态。血清型 IgA 可介导调理吞噬 ADCC 作用。血清 IgG 约占人体血清免疫球蛋白总量的 70%~80%,具有抗菌性、抗毒性和抗病毒抗体,在抗感染中起主要作用。研究发现,益生菌可以调节肠道微生物平衡从而抑制胃肠道病原体增长,干扰病原体定居和感染黏膜,从而实现调节免疫反应。胆汁酸在动物体内可发挥抗菌活性,抑制链球菌、大肠杆菌和其他有害细菌的繁殖。靳二辉等[66]研究了中草药益生菌配方对动物免疫功能的影响，发现中草药益生菌可通过促进脾脏发育和生理功能的提高而提高 IgG 的含量。试验用中草药-益生菌-胆汁酸复合制剂使得血清中 IgA 和 IgG 都升高，说明中草药、益生菌、胆汁酸联合使用，能够提高动物机体的体液免疫。

5.4.8　复合制剂对粪便菌群数量的影响

复合制剂对粪便菌群数量的影响结果如图 5-4-2 所示。由图 5-4-2 可知，试验组粪便中的乳酸杆菌数量较对照组高 11.85%，大肠杆菌数量较对照组低 8.73%。

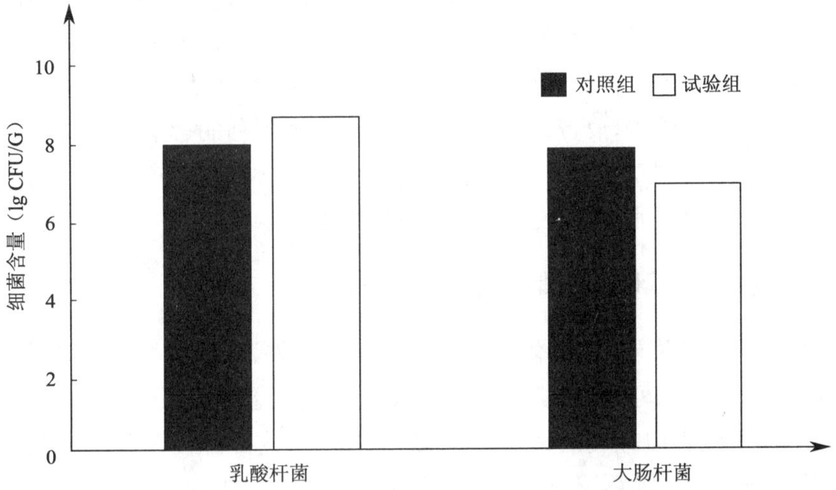

图 5-4-2　粪便内乳酸杆菌和大肠杆菌的数量

曾佳佳试验结果发现，在日粮中添加中草药-益生菌-胆汁酸复合制剂能够抑制大肠杆菌的生长，促进乳酸杆菌繁殖，表明通过添加中草药-益生菌-胆汁酸复合制剂能够影响肠道微生物，减少病原菌引起的肠道感染，提高抗病能力。何凤琴等[67]认为复合大蒜素添加剂能显著降低粪便中大肠杆菌的数量，提高蛋鸡抗病能力。

由此可见，日粮中添加 0.2% 的中草药-益生菌-胆汁酸复合制剂能使海兰褐蛋鸡的产蛋率、平均日采食量、平均蛋重、哈氏单位、蛋白高度、蛋黄颜色、IgA、IgG、乳酸杆菌数均有所提高，料蛋比和大肠杆菌数有所降低，表明中草药-益生菌-胆汁酸复合制剂能够改善蛋鸡的生产性能和蛋品质，同时在一定程度上提高免疫力和抗病能力。

5.5　含油脂日粮中添加胆汁酸对肉鸡生长性能和脂代谢性能的影响

5.5.1　油脂在家禽生产中的应用

在日粮中添加油脂能在满足家禽对能量需求的同时，对家禽肌肉品质、生产性能等产生积极作用。Magubane 等[68]试验结果表明，与基础日粮相比，高脂日粮（10% 菜籽油）能显著增加雌性鹌鹑胸肌和雄性鹌鹑腿肌中的脂质含量。Ghazanfari 等[69]的研究也显示,相比于低能日粮,提供高能的高脂日粮能显著提高肉鸡 32~49 d 的饲料养分利用率。Valkonen 等[70]考察日粮油脂含量对蛋鸡产蛋量和蛋品质的研究结果显示,与低脂日粮相比,饲喂高脂日粮组蛋鸡的饲料利用率显著提高,且母鸡产蛋率也显著增加。魏宗友等[71]的研究结果表明,高脂日粮显著提高了扬州鹅的生长性能和屠宰性能,并提高了腿肌中的脂质含量。

5.5.2 油脂过量添加的副作用

为满足规模化、集约化生产过程中畜禽对能量的需求,生产中常需要在日粮中添加油脂。但是,较多报道表明在实际生产中,对于畜禽,尤其是对于幼畜和幼禽而言,体内有限的消化酶以及内源乳化性物质常常不能有效地吸收和利用日粮中大量存在的油脂及其他脂溶性营养素,这不但会造成资源浪费,还会给动物健康带来不利的影响。有许多研究证实,超过家禽利用限度的日粮油脂会造成体脂过度沉积,降低胴体品质,同时高脂日粮还可能会增加肝脏的代谢负担,导致肝脏损伤,进而造成机体代谢紊乱[72]。

5.5.3 家禽消化特点与对油脂的消化和吸收过程

相比于家畜,家禽体格较小,消化系统结构简单。此外,由于禽类消化道相对较短,饲粮在家禽消化道内的停留时间也较短,家禽唾液腺分泌黏液,主要用于软化饲粮。在禽类食管的后段,有一个嗉囊或类似嗉囊的呈纺锤状膨大的部分,这个部位不分泌消化液,主要用于短暂的存储及浸润食物。随后,这些被软化过的食物被先后排入腺胃和肌胃进行进一步的磨碎和乳化,在经过胃蛋白酶和盐酸等初步消化后,食糜进入小肠。小肠内含有丰富的消化酶,肠黏膜是家禽吸收饲粮中营养物质的主要场所,因此小肠在家禽对饲料营养物质的消化过程中发挥着重要的角色。

小肠作为家禽重要的消化器官,其同样是饲粮中脂质营养物质被消化和吸收的主要场所。脂质与水不能互溶,因此必须先使其形成一种能溶于水的微粒,才能被小肠消化与吸收。在肌胃的蠕动及分泌物的作用下,日粮油脂物质和水形成初步的脂肪粗微粒,随后粗微粒进入小肠。在小肠内,粗微粒在内源乳化性物质胆汁酸盐作用下进一步乳化成脂滴微粒,后者经脂肪酶的作用逐步水解为游离脂肪酸、甘油酯和甘油等产物,使得脂质产物能充分溶解在家禽肠道内的水环境中,从而促进机体对脂质的消化吸收。乳糜微粒黏附于肠壁细胞,随着乳糜微粒的破裂,脂质产物被肠黏膜细胞吸收的同时,胆汁酸盐在小肠也被重吸收,经血液回到肝脏后再分泌到小肠,从而形成胆汁酸盐的肠肝循环。

5.5.4 家禽脂肪代谢机理

脂肪代谢即脂代谢,包括脂肪的合成代谢、体内转运及分解代谢。不同于家畜,家禽脂肪组织合成脂类物质的能力十分有限,因此肝脏在家禽合成脂质的过程中扮演着更为重要的角色。FAS 和 ACC 等是脂肪酸合成途径中的限速酶。乙酰辅酶 A 和甘油则是合成脂肪酸的原料,合成的脂肪酸或游离脂肪酸经过脂化生成 TG 和胆固醇酯等,此处脂质转运是指不溶于水的脂类物质与溶解度较大的胆固醇、载脂蛋白等结合形成脂蛋白后在血液中转运到机体各个组织中的过程。家禽将脂肪酸以 TG 的形式存于脂肪组织中，当机体有需要时，TG 会被逐渐降解为甘油和脂肪酸。随后脂肪酸被释放进入血液供机体其他组织氧化利用，这个过程称为脂肪分解代谢，亦称为脂肪动员。脂肪酸的氧化分解是机体获得能量供应的重要途径之一，其中激素敏感脂酶是脂肪分解代谢中的关键酶[73]。

5.5.5　影响家禽利用油脂的因素

（1）油脂类型及添加量

日粮油脂类型不同，其脂肪酸、TG 构成以及脂肪酸饱和程度都不同，因此家禽对不同脂质的消化和吸收效率存在一定的差异。Meng 等[74]研究显示，虽然肉鸡生长性能没有受日粮脂肪类型影响，但相比于牛油，饲喂菜籽油的肉鸡对饲料中的脂肪利用率更高，这可能是由于菜籽油富含易被机体吸收的不饱和脂肪酸，相比于棕榈油，日粮添加含有多不饱和脂肪酸的向日葵种子油和葵花籽油能显著提高肉鸡的脂肪消化率。饲料中的油脂能给家禽提供必需的能量及营养物质，然而油脂添加量过多会导致油脂利用率下降，甚至给家禽胴体品质或健康带来负面影响。相比于 3% 或 6% 的日粮油脂添加量，日粮油脂添加量为 9% 时会导致肉鸡腹脂大量沉积。

（2）肉鸡日龄

一直以来，许多研究证实：幼禽由于肠道发育未完善，体内脂肪酶等消化酶以及胆汁酸等内源性乳化物质十分有限，因此常常不能充分消化吸收日粮中的油脂，对于饲喂不同油脂类型日粮的肉鸡来说，幼禽阶段对脂肪的消化吸收能力都显著低于成年阶段。Attigani[75]的结果表明，在日粮中添加花生油后，肉仔鸡的采食量显著增加，然而肉仔鸡在第 1 周对日粮中脂肪的消化率要明显低于后期。

（3）饲料添加剂

早有研究报道指出，一些饲料添加剂对家禽吸收脂质有一定的促进作用。如在含有 100 g/kg 牛油和大豆油混合油脂的日粮中补充木聚糖酶，能显著提高饲料报酬，尤其是显著增加了饲料中脂肪的消化率，这可能是由于木聚糖酶能降低饲料中的非淀粉多糖从而使脂质营养成分更易于被机体吸收和利用。Hu 等[76]研究指出，在日粮中补充 3 000 U/kg 的外源性脂肪酶，能有效提高肉鸡对日粮脂质营养物质的利用率，并显著改善肉鸡的生长性能。实际上，为了弥补动物机体内源性乳化物质的不足，目前饲料业常在动物饲粮中添加外源性乳化剂，其能够促进饲料中油脂及脂溶性营养素在动物肠道中更好地乳化，从而增强机体对油脂等养分的吸收和利用。

5.5.6　试验设计与日粮

生长性能一直是家禽生产中关键的经济指标。近年来，为了追求肉鸡快速生长，人们常在饲料中添加许多营养素，以获得较高的饲料报酬。其中油脂是饲料中最重要的能量原料之一，除了能提供畜禽生产必需的能量，还含有许多动物机体所需的必需脂肪酸。早前有报道指出,高脂日粮可以显著改善动物的生长性能,但试验数据也证实高脂日粮会给畜禽胴体品质带来一定的负面影响。在实际生产中,家禽常常因为体内有限的消化酶和内源性乳化物质而不能对日粮油脂及其他脂溶性营养素进行充分消化吸收,这不仅会造成饲料原料的浪费,还会给家禽健康带来不利的影响[77]。

饲料乳化剂因同时具有亲水基团和疏水基团,常作为表面活性剂被用于饲料中,其能够弥补动物内源性乳化物质的不足,使脂质营养素在动物肠道内被充分乳化从而更易被消化吸收。大量试验证实,在日粮中添加乳化剂,能显著提高动物对饲料油脂的利用率。胆汁酸作为天然乳化剂受到越来越多的关注,它是动物体内胆固醇的代谢产物,同样具有两性分子结构。目前胆汁酸在水产业中的应用较为广泛,在低鱼粉饲料中添加 0.5%、1.0% 的胆汁酸可明显提高幼蟹消化道脂肪酶的活性,并提高饲料利用率。Lai 等[78]在肉鸡试验中也得到相似的结论,日粮添加胆汁酸显著增加了肠道脂肪酶的活性,从而改善肉鸡的生长性能。而目前就胆汁酸在不同油脂水平日粮中对肉鸡生长性能和养分利用率等影响的研究鲜有报道。因此,本试验通过在不同油脂水平日粮中添加胆汁酸,探究其对肉鸡生长性能和饲料养分利用率的影响,以期为今后胆汁酸应用于畜牧生产及其相关研究提供一定的科学依据。

试验选取 480 只体重相近的 1 日龄雄性 AA 肉鸡(45.01 g ± 0.26 g)。试验期共 42 d,分为前期(1~21 d)和后期(22~42 d)。试验采用 2 × 2 因子设计,即油脂两个添加水平(水平 1:前期 2%,后期 4%;水平 2:前期 3%,后期 5.5%)以及胆汁酸两个添加水平(水平 1:前、后期 0;水平 2:前期 60 g/t,后期 80 g/t);试验分为 4 个处理组: BF(基础日粮)、BF-B(基础日粮 + 胆汁酸)、HF(高脂日粮)和 HF-B(高脂日粮 + 胆汁酸),每组 8 个重复,每重复 15 只鸡。肉鸡饲养于三层笼中,舍内连续 24 h 光照,自由饮水,免疫程序按常规进行,喂料时间为每日 6 时和 17 时[79]。日粮配方和营养水平见表 5-5-1。

表 5-5-1　试验日粮组成和营养水平

成分	1~21 d		22~42 d	
	基础	高脂	基础	高脂
玉米(%)	58.00	57.50	62.00	60.50
豆粕(%)	32.90	31.10	28.00	28.00
玉米蛋白粉(%)	2.70	4.00	2.00	2.00
猪油(%)	2.00	3.00	4.00	5.50
磷酸氢钙(%)	2.00	2.00	1.60	1.60
石粉(%)	1.23	1.23	1.30	1.30
L-赖氨酸(%)	0.32	0.32	0.31	0.31
DL-蛋氨酸(%)	0.15	0.15	0.11	0.11
预混料(%)	0.40	0.40	0.38	0.38
食盐(%)	0.30	0.30	0.30	0.30
总计	100.00	100.00	100.00	100.00

续表

成分		1~21 d		22~42 d	
		基础	高脂	基础	高脂
营养水平计算值	代谢能(Meal/kg)	2.94	3.03	3.11	3.20
	粗蛋白质(%)	21.59	21.54	19.33	19.20
	钙(%)	1.01	1.01	0.93	0.93
	赖氨酸(%)	1.22	1.19	1.10	1.09
	蛋氨酸(%)	0.50	0.51	0.43	0.43
	总磷(%)	0.46	0.46	0.39	0.39

5.5.7　不同油脂水平日粮中添加胆汁酸对肉鸡生长性能的影响

如表 5-5-2 所示,在 1~21 d 阶段,饲喂高脂日粮能显著降低肉鸡的 F/G,而日粮添加胆汁酸显著增加了肉鸡前期 BW 和 ADG。此外,与未添加胆汁酸的日粮相比,添加 BAs 的日粮能显著降低肉鸡 1~21 d、22~42 d 和 1~42 d 的 F/G。油脂和胆汁酸添加水平对肉鸡的 ADFI 无显著影响,且两者对肉鸡各项生长性能的影响无交互作用。

表 5-5-2　不同油脂水平日粮中添加胆汁酸对肉鸡生长性能的影响

指标	分组				标准误差 SEM[2]	*P* 值		
	BF	BF-B	HF	HF-B		Fat	胆汁酸	Fat × 胆汁酸
21 d 末体重(kg)	0.63	0.67	0.64	0.67	0.02	0.54	0.02	0.90
42 d 末体重(kg)	2.21	2.26	2.12	2.24	0.05	0.21	0.08	0.43
1~21 d 平均日增重(g/d)	27.57	29.45	28.20	29.77	0.73	0.51	0.02	0.83
1~21 d 平均日采食量(g/d)	41.45	42.34	41.17	42.07	0.99	0.78	0.37	0.99
1~21 d 料重比(g/g)	1.50	1.44	1.46	1.41	0.01	0.01	<0.01	0.44
22~42 d 平均日增重(g/d)	75.58	75.96	70.27	74.48	1.88	0.08	0.23	0.32
22~42 d 平均日采食量(g/d)	153.21	143.41	145.19	145.69	3.17	0.37	0.15	0.12
22~42 d 料重比(g/g)	2.04	1.89	2.07	1.96	0.04	0.25	0.01	0.76
1~42 d 平均日增重(g/d)	51.54	52.70	49.21	52.10	1.10	0.19	0.08	0.44
1~42 d 平均日采食量(g/d)	97.65	93.49	93.56	94.20	1.91	0.38	0.36	0.22
1~42 d 料重比(g/g)	1.79	1.67	1.78	1.69	0.03	0.83	<0.01	0.68

作为饲料能量的主要来源,油脂不仅可以为动物提供能量和必需脂肪酸,还可以增强饲料的适口性和利用效率。Maiorka 和 Niu 等的研究报告显示,日粮添加油脂能显著降低肉鸡 1~21 d 的 F/G。早在 20 世纪,就有研究指出,油脂在对采食量没有影响的情况下能通过增加饲料养分的消化率促进奶牛增重,从而达到提高饲料报酬的作用[80]。

然而,在实际生产中,盲目地通过添加高浓度油脂来获取更高的饲料报酬可能会对动物健康造成许多负面影响。尤其是对于幼禽来说,由于肠道发育尚不完善,体内消化酶以及乳化剂都十分有限,并不能对饲料中的油脂及其他脂质营养素进行充分吸收和利用,这势必会造成饲料资源的浪费,此外还可能引起动物机体代谢的异常。因此,许多研究报道证实,在饲料中添加外源性乳化剂可以改善畜禽对日粮油脂的吸收。Wang 等[81]研究表明,与饲喂基础日粮的肉鸡相比,补充外源性乳化剂的肉鸡的 F/G 显著降低,另外,试验数据还揭示乳化剂可以改善饲喂低能日粮肉鸡的生长性能。但 Yirdan 等[82]的试验数据表明,日粮添加外源性乳化剂,并没有对肉鸡的生长性能起到明显的促进作用,这种差异可能与乳化剂的类型和添加量有关系。本试验的结果显示,日粮添加胆汁酸作为外源性乳化剂能够在不显著影响肉鸡 ADFI 的情况下显著增加肉鸡前期的 BW 和 ADG,并对改善肉鸡前、后期及全期的 F/G 都有显著的效果。在日粮中添加胆汁酸可以降低肉鸡由于肠道黏度过高而引起的负面效应,显著改善脂类物质消化率,并提高了肉鸡的 BW。因此,这可能提示本试验中胆汁酸是通过提高肉鸡对日粮养分的利用率,从而提高了肉鸡的 ADG 和 BW。

5.5.8 不同油脂水平日粮中添加胆汁酸对肉鸡器官指数的影响

表 5-5-3 表明,21 d 时,日粮油脂和胆汁酸水平对肉鸡各项器官指数皆无显著影响。42 d 时,日粮补充胆汁酸显著降低了肉鸡胸腺指数,而油脂水平对该日龄肉鸡的各项器官指数仍无显著影响,并且日粮油脂水平和胆汁酸对肉鸡器官指数的影响也不存在交互作用。

器官指数是评判动物机体身体发育情况的重要指标之一。葛晓可的试验显示,日粮添加不同水平油脂对肉鸡心、胸腺和脾等器官指数都无显著影响,但是日粮补充胆汁酸显著降低了肉鸡后期的胸腺指数。Upadhaya 等[83]的研究结果显示,日粮添加混合乳化剂降低了肉鸡脾脏指数。脾脏与胸腺是肉鸡的重要免疫器官,其发育情况对动物免疫功能的发挥有着至关重要的作用。胸腺的功能之一就是培育 T 细胞,参与机体细胞免疫,同时胸腺还是内分泌器官,可以参与合成肽类激素,进而参与免疫器官的发育和分化。

表 5-5-3 不同油脂水平日粮中添加胆汁酸对肉鸡器官指数的影响

指标	分组				标准误差 SEM²	*P* 值		
	BF	BF-B	HF	HF-B		Fat	胆汁酸	Fat × 胆汁酸
21 d 心脏(%)	0.52	0.48	0.53	0.50	0.02	0.43	0.07	0.79
21 d 脾脏(%)	0.10	0.09	0.08	0.09	0.01	0.25	0.98	0.26
21 d 胸腺(%)	0.46	0.49	0.47	0.58	0.03	0.14	0.05	0.27
21 d 胰腺(%)	0.42	0.38	0.39	0.40	0.02	0.68	0.52	0.27
21 d 法氏囊(%)	0.20	0.26	0.21	0.21	0.02	0.39	0.20	0.17
42 d 心脏(%)	0.42	0.37	0.41	0.40	0.02	0.52	0.18	0.31
42 d 脾脏(%)	0.13	0.12	0..12	0.15	0.01	0.48	0.35	0.20
42 d 胸腺(%)	0.34	0.30	0.33	0.28	0.02	0.37	<0.01	0.72
42 d 胰腺(%)	0.24	0.22	0.21	0.22	0.01	0.15	0.68	0.19
42 d 法氏囊(%)	0.08	0.09	0.11	0.08	0.01	0.58	0.58	0.15

有研究指出随着年龄增加,机体各项器官逐渐衰老,其中胸腺受年龄因素的影响最为显著:幼年时,发育较为迅速,然后随着年龄的增加,常呈现退化现象。实际上,胸腺退化又称胸腺萎缩,关于其具体发生机制尚不明确,胸腺萎缩常可分为生理性因素和病理性因素。另外有报道指出,胸腺呈现一定程度的萎缩代表细胞的程序性死亡,这种现象能够在确保机体对体内外环境做出免疫应答的同时,避免一些不受控制的和潜在的自我破坏性的免疫反应。葛晓可在试验中发现,在前期,胆汁酸有升高肉鸡胸腺指数的趋势,而在后期则明显降低。目前,无法判别胸腺指数的下降是病理性原因或者是为了适应体内外环境的一种生理性退化现象。显然,对于胆汁酸降低胸腺指数的潜在机制,以及对肉鸡免疫功能产生的具体影响仍然需要进行大量试验去探究。

5.5.9　不同油脂水平日粮中添加胆汁酸对肉鸡饲料养分利用率的影响

由表 5-5-4 所示,在 21 d 和 42 d 时,在日粮中添加胆汁酸显著提高了肉鸡的粗脂肪消化率。除此之外,油脂和胆汁酸水平对饲料中干物质、有机物和粗蛋白质等均无显著影响,并且日粮中油脂和胆汁酸水平对肉鸡饲料养分利用率无显著交互作用。

表 5-5-4　不同油脂水平日粮中添加胆汁酸对肉鸡饲料养分利用率的影响

指标	分组				标准误差 SEM²	P 值		
	BF	BF-B	HF	HF-B		Fat	胆汁酸	Fat × 胆汁酸
21 d 干物质(%)	63.87	62.24	62.27	63.36	1.37	0.86	0.84	0.33
21 d 有机物(%)	65.52	64.67	64.96	66.36	1.24	0.67	0.84	0.38
21 d 粗蛋白质(%)	58.11	59.69	55.12	56.41	2.17	0.16	0.51	0.95
21 d 粗脂肪(%)	58.38	64.04	57.56	61.68	1.93	0.42	0.02	0.69
21 d 总能(%)	68.48	69.79	67.57	70.37	1.22	0.89	0.10	0.55
42 d 干物质(%)	68.73	71.10	68.84	68.95	1.44	0.48	0.40	0.44
42 d 有机物(%)	72.01	74.56	72.18	72.53	1.32	0.49	0.28	0.41
42 d 粗蛋白质(%)	57.82	61.87	57.21	57.42	1.97	0.21	0.29	0.34
42 d 粗脂肪(%)	60.43	66.88	59.58	65.10	1.95	0.51	<0.01	0.81
42 d 总能(%)	71.54	74.82	71.25	71.61	1.35	0.20	0.19	0.29

饲料养分利用率是衡量畜禽对日粮营养物质消化能力的最直观指标之一,而饲料养分利用率对畜禽的生长发育情况起着决定性作用。Tancharoenrat 等 [84] 的研究数据显示,日粮添加 40 g/kg 的牛脂可以增加肉鸡回肠对饲料脂肪的消化率,但添加牛脂量达到 80 g/kg 时,肉鸡对脂肪的消化率又呈现显著的下降。相比于其他脂肪类型组,日粮添加大豆油的肉鸡具有更高的粗脂肪消化能力。葛晓可 [79] 的试验结果显示,提高日粮油脂含量并未对肉鸡的饲料养分利用率产生显著影响,这可能与该试验中所用油脂的类型以及添加量有关。日粮添加胆汁酸能显著改善肉鸡对饲料油脂的利用率。这在一定程度上可以解释为:胆汁酸加强了饲粮中脂质营养素在畜禽体内的乳化效果,从而促进机体对其的消化吸收,由于胆汁酸

可以促进肠道发育,从而促进肉鸡对饲料养分的吸收和利用。

5.5.10　不同油脂水平日粮中添加胆汁酸对肉鸡肠道食糜消化酶活性的影响

由表 5-5-5 可知,日粮补充胆汁酸显著提高了肉鸡 21 d 回肠和 42 d 空肠食糜的脂肪酶活性。日粮油脂水平和添加胆汁酸对肉鸡 21 d 和 42 d 的肠道食糜中胰蛋白酶活性无显著影响,且油脂和胆汁酸对肉鸡肠道消化酶活性的影响皆无显著的交互作用。

表 5-5-5　不同油脂水平日粮中添加胆汁酸对肉鸡肠道食糜消化酶活性的影响

指标	分组				标准误差 SEM²	*P* 值		
	BF	BF-B	HF	HF-B		Fat	胆汁酸	Fat × 胆汁酸
21 d 空肠脂肪酶(U/g prot)	85.61	94.17	85.88	91.14	5.08	0.79	0.18	0.75
21 d 胰蛋白酶(U/g prot)	6107.44	6293.28	5907.45	6140.09	453.87	0.70	0.65	0.96
21 d 回肠脂肪酶(U/g prot)	34.12	46.14	35.53	46.70	2.43	0.69	<0.01	0.86
21 d 回肠胰蛋白酶(U/g prot)	4974.44	4938.27	5027.46	5059.83	411.69	0.83	1.00	0.93
42 d 空肠脂肪酶(U/g prot)	101.84	123.85	100.63	119.19	6.71	0.67	0.01	0.80
42 d 胰蛋白酶(U/g prot)	6145.46	7197.89	6104.22	5999.97	442.48	0.79	0.95	0.86
42 d 回肠脂肪酶(U/g prot)	55.71	59.07	51.24	57.24	5.49	0.57	0.40	0.81
42 d 回肠胰蛋白酶(U/g prot)	5129.92	5145.10	5121.77	5219.35	350.02	0.93	0.87	0.91

动物对饲粮营养物质的消化能力与肠道的功能密切相关,其中消化酶活性对日粮养分的消化、吸收和利用发挥着重要的作用。试验结果显示,日粮油脂添加量对肉鸡肠道食糜消化酶活性并无显著影响。试验数据表明,不同油脂添加量不会影响肉鸡小肠胰蛋白酶的活性,但是显著提高了肉鸡后期小肠的脂肪酶活性。目前,许多研究已经证实了乳化剂对动物肠道消化酶的积极影响。武中会等[5]的研究结果表明,与基础日粮相比,胆汁酸日粮能显著增加肉鸡 ADG 和肠道消化酶活性,其中添加 800 g/t 胆汁酸复合乳化剂的效果最好。Lai 等的研究也显示,日粮添加 60 和 80 mg/kg 胆汁酸后显著提高肉鸡肠道脂肪酶的活性,降低了 F/G 并显著增加了肉鸡的 ADG。本试验也得出类似的结论,日粮中添加胆汁酸能显著提高肉鸡前、后期小肠中脂肪酶的活性。肠道脂肪酶活性可以作为衡量动物对脂质营养素利用能力的指标之一,脂肪酶又称甘油酯水解酶,该酶在水解脂肪及其他脂类物质过程中发挥了重要作用。有研究指出,胆汁酸能调节肠道的酸碱度,为消化酶发挥其作用提供最适宜 pH 环境,从而使其活性增强,但在本文中胆汁酸改善肠道脂肪酶活性的具体作用机制有待进一步研究。

5.5.11　不同油脂水平日粮中添加胆汁酸对肉鸡肉品质及腹脂沉积的影响

随着消费能力的提高,人们不再只局限于关注食品的安全性,对食品质量及其营养价值的期望也逐渐增加。因此,如何生产优质的畜禽肉是畜牧业研究的热点领域之一。肉品的口感和营养价值受到很多内外因素的影响,包括动物性别、品种、年龄以及日粮组成等。作为饲料中不可缺少的营养素之一，油脂不仅可以提供动物生长所必需的能量，同样对畜禽肉品质有重要的影响。Zhao 等 [85] 研究指出，油脂类型以及添加量不同会对肉鸡的腿肌脂质含量产生不同的影响，饲用菜籽油的肉鸡腿肌中 TG 和 TC 含量显著高于饲用禽油的肉鸡，且与日粮油脂添加量为 3% 的肉鸡相比，添加 6% 油脂的肉鸡腿肌脂质含量更高。近年来，越来越多的研究发现，由于体内有限的消化酶和乳化物质，畜禽并不能充分吸收和利用饲粮中的油脂，这不仅会给畜牧业造成饲料资源浪费，还会因为过量的日粮油脂而对畜禽胴体品质造成不利的影响。有研究指出，随着油脂水平的增加，育肥猪呈现出水猪肉的概率越大。这些研究表明，超过机体利用限度的日粮油脂可能会给畜禽胴体品质带来较大的负面影响。

乳化剂同时含有亲水基团和亲脂基团，这种两性结构使其可以作为表面活性剂应用于饲料中，并能有效乳化饲料中的油脂和其他脂溶性物质，从而加速机体对脂质的消化和吸收。Zhao 等 [85] 的试验指出，与基础饲粮相比，日粮中添加 0.05%~0.10% 的溶血磷脂作为乳化剂能在显著提高肉鸡 BW 和全期 F/G 的同时，降低肉鸡的腹脂率。乳化剂不仅可以促进饲粮脂肪的吸收，同时还有研究指出，日粮添加乳化剂能显著改善畜禽肌肉的肉色，这与乳化剂能促进脂溶性色素的吸收有关。胆汁酸是肝脏中胆固醇代谢的主要产物，是一种天然乳化剂。已有较多研究指出，胆汁酸在机体小肠中对脂类物质的吸收和利用过程中必不可少。

5.5.12　不同油脂水平日粮中添加胆汁酸对肉鸡肌肉率及体脂沉积指数的影响

由表 5-5-6 可知，高脂组肉鸡的腹脂率显著升高，而添加胆汁酸后可显著降低肉鸡的腹脂率。另外，日粮油脂水平对肉鸡肌肉率无显著影响，而胆汁酸日粮可使肉鸡胸肌率和腿肌率显著增加。此外，日粮油脂和胆汁酸水平对肉鸡肌胃周围脂肪率和皮下脂肪厚度均无显著影响，而且日粮油脂和胆汁酸水平对肉鸡肌肉率及体脂沉积指数皆无显著的交互作用。

表 5-5-6　不同油脂水平日粮中添加胆汁酸对肉鸡肌肉率及体脂沉积指数的影响

指标	分组				标准误差 SEM²	*P* 值		
	BF	BF-B	HF	HF-B		Fat	胆汁酸	Fat × 胆汁酸
胸肌率(%)	20.74	21.50	19.58	20.98	0.52	0.11	<0.05	0.55
腿肌率(%)	17.92	18.70	17.41	18.58	0.43	0.47	0.03	0.66
腹脂率(%)	1.16	1.03	1.45	1.19	0.08	0.01	0.03	0.46
肌胃脂率(%)	0.56	0.63	0.63	0.60	0.05	0.75	0.71	0.37
皮下脂肪厚(cm)	0.90	0.89	0.97	0.92	0.05	0.33	0.54	0.69

高速生长、高产肉率和高饲料报酬一直是畜牧业追求的目标。近年来，配比高浓度油脂日粮似乎是提高畜禽生长性能的一个常用的方法。然而，当家禽采食的油脂超过自身利用的限度时，多余的油脂能量便以脂肪的形式沉积于家禽体内。实际上，肉鸡体内超过 85% 的体脂并非有效脂肪或生理所需脂肪。而且体脂过度沉积不仅会造成饲料资源的浪费，还会降低屠宰率和改变肉质脂肪酸组成，对产肉畜禽的经济效益及产品的营养价值造成负面

影响。

家禽体脂沉积具有一定的规律性，其中皮下脂肪沉积较早，在肉鸡出生 1 周龄就可观察到。然而，腹脂虽然在肉鸡 2 周龄才可被观察到，但是其增长速度最为迅速，饲喂高脂日粮显著增加了肉鸡的腹脂率。Fouad 等 [86] 的报道也指出，相比于低脂日粮，高脂日粮显著增加了肉鸡腹脂的比重。这些结果表明，饲料中过量的油脂很大程度上是被动物机体以无用的腹脂形式沉积于体内。葛晓可的试验数据表明，日粮添加胆汁酸能显著提高肉鸡胸肌率和腿肌率。日粮添加胆汁酸后肉鸡腹脂率显著降低，而腿肌率则显著升高。这些结果都揭示了胆汁酸等乳化剂能促进机体对油脂吸收和利用，并将更多的能量和营养物质从用于脂肪沉积转向用于肌肉生长，从而在降低腹脂的情况下提高了肉鸡的肌肉含量。

如图 5-5-1 所示，与基础日粮组相比，高脂日粮显著增加了肉鸡腹脂脂肪细胞的面积和周长，而日粮添加胆汁酸后，可显著降低脂肪细胞的面积和周长。日粮油脂和胆汁酸水平对肉鸡腹脂脂肪细胞大小的影响无显著交互作用。

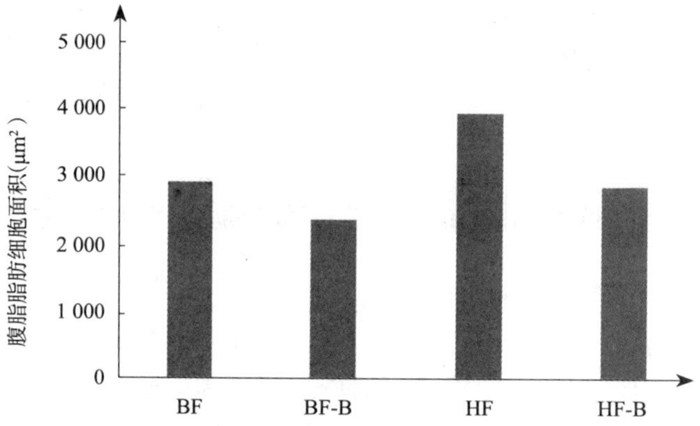

(a)

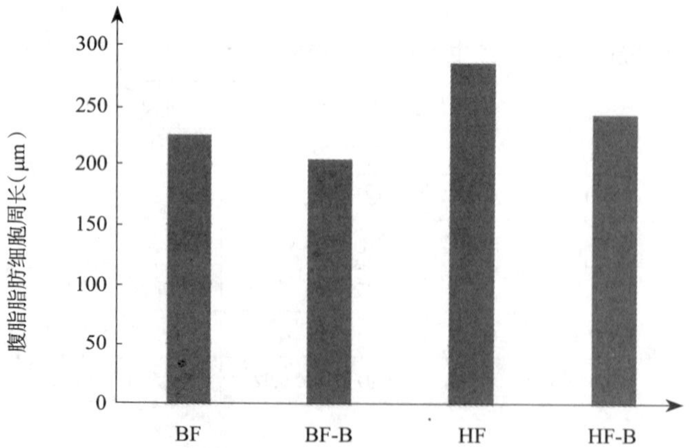

(b)

图 5-5-1　不同油脂水平日粮中添加胆汁酸对肉鸡腹脂细胞

(a)面积　(b)周长

随着饲料营养成分增加，在满足畜禽快速生长和发育的同时，也会伴随着畜禽体脂沉积过度的负面情况，其中过高腹脂率是肉鸡产业面临的最主要的问题之一。腹脂过多对饲料报酬、肉品质以及动物自身健康都有一定的负面影响，因此，研究腹脂沉积的过程及原因对改善肉品质有着深远的意义。导致腹脂沉积的因素有很多，Sanz 等[87]研究指出，相比于添加牛脂，葵花籽油日粮能够显著增加肉鸡的腹脂沉积，这与脂肪分解速率的降低或脂肪合成速率的增加有关。同时大量研究数据表明，高脂饲粮会诱导动物腹脂过度沉积。此外有研究指出，脂肪沉积主要与脂肪细胞数量增多以及脂肪细胞增大有关，尤其在机体生长后期，脂肪沉积量增加主要是由脂肪细胞的增大而导致的。相比于基础日粮，高脂日粮会显著增加腹脂细胞的周长和面积，因此脂肪细胞增大可能是导致高脂组肉鸡腹脂率升高的一个重要原因。日粮添加胆汁酸后可以显著降低腹脂脂肪细胞的周长和面积，从而降低腹脂率。这些结果揭示了胆汁酸在改善胴体品质方面有着积极的效果，但目前有关于乳化剂对家禽腹脂细胞大小影响机制的研究较少，因此仍然需要大量的研究和探索。

5.5.13　不同油脂水平日粮中添加胆汁酸对肉鸡胸肌品质的影响

如表 5-5-7 所示，油脂水平对肉鸡胸肌品质的各项指标皆无显著影响，而日粮添加胆汁酸能够显著降低肉鸡胸肌 pH 值，且胆汁酸日粮组肉鸡胸肌 b^* 值显著升高。日粮油脂和胆汁酸水平对肉鸡胸肌滴水损失、压力损失及其他系水力指标皆无显著影响。日粮油脂和胆汁酸水平对肉鸡胸肌品质的影响无显著交互作用。

表 5-5-7　不同油脂水平日粮中添加胆汁酸对肉鸡胸肌品质的影响

指标	分组				标准误差 SEM²	*P* 值		
	BF	BF-B	HF	HF-B		Fat	胆汁酸	Fat× 胆汁酸
pH(45 min)	6.23	6.17	6.25	6.22	0.03	0.31	0.19	0.66
pH(24 h)	6.12	5.98	6.04	5.94	0.05	0.27	0.02	0.72
L^*	41.26	41.21	41.66	42.18	0.37	0.07	0.54	0.44
a^*	3.37	3.42	3.29	3.31	0.16	0.55	0.82	0.94
b^*	13.92	14.62	14.35	14.88	0.23	0.15	0.01	0.73
滴水损失(24 h)(%)	3.19	3.00	2.99	2.98	0.18	0.56	0.62	0.63
滴水损失(48 h)(%)	5.44	5.15	5.29	5.11	0.14	0.48	0.09	0.69
蒸煮损失(%)	17.84	16.98	16.71	16.50	0.52	0.13	0.31	0.53
剪切力(N)	22.72	21.12	20.62	20.27	0.73	0.05	0.19	0.40
压力损失(%)	28.17	27.37	27.59	26.91	1.02	0.62	0.48	0.95

pH 值、肉色和系水力等是衡量畜禽宰后肌肉品质的关键指标。pH 值能直观反映畜禽被屠宰后肌肉的酸碱值。畜禽被屠宰后，机体的正常代谢终止，肌肉会进行无氧分解并产生乳酸，因此肌肉 pH 值会呈现下降趋势。本试验研究结果表明，日粮中油脂水平对肉鸡胸肌和腿肌的 pH 值无显著影响，但日粮添加胆汁酸后能显著降低宰后 24 h 的胸肌 pH 值和 45 min 及 24 h 的腿肌 pH 值。当高油脂水平日粮提供较多能量时，机体便会将超过自身代

谢需求的能量以 TG 和糖原的形式积存于体内,随着糖原含量增加,动物屠宰后肌肉内的无氧酵解会加强,从而产生更多的乳酸导致肌肉 pH 下降。而且有研究指出,在适当的范围内,pH 值相对较低的肉品,其货架期也相对较长。因此综合本试验结果表明,胆汁酸对延长肉鸡肌肉的货架寿命有一定的积极作用,这可能是胆汁酸促进了脂肪在肌肉中的沉积而产生的结果。pH 值的变化不仅可以反映畜禽屠宰后肌糖原的降解速度,而且与肌肉的系水力、嫩度以及肉色等都有一定的相关性。添加胆汁酸可以显著减少腿肌 48 h 的滴水损失。滴水损失是评定肌肉系水力的一个关键性指标,两者之间呈负相关。

5.5.14 不同油脂水平日粮中添加胆汁酸对肉鸡腿肌品质的影响

从表 5-5-8 可以看出,油脂添加水平对肉鸡腿肌品质各项指标皆无显著影响。与未添加胆汁酸的日粮相比,胆汁酸日粮可显著降低肉鸡腿肌的 pH(45 min)和 pH(24 h)值;同时,胆汁酸日粮组肉鸡腿肌 48 h 滴水损失也显著低于未添加胆汁酸组,除此之外各组肉鸡腿肌的压力损失和剪切力等指标无显著差异。日粮油脂和胆汁酸水平对肉鸡腿肌品质的影响无显著交互作用。

表 5-5-8 不同油脂水平日粮中添加胆汁酸对肉鸡腿肌品质的影响

指标	分组				标准误差 SEM[2]	*P* 值		
	BF	BF-B	HF	HF-B		Fat	胆汁酸	Fat × 胆汁酸
pH(45 min)	6.17	6.03	6.13	5.98	0.05	0.33	0.01	0.87
pH(24 h)	5.97	5.81	5.91	5.80	0.03	0.17	<0.01	0.39
*L**	44.98	44.32	44.38	43.96	0.32	0.15	0.10	0.72
*a**	4.70	4.71	4.69	4.62	0.13	0.68	0.81	0.73
*b**	15.09	15.48	15.32	15.65	0.37	0.60	0.33	0.94
滴水损失(24 h)(%)	3.51	3.27	3.48	3.18	0.24	0.80	0.26	0.90
滴水损失(48 h)(%)	28.72	26.52	27.16	27.40	1.10	0.45	0.19	0.52
蒸煮损失(%)	19.79	18.71	19.86	18.55	0.81	0.96	0.15	0.89
剪切力(N)	19.79	18.71	10.86	18.55	0.81	0.96	0.15	0.89
压力损失(%)	31.71	30.69	31.34	30.65	1.12	0.86	0.45	0.88

5.5.15 不同油脂水平日粮中添加胆汁酸对肉鸡肌内脂肪含量的影响

从图 5-5-2 可以看出,日粮油脂水平对胸肌和腿肌中的 IMF 无显著影响。而日粮补充胆汁酸可显著增加胸肌和腿肌中的 IMF 含量。日粮油脂和胆汁酸添加量对肉鸡胸肌和腿肌中 IMF 含量的影响无显著交互作用。

肌内脂肪存在于肌肉纤维之间和肌细胞内,是肌肉组成的重要成分。尤其在家畜生产中,肌肉中 IMF 的含量直接影响大理石花纹的评定,而后者是衡量肉品质量的重要标准之一。IMF 的含量受很多因素影响,包括动物品种、性别、环境和管理等,其中日粮营养成分是最关键的因素之一。许多研究证实了 IMF 与肌肉品质的关系，而关于乳化剂对肉鸡 IMF 的报道较少；但有研究指出，目前市场上，鸡胸肉因含有较低的 IMF 而导致其风味以及口感被消费者接受的程度较低。葛晓可试验结果显示，日粮添加胆汁酸能显著增加肉鸡胸肌和腿肌的 IMF 含量，这也暗示胆汁酸作为添加剂改善禽肉品质的可行性。由此说明，胆汁酸之所以能够提高肌肉的系水力以及增加胸肌率与腿肌率可能与 IMF 沉积的增多有关。

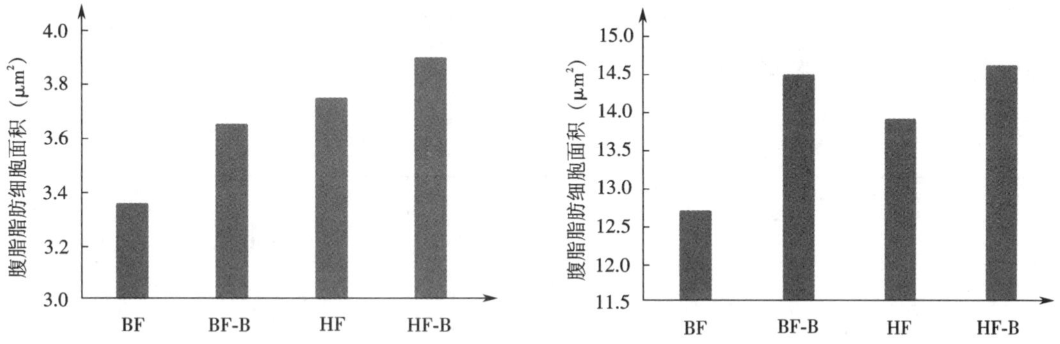

图 5-5-2　不同油脂水平日粮中添加胆汁酸对肉鸡胸肌和腿肌内脂肪含量的影响

（a）胸肌　（b）腿肌

5.5.16　不同油脂水平日粮中添加胆汁酸对肉鸡血脂水平及肝脏脂代谢的影响

油脂除了是饲料中能量的主要来源，还能提供畜禽生长所必需的脂肪酸。日粮中添加适量的油脂能够在提高饲料报酬的同时提高畜禽的生长性能。然而较多报道表明，对于家禽尤其是幼禽来说，消化道中的消化酶以及内源性乳化物质有限，因此常常不能对饲料中的油脂及其他脂溶性物质进行有效的消化吸收和利用，这不仅会成饲料资源浪费，也可能给家禽健康带来不利的影响。家禽对日粮油脂利用不完全也会造成体脂过度沉积，不仅会降低胴体品质，还可能增加肝脏的代谢负担，导致肝脏代谢紊乱，最终造成整个机体能量代谢的紊乱，这势必会给养殖业带来较大的损失，因此这也成为畜牧生产实践中关注的热点问题之一。胆汁酸是肝脏细胞内胆固醇的一种代谢产物，其分子既具有亲水性又具有亲脂性，这种两性结构使其成为一种表面活性较强的乳化剂，能有效乳化脂类物质，加速机体对脂类营养素的消化和吸收。

日粮添加胆汁酸可以提高肉鸡生长性能、促进饲料养分利用率以及改善胴体品质等。除了能作为乳化剂提高动物机体对脂类营养素的消化吸收，胆汁酸还可作为重要的信号分子，可通过激活 FXR 和 G 蛋白偶联膜受体等信号通路参与机体糖脂代谢的调节。胆汁酸在对肝脏保护以及治疗肝病等方面已有较多的临床研究成果；作为 FXR 的天然配体，胆汁酸可通过激活 FXR 来治疗人类和动物的肝脏疾病，尤其是胆汁酸用于非酒精性脂肪肝病（NAFLD）的疗法已经得到越来越多的证实。葛晓可就胆汁酸对家禽肝脏及其代谢功能影响展开研究，通过在不同油脂水平日粮中添加胆汁酸，探究了其对肉鸡肝脏功能以及脂代谢的影响。

5.5.17 不同油脂水平日粮中添加胆汁酸对肉鸡肝脏指数和肝脂率的影响

从表 5-5-9 可以看出，21 d 时，日粮补充胆汁酸显著降低了肉鸡的肝脏指数和肝脏 TG 水平，日粮油脂水平对肝脏指数及肝脂率无显著影响。42 d 时，与基础日粮组相比，肉鸡肝脏指数和肝脏 TG 水平在高脂日粮组显著增加。日粮添加胆汁酸后肝脏指数和肝脏 TG 含量显著下降，并且日粮油脂水平和胆汁酸对肉鸡肝脏指数的影响存在交互作用，即日粮添加胆汁酸能显著降低由高脂日粮引起的肉鸡肝脏指数升高。日粮油脂水平和胆汁酸对肝脏前期和后期的 TC 含量无显著影响。

表 5-5-9 不同油脂水平日粮中添加胆汁酸对肉鸡肝脏指数和肝脂率的影响

指标	分组				标准误差 SEM^2	*P* 值		
	BF	BF-B	HF	HF-B		Fat	胆汁酸	Fat× 胆汁酸
21 d 肝脏指数(%)	3.02	2.71	3.06	2.76	0.10	0.65	<0.01	0.99
21 d 甘油三酯(mmol/g prot)	0.15	0.14	0.16	0.15	0.01	0.08	0.26	0.66
21 d 总胆固醇(mmol/g prot)	0.08	0.08	0.08	0.08	0.01	0.77	0.88	0.98
42 d 肝脏指数(%)	2.07	2.03	2.45	2.05	0.08	0.02	0.01	0.04
42 d 甘油三酯(mmol/g prot)	0.17	0.16	0.23	0.17	0.02	0.04	0.04	0.22
42 d 总胆固醇(mmol/g prot)	0.10	0.10	0.10	0.10	0.01	0.87	0.90	0.94

油脂是用来增加饲料中能量水平的首选添加物，适宜地增加日粮油脂水平能够促进家禽的生长性能。官丽辉等[88]的研究指出，相比其他日粮，高脂日粮中较高的能量水平能显著增加乌骨鸡的体增重，并且提高鸡肉的营养价值，但其试验结果也表明口粮中的能量水平与肝脏指数呈正相关关系，即高脂口粮组肉鸡的肝脏指数显著升高。早前就有研究指出，脂肪指数增加是鸡脂肪肝形成的表现之一。此外，有相当多的报道指出，高脂日粮能导致动物肝脏内脂肪沉积过多，从而形成脂肪肝。本试验的结果也证实，高脂饲粮会导致肉鸡肝脏内的 TG 水平显著高于基础日粮组，这也进一步揭示，本试验中肉鸡过高的肝脏指数可能与高脂饲粮导致的肝脏脂质多度沉积有关。而肝脏内脂质积聚是 NAFLD 形成的一个重要因素，还可能会继续发展成肝炎、肝硬化甚至是肝癌等一系列肝病。肝脏脂肪过度沉积主要由肝脏脂质合成途径增强导致，包括脂肪酸吸收以及合成增加等，或者是由于脂质分解代谢减弱等因素造成；因此，肝脏脂肪过度沉积是由脂质代谢失衡所致。Tuvia 等[89]试验数据表明，日粮添加胆汁酸混合物能显著缓解由高脂饲粮诱导的小鼠肝脏 TG 水平增加，对预防和治疗脂肪肝有显著的效果。试验数据也表明，日粮添加胆汁酸能显著降低肉鸡肝脏 TG 水平和高脂日粮组的肉鸡肝脏指数。

5.5.18 不同油脂水平日粮中添加胆汁酸对肉鸡血清转氨酶活性的影响

从图 5-5-3 可以看出，21 d 时，高脂日粮显著增加了肉鸡血清中 ALT 和 AST 的活性，日粮添加胆汁酸对肉鸡肝脏前期 ALT 和 AST 活性无显著影响。42 d 时，高脂日粮同样显著增加了肉鸡肝脏 ALT 和 AST 活性，而日粮补充胆汁酸显著降低了肝脏 ALT 和 AST 活性。日粮油脂和胆汁酸水平对肉鸡肝脏转氨酶活性的影响无显著交互作用。

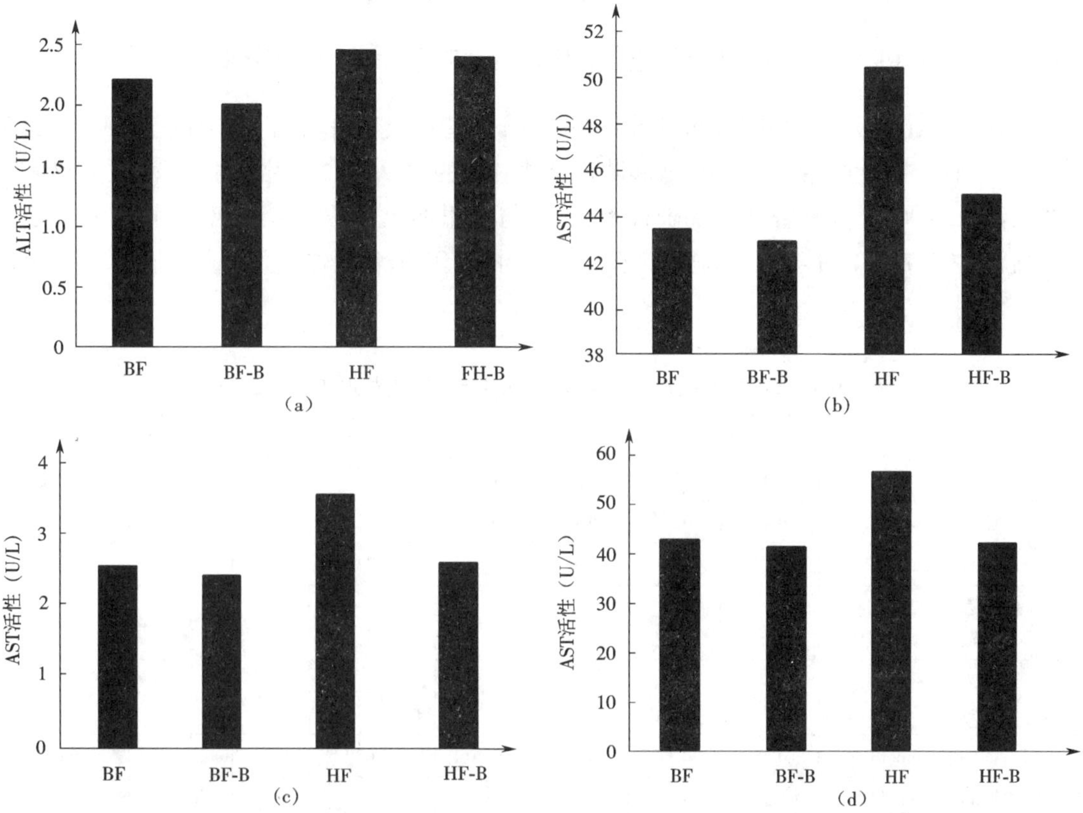

图 5-5-3　不同油脂水平日粮中添加胆汁酸对肉鸡血清中酶的活性的影响

(a)21 d ALT　(b)21 d AST　(c)42 d ALT　(d)42 d AST

肝脏脂质异常集聚会引发一系列有关肝脏损伤的健康问题，而血清中转氨酶活性是反映肝脏损伤的重要指标之一。ALT 和 AST 广泛存在于动物肝细胞胞浆和线粒体中，是参与蛋白质合成的重要肝酶。正常情况下，转氨酶在肝脏内活性比较高，而在血清中活性较对较弱，当肝脏出现变性或损伤而导致细胞膜通透性改变甚至细胞坏死时，肝脏中大量 ALT 和 AST 就会被释放进入血液中。有研究指出，ALT 和 AST 活性与肝脏脂质含量呈正比关系，因此，血清 ALT 和 AST 活性常被用来作为预判脂肪肝的代表性指标之一。许多研究显示，与基础日粮相比，高脂日粮显著增加小鼠肝脏相对重量以及肝脏中脂质含量，且血清中转氨酶活性也显著增强。这与本试验结果相似，即高脂组肉鸡血清中 ALT 和 AST 活性显著高于基础日粮组。实际上，当机体血清 ALT 和 AST 升高时，预示机体可能出现或者已经出现代谢紊乱，尤其是脂代谢紊乱。有研究还指出，与腹脂率较低的肉鸡相比，腹脂率高的肉鸡血清 ALT 和 AST 活性显著较高。而腹脂率与肝脂率呈正相关性，两者的升高都预示着机体存在代谢失衡问题，这在一定程度上证实：高脂日粮会引起肉鸡肝脏脂质过度积聚并引起肝细胞损伤，并可能对肉鸡能量代谢产生负面影响。而本试验数据表明，日粮添加胆汁酸后,肉鸡血清中转氨酶活性显著降低,这可能与胆汁酸能够降低肝脏中脂质过度沉积有关。近年来,关于胆汁酸治疗肝病,尤其是治疗 NAFLD 有较多的报道,但关于在肉鸡健康上的应用研究较少,因此,探索胆汁酸保护肉鸡肝脏的具体作用机理仍然需要进一步研究。

5.5.19 不同油脂水平日粮中添加胆汁酸对肉鸡血脂水平的影响

如表 5-5-10 所示, 21 d 时,与基础日粮相比,高脂日粮显著增加了肉鸡血清中 TG 的含量,而日粮补充胆汁酸后能显著减低肉鸡血清中 TG 的水平。42 d 时,高脂日粮组肉鸡血清中 TG 和 HDL-C 含量显著高于基础日粮组,而与未添加胆汁酸日粮组相比,胆汁酸日粮组肉鸡血清中 TG 和 LDL-C 水平显著下降。日粮油脂和胆汁酸添加量对肉鸡血脂水平无显著交互作用。

表 5-5-10 不同油脂水平日粮中添加胆汁酸对肉鸡血脂水平的影响

指标	分组				标准误差 SEM²	*P* 值		
	BF	BF-B	HF	HF-B		Fat	胆汁酸	Fat × 胆汁酸
21 d 甘油三酯(mmol/L)	0.41	0.37	0.45	0.40	0.02	0.08	0.02	0.74
21 d 总胆固醇(mmol/L)	4.12	3.64	3.96	3.62	0.21	0.68	0.07	0.76
21 d 高密度脂蛋白胆固醇(mmol/L)	3.32	3.40	3.57	3.73	0.17	0.10	0.51	0.82
21 d 低密度脂蛋白胆固醇(mmol/L)	1.46	1.43	1.56	1.51	0.07	0.18	0.57	0.92
42 d 甘油三酯(mmol/L)	0.45	0.37	0.50	0.40	0.02	0.03	<0.01	0.68
42 d 总胆固醇(mmol/L)	3.46	3.43	3.51	3.45	0.12	0.77	0.69	0.89
42 d 高密度脂蛋白胆固醇(mmol/L)	3.01	3.39	3.53	3.69	0.18	0.03	0.15	0.54
42 d 低密度脂蛋白胆固醇(mmol/L)	1.21	1.00	1.29	1.01	0.07	0.52	<0.01	0.57

肝脏是禽类最重要的脂肪代谢器官,而血清 TG、TC、HDL-C 和 LDL-C 是衡量脂质代谢正常与否的关键指标。血清 TG 升高已经被证实与心血管疾病显著相关。早期的调查结果显示,血清高 TG 水平是诱导冠状动脉粥样硬化的关键危险因素。另外,血清 TG 升高会显著增加肝脏脂质沉积,从而加剧形成脂肪肝的风险。有研究指出,当肝脏脂质沉积过多时,肝内会释放大量未酯化完全的脂肪酸,后者是合成脂质的前体物质,这会导致血清 TG 水平升高。Park 等 [90] 研究指出,通过乙醇诱导大鼠脂肪肝发生时,随着肝脏内 TG 水平的增加,血清中 TG 含量也会显著增加。导致血清 TG 升高的异常因素有很多,包括遗传、饮食、生活方式等,其中最主要的原因就是机体脂代谢紊乱。Sun 等 [91] 的试验数据表明,高脂饲粮会导致小鼠脂代谢异常,血清 TG 水平显著升高。这与本试验研究结果相似,高脂日粮显著增加肉鸡血清 TG 水平,这可能与肝脏中增加的脂质含量有一定关系。

关于乳化剂调节肉鸡血脂的报道已有较多, Farman 等 [56] 的研究结果表明,日粮补充乳化剂可以降低肉鸡的血清 TG 浓度，日粮补充胆汁酸可以显著降低肉鸡血清 TG 水平。大量研究证实，HDL-C 在保护机体心血管健康方面的积极作用，该脂蛋白胆固醇含量与众多心血管疾病的发生率呈负相关。与此同时，高脂日粮能显著增加血清 HDL-C 水平，HDL 负责将外周组织中的胆固醇输送回肝脏，从而降低外周组织及血清中胆固醇的含量。关于胆汁酸对于机体 HDL-C 水平的研究结论不一致，Boulias 等[92]研究结论显示，胆汁酸可以通过上调微小异源二聚体伙伴基因的表达量来降低肝脏内源 HDL 载体的表达量，从而降低血清 HDL-C 的水平。

而郭永丽[93]的研究结果显示，在日粮中添加胆汁酸能显著升高草鱼血清中 HDL-C 的含量，本试验数据显示，胆汁酸对肉鸡血清中 HDL-C 水平无显著影响。关于胆汁酸对血脂结果调节的差异，可能与动物品种、日龄和胆汁酸添加量等都有关系，具体原因需要进一步研究。另外，血清 HDL-C 含量与一些心血管疾病发生率呈正相关，与 HDL 不同，LDL 是将内源性胆固醇输送至外周组织的载体。有关外源性胆汁酸对畜禽血清胆固醇含量影响的研究较少，但有报道指出胆汁酸在维持机体胆固醇平衡发挥着至关重要的作用。葛晓可的研究结果表明，与未添加胆汁酸组肉鸡相比，胆汁酸日粮组肉鸡血清 LDL-C 含量显著减少，证实了胆汁酸在调节血脂方面具有积极的作用。

5.5.20　不同油脂水平日粮中添加胆汁酸对肉鸡肝脏脂代谢酶活性的影响

如表 5-5-11 所示，21 d 时，与基础日粮组相比，高脂日粮组肉鸡肝脏中 LPL 和 TL 活性显著降低，而日粮补充胆汁酸对肝脏脂代谢酶活无显著影响。42 d 时，高脂日粮显著降低肉鸡肝脏中 LPL 活性，而日粮补充胆汁酸显著增加了肉鸡肝脏 LPL 活性。各组肉鸡肝脏中 HL 活性无显著差异，日粮油脂和胆汁酸水平对肉鸡肝脏脂代谢酶活性无显著交互作用。

表 5-5-11　不同油脂水平日粮中添加胆汁酸对肉鸡肝脏脂代谢酶活性的影响

指标	分组				标准误差 SEM²	*P* 值		
	BF	BF-B	HF	HF-B		Fat	胆汁酸	Fat× 胆汁酸
21 d 胰蛋白脂酶（U/mg prot）	1.10	1.12	0.92	0.98	0.07	0.03	0.58	0.73
21 d 肝脂酶（U/mg prot）	1.23	1.24	1.17	1.18	0.07	0.42	0.90	0.98
21 d 总脂酶（U/mg prot）	2.33	2.35	2.09	2.16	0.08	0.01	0.55	0.74
42 d 胰蛋白脂酶（U/mg prot）	1.16	1.32	0.96	1.16	0.07	0.02	0.02	0.77
42 d 肝脂酶（U/mg prot）	1.31	1.35	1.22	1.30	0.09	0.44	0.54	0.86
42 d 总脂酶（U/mg prot）	2.47	2.67	2.18	2.45	0.13	0.07	0.09	0.79

HL 和 LPL 是脂代谢过程中关键酶，广泛存在于肝脏、心脏和肾脏等组织中。HL 主要是由肝细胞合成的一种糖蛋白，随着肝素释放进血液的 HL 能水解各类脂蛋白中的磷脂及 TG，肝脏中 HL 能与脂蛋白结合，起到避免动脉粥样硬化的作用。本试验研究并未发现日粮油脂及胆汁酸水平对肉鸡肝脏中 HL 活性有显著的影响。而曾本和等[94]在研究胆汁酸对幼鱼肠道脂代谢消化酶活性的研究中发现，肠道 HL 活性与胆汁酸的添加量有关。LPL

是将乳糜微粒和极低密度脂蛋白中 TG 水解为游离脂肪酸过程中的关键酶,同时 LPL 在脂肪转运过程中发挥着重要作用。大量研究发现 LPL 活性异常与许多生理性病症相关,包括动脉粥样硬化、肥胖症和糖脂代谢异常等疾病。另外,许多研究发现,机体血液中 TG 异常升高常伴随着 LPL 活性的降低。

Lai 等 [78] 等的试验研究结果显示,日粮添加胆汁酸后,肉鸡肝脏 LPL 活性显著上升,对肉鸡肠道健康的研究中也发现,饲粮中添加胆汁酸能显著提高肉鸡肠道 LPL 的活性。有研究指出,胆汁酸可通过激活 FXR,间接调节 LPL 活性,LPL 在调节血脂水平方面发挥着至关重要的角色。因此,这似乎揭示了胆汁酸可能是通过增强肉鸡肝脏 LPL 活性来降低血清中 TG 水平。

5.5.21　不同油脂水平日粮中添加胆汁酸对肉鸡肝脏脂代谢基因表达量的影响

如图 5-5-4 所示，21 d 时,高脂日粮显著增加了肉鸡肝脏中 SREBF1 和 ACC 的 mRNA 表达量,并降低了 CPT1 的 mRNA 表达量,而日粮补充胆汁酸显著降低了肝脏 SREBF1 和 ACC 的 mRNA 表达量,并显著增加了肝脏 PPARα 和 CPT1 的 mRNA 表达量。42 d 时,高脂日粮显著增加了肉鸡肝脏 SREBF 1 和 FAS mRNA 表达量,并降低了肉鸡肝脏 CPT1 的 mRNA 表达量,日粮添加胆汁酸组肉鸡肝脏 SREBF 1 和 FAS mRNA 表达量显著下降,同时胆汁酸显著上调了肝脏中 PPARα 和 CPT1 的 mRNA 表达量。日粮油脂和胆汁酸水平对肉鸡肝脏脂代谢相关基因 mRNA 表达量的影响无显著交互作用。

胆汁酸除了能促进脂溶性营养素的消化吸收,它还可作为信号分子调节机体的糖脂代谢。胆汁酸是 FXR 受体的天然配体,研究表明该受体作为核受体超家族成员之一,在调节机体糖脂代谢稳态过程中发挥至关重要的作用。FXR 受体被激活后,可以抑制肝脏中 SREBF1 的表达，SREBF1 是属于螺旋-环-螺旋亮氨酸拉链家族的转录因子,该转录因子参与编码与脂肪酸合成相关基因的表达,包括与体脂沉积有关的固醇调节元件结合蛋白 LC,并且还有研究报道指出，FXR 能下调脂肪合成过程中关键酶 FAS 和 ACC 基因的 mRNA 水平。多人的研究同样表明，FXR 能下调 ACC 等生脂基因的表达量,高脂日粮显著上调了肝脏脂肪生成基因的表达量,包括 SREBF1、FAS 和 ACC,而日粮添加胆汁酸能显著降低这些生脂基因的表达量,从而限制脂质的合成。

Piekarski 等 [57] 的研究也表明,日粮添加胆汁酸后,能显著下调肝脏 FAS 和 ACC 等脂肪生成基因及其相关转录因子的基因表达水平。CPT1 的作用是促进活化脂肪酸向线粒体内膜转运,该酶是脂肪酸氧化过程中的限速酶。PPARα 属于核受体超家族的成员之一,该受体与配体结合活化后,能提高与脂质分解相关酶的基因的转录,并且还参与调节脂质转运相关基因的转录与活化,因此,该受体表达量增加能使机体脂肪酸分解能力加强。提高 PPARα 表达量可以使小鼠有效避免由于高脂饲粮而导致的 NAFLDP。由此可见,胆汁酸可能是通过下调生脂基因的表达并上调脂解基因的表达,从而实现对肉鸡脂代谢的调节,包括降低由高脂饲粮导致的肝脏脂质沉积、腹脂沉积以及血清中 TG 的水平,而胆汁酸对肉鸡脂代谢的具体调节作用机制,仍然有待进一步的研究。

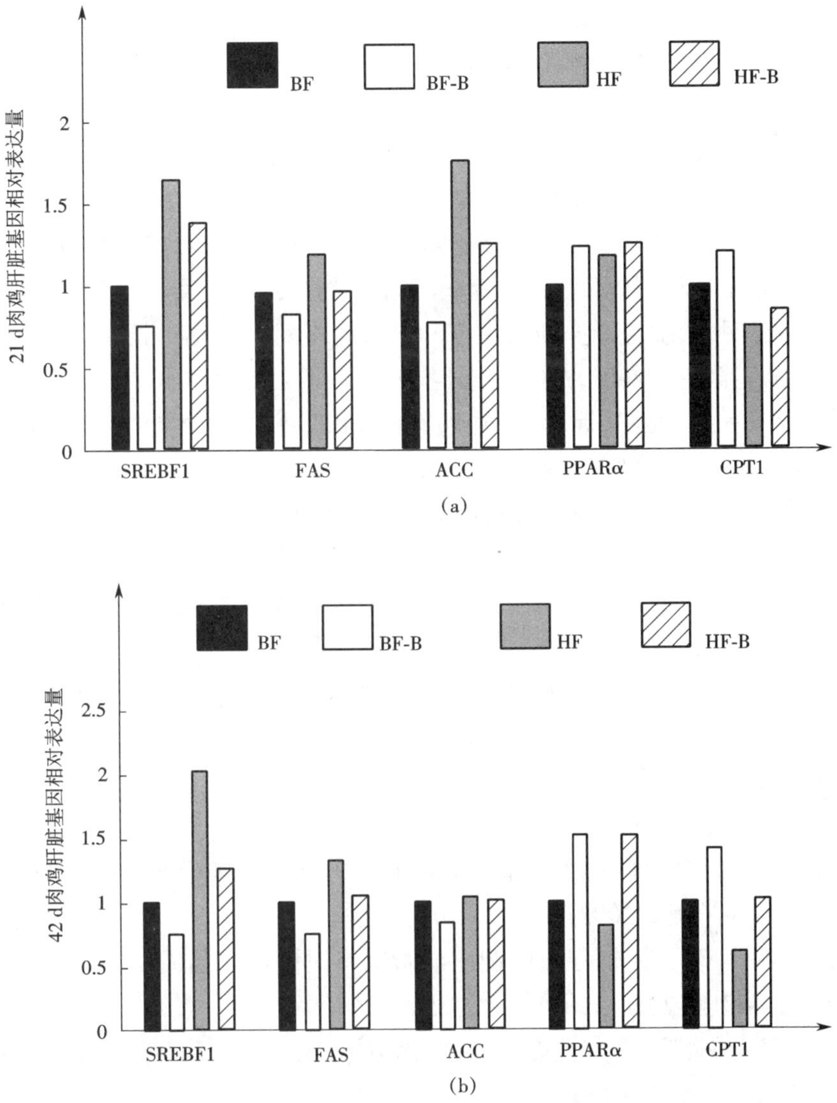

图 5-5-4　不同油脂水平日粮中添加胆汁酸对肉鸡肝脏脂代谢相关基因表达量的影响

(a)21 d　(b)42 d

参考文献

[1] 瞿丞,贺稚非,李少博,等. 我国肉鸡生产加工现状与发展趋势 [J]. 食品与发酵工业,2019,45(8):258-265.

[2] 杨明. 肉鸡、蛋鸡生产方式转变调研分析 [D]. 泰安:山东农业大学, 2017.

[3] 祁振宇. 胆汁酸在肉鸡养殖中的应用研究 [D]. 泰安:山东农业大学, 2017.

[4] 杨玉芝,刘敬盛,李燕舞,等. 胆汁酸对“817”肉杂鸡生产性能的影响 [J]. 中国家禽,2009,31(12):62-63,65.

[5] 武中会,韩向敏. 胆汁酸复合乳化剂对肉鸡生产性能及肠道消化酶活性的影响 [J]. 畜牧

兽医杂志,2008,27(5):1-4.
[6] 邓茂先,贺普霄. 产蛋鸡日粮添加油脂对生产性能及血脂的影响 [J]. 中国饲料,1995,(17):7-9.
[7] 于会民,李德发,管武太,等. 不同脂肪对肉鸡营养素沉积、体组成和血清代谢物的影响 [J]. 畜牧兽医学报,1998,29(4):304-314.
[8] 张照喜,马玉胜. 夏季日粮中添加动物脂肪对肉仔鸡的增重效果 [J]. 中国家禽,1997(6):15.
[9] 蔡泽华,郭建同. 肉用仔鸡日粮添加棕榈油饲养试验 [J]. 福建畜牧兽医,2000,22(5):4-5.
[10] 李娟娟,佟建明,董晓芳,等. 油脂类型和日粮能量对肉仔鸡生长性能和脂肪沉积的影响 [J]. 动物营养学报,2008,20(5):501-508.
[11] 陈士勇,呙于明,夏兆刚,等. 不同类型多不饱和脂肪酸对产蛋鸡免疫功能及肝脏脂质过氧化的影响 [J]. 营养学报,2003,25(4):383-388.
[12] 曹爱智,李金宝,娄倩倩. 胆汁酸对肉鸡生产、屠宰和免疫功能的影响 [J]. 饲料研究,2011,6:35-37.
[13] 陈什培,江培发,曾胜兵,等. 玉米蛋白饲料饲喂生长育肥猪效果研究 [J]. 家畜生态学报,2000,21(2):25-27.
[14] 赵晓芳,张宏福. 胆汁酸的生理功能及在畜牧业中的应用 [J]. 饲料工业,2007,28(10):8-10.
[15] 杨烨,文杰,陈继兰,等. 大豆磷脂油对河田鸡脂肪代谢与肉质性状的影响 [J]. 中国家禽,2005,27(12):17-19.
[16] 杨丹丹,黄进,王恬. 日粮中添加溶血卵磷脂对肉仔鸡脂类代谢的影响 [J]. 福建农林大学学报(自然科学版),2008,37(4):393-398.
[17] 安文俊,张丽,庄苏,等. 饲喂不同配比油脂饲料对肉鸡肉品质及肌肉中脂肪酸组成的影响 [J]. 食品科学,2011,32(15):245-250.
[18] 郭鹏飞. 牛磺酸对肉鸭生产性能、血液生化指标、免疫机能和胴体品质影响的研究 [D]. 保定:河北农业大学,2004.
[19] 刘梅. 急性热应激对肉仔鸡生长性能及脂肪代谢的影响 [J]. 动物营养学报,2011,23(5):862-868.
[20] 于琦,李华. 中国蛋鸡产业现状及发展思路 [J]. 农业生产展望,2018,14(4):23-26.
[21] 腰文颖. 全国蛋鸡生产情况与趋势分析 [J]. 北方牧业,2017(17):11.
[22] 杨宁. 蛋鸡产业要从增量发展转向提质增效 [J]. 甘肃畜牧兽医,2017,47(2):24-25.
[23] 张融,王树才,王伟,等. 我国蛋鸡集约化无公害养殖发展趋势研究 [J]. 农机化研究,2014,36(8):245-249.
[24] 卞有生. 生态农业中废弃物的处理与再生利用 [M]. 北京:化学工业出版社,2005.
[25] 杨宁. 我国蛋鸡产业发展现状和趋势分析 [J]. 今日畜牧兽医,2010(5):6.
[26] 杨宁,秦富,徐桂云,等. 我国蛋鸡养殖规模化发展现状调研分析报告 [J]. 中国家禽,2014,36(7):2-9.

[27] 刘敬盛,杨玉芝,王君荣,等. 胆汁酸的营养特性及其在家禽生产中应用的研究进展 [J]. 中国畜牧兽医,2010,37(1): 13-16.
[28] 李淑芹,胡玖坤. 畜禽粪便污染及治理技术 [J]. 可再生能源,2003(1):21-23.
[29] 张大龙. 蛋鸡健康养殖技术 [M]. 北京:中国农业大学出版社,2013.
[30] 李焕江. 动物营养调控技术的研究及应用 [J]. 江西饲料,2006(1): 8-11.
[31] 耿爱莲,石晓琳,王海宏,等. 饲粮粗蛋白质水平对散养北京油鸡产蛋性能及蛋品质的影响 [J]. 动物营养学报,2011,23(2):307-315.
[32] 王伟. 禽脂肪肝综合征的原因分析与诊治 [J]. 现代畜牧科技,2012(7):134.
[33] 林仕梅,叶元土,罗莉. 胆汁酸添加剂对异育银鲫生长的影响 [J]. 广东饲料，2003，12(3): 14-15.
[34] 崔明明. 胆汁酸与氯化胆碱在蛋鸡生产上的应用研究 [D]. 哈尔滨:东北农业大学，2018.
[35] 陈淑芹,张菁,方启晨. 胆汁酸对糖脂及能量代谢调节作用的研究进展 [J]. 医学综述，2016，22(5):947-950.
[36] 田博,黄芳芳,徐良梅,等. 饲粮不同能量水平对产蛋初期肉种鸡产蛋性能、蛋品质和蛋组分的影响 [J]. 动物营养学报,2012，24(2):327-333.
[37] 左旭冬,王桢璐,慈晓通,等. 饲粮中添加鹅脱氧胆汁酸对种鸡脂代谢、生产性能及子代肌肉发育的影响 [J]. 动物营养学报,2016，28(8):2589-2598.
[38] 廖杰. 氯化胆碱对蛋鸡生产性能的影响 [J]. 中国畜牧业,2012(2):51-53.
[39] 文杰. 我国肉鸡产业现状与鸡肉安全 [J]. 今日畜牧兽医 ,2013,(5): 40-42.
[40] 霍晓娜,张剑波. 近年来中国肉鸡产业发展现状及未来展望 [J]. 农业展望，2020(3): 62-66.
[41] 姜长云. 发展农业产业化龙头企业的若干思考 [J]. 宏观经济管理,2013，12:31-32.
[42] 张衡. 呼和浩特市农业龙头企业与合作农户利益联结机制研究 [D]. 杨凌:西北农林科技大学,2017.
[43] 陈雪. 农业龙头企业与农户利益联结的博弈分析 [D]. 大连:东北财经大学,2017.
[44] 张镇福,苏忠厚,李德发. 不同来源的脂肪对肉仔鸡生产性能、腹脂含量和脚胫着色的影响 [J]. 饲料工业,2001，22(6): 30-32.
[45] SOEDE I J. Fat digestive physicalogy and exogenous emulsifiers[J]. World poultry，2005，21(4):14-16.
[46] POLIN，D，WING T L，KI P，et al. The effect of bile acids and lipase on absorption of tallow by young chicks [J]. Poultry science，1980，59(12):2738-2743.
[47] ATTEH J O，LEESON S. Effects of dietary saturated or unsaturated fatty acids and calcium levels on performance and mineral metabolism of broiler chicks [J]. Poultry science，1984，63(11):2252-2260.
[48] 王吉峰,李海贤. 胆汁酸对蛋鸡脂肪代谢的影响 [J]. 饲料广角,2006(13):16-17.

[49] 武中会. 复合乳化剂对肉仔鸡生产性能及营养物质利用的影响 [D]. 兰州：甘肃农业大学，2008.

[50] 侯永清，和章聚. β-兴奋剂和乳化剂在肉鸡前期日粮中的使用效果 [J]. 粮食与饲料工业，1996（3）：34-36.

[51] MARZOOQT W，LESSON S. Evaluation of dietary supplements of lipase，detergent，and crude porcine pancreas on fat utilization by young chicks[J]. Poultry science，1999，78（11）：1561-1566.

[52] 秦鹏. 脂肪来源、乳化剂和脂肪酶对肉鸡生产和脂肪利用的影响 [D]. 北京：中国农业大学，2003.

[53] 秦全忠. 外源性脂肪乳化剂饲喂肉仔鸡的试验 [J]. 饲料研究，2007（10）：51-55.

[54] 宋庆文. 动物脂肪代谢过程中关键酶的研究进展 [J]. 畜牧与饲料科学，2007（3）：58-60.

[55] 艾晓杰，韩正康. 成年鹅胃肠道食糜理化特性和消化酶活性的分段比较 [J]. 华中农业大学学报，2001，20（3）：262-264.

[56] FARMAN A S，MOHAMED E A E-H，MAHMOUD A，et al. Effect of soy lecithin on growth performance，nutrient digestibility and hepatic antioxidant parameters of broiler chickens [J]. International journal of pharmacology，2017，13（4）：396-402.

[57] PIEKARSKI A，DECUYPERE E，BUYSE J，et al. Chenodeoxycholic acid reduces feed intake and modulates the expression of hypothalamic neuropeptides and hepatic lipogenic genes in broiler chickens [J]. General and comparative endocrinology，2016，229：74-83.

[58] 于杜鹃，毛薇，王占彬. 女贞子提取物对蛋鸡产蛋高峰后期生产性能和免疫功能的影响 [J]. 中国畜牧兽医，2014，41（1）：88-91.

[59] 曾佳佳，陈静，陈振，等. 中草药-益生菌-胆汁酸复合制剂对蛋鸡生产性能、蛋品质及免疫指标的影响 [J]. 中国畜牧兽医，2018，45（4）：840-946.

[60] 程伟伟，王少琨，王进圣. 日粮添加胆汁酸对肉鸡生产性能、血清生化指标与屠宰性能的影响 [J]. 中国家禽，2017，39（3）：31-35.

[61] 范彧，李笑樱，马秋刚，等. 微生态制剂对产蛋后期蛋鸡生产性能及饲料营养物质消化率的影响 [J]. 中国畜牧杂志，2012，48（5）：55-58.

[62] 刘家国，张宝康，赵志辉. 不同原则中药组方对中后期蛋鸡生产性能的影响及其机理初探 [J]. 上海农业学报，2005，21（3）：50-54.

[63] 李晓丽，何万领，张才，等. 不同微生态制剂对蛋鸡生产性能、血清生化指标及蛋品质的影响 [J]. 中国兽医学报，2015，35（7）：1177-1180.

[64] 谢全喜，顾爱民，杨加梅，等. 益生菌-中草药复方制剂对海兰褐蛋鸡输卵管组织、生产性能及蛋品质的影响 [J]. 中国畜牧兽医，2015，42（9）：2371-2376.

[65] 肖珽，李爱军，张立田，等. 中草药饲料添加剂对鸡蛋品质影响的试验研究 [J]. 安全用药，2016，18（12）：28-30.

[66] 靳二辉，陈耀星，周金星，等. 黄芪、枸杞、金银花等中草药复方制剂对肉鸡免疫器官发

育及免疫功能的影响 [J]. 畜牧兽医学报，2017，48(6)，1128-1139.
[67] 何凤琴，周翠珍，王红梅，等. 复合大蒜素添加剂对蛋鸡抗病力的影响 [J]. 中国畜牧兽医，2008，35(2)：139-140.
[68] MAGUBANE M M，LEMBEDE B W，ERLWANGER K H，et al. Fat absorption and deposition in Japanese quail(*Cottrnix coturnix japonica*) fed a high fat diet [J]. Journal of the South African Veterinary Association，2013，84(1)：1-7.
[69] GHAZANFARI S，KERMANSHAHI H，NASSIRY M Y，et al. Effect of feed restriction and different energy and protein levels of the diet on growth performance and growth hormone in broiler chickens [J]. Journal of biologica sciences，2010，10(1)：25-30.
[70] VALKONEN F，VENÄLÄINEN E，ROSSOW L，et al. Effects of dietary energy content on the performance of laying hens in furnished and conventional cages [J]. Poultry science，2008，87(5)：844-852.
[71] 魏宗友，张建智，喻礼怀，等. 日粮能量水平对 6~10 周龄扬州鹅生产性能与脂肪沉积的影响 [J]. 动物营养学报，2009，21(5)：659-664.
[72] 刘振. 饲粮类型对鸡脂肪肝形成的影响及表观调控机制 [D]. 北京：中国农业科学院，2016.
[73] ZECHNER R，ZIMMERMANN R，EICHMANN T O，et al. Fat signals-lipases and lipolysis in lipidmetabolism and signaling [J]. Cell metabolism，2007，5(6)：279-291.
[74] MENG X，SLOMINSKI B A，GUENTER W. The effect of fat type，carbohydrase，and lipase addition on growth performance and nutrient utilization of young broilers fed wheat-based diets [J]. Poultry science，2004，83(10)：1718-1827.
[75] ATTIGANI A A. Effect of addition of peanut oil to feed on broiler performance [D]. Khartoum：Animal Production University of Khartoum，2008.
[76] HU Y D，LAN D，ZHU Y，et al. Effect of diets with different energy and lipase levels on performance，digestibility and carcass trait in broilers [J]. Asian-Australasian journal of animal sciences，2017，31(8)：1275-1284.
[77] 王华志，王道波，李秋霖，等. 油脂中脂肪酸成分与人体健康 [J]. 粮油加工，2010(6)：16-19.
[78] LAI W，HUANG W，DONG B，et al. Effects of dietary supplemental bile acids on performance，carcass characteristics，serum lipid metabolites and intestinal enzyme activities of broiler chickens [J]. Poultry science，2018，97(1)：196-202.
[79] 葛晓可. 不同油脂水平日粮中添加胆汁酸对肉鸡生长性能、肉品质和脂代谢的影响 [D]. 南京：南京农业大学，2019.
[80] NIU Z Y，SHI J S，LIU F Z，et al. Effects of dietary energy and protein on growth performance and carcass quality of broilers during starter phase [J]. International journal of poultry science，2009，8(5)：508-511.

[81] WANG J P, ZHANG Z F, YAN L, et al. Effects of dietary and carbohydrase on the growth performance, serum cholesterol and breast meat fatty acids profile of broiler chickens [J]. Animal science journal,2016,87(2):250-256

[82] YIRDAN A M, JAVIER C P, JOHANNA C B, et al. Growth performance, carcass traits and lipid profile of broiler chicks fed with an exogenous emulsifier and Increasing levels of energy provided by palm oil [J]. Journal of food agriculture and environment, 2013, 11(1): 629-633.

[83] UPADHAYA S D, LEE J S, JUNG K J, et al. Influence of emulsifier blends having different hydrophilic-lipophilic balance value on growth performance, nutrient digestibility, serum lipid profiles, and meat quality of broilers [J]. Poultry science,2018,97(1):255-261.

[84] TANCHAROENRAT P, RAVINDRAN V. Influence of tallow and calcium concentrations on the performance and energy and nutrient utilization in broiler starters [J]. Poultry science, 2014, 93(6): 1453-1462.

[85] ZHAO P Y, KIM I H. Effect of diets with different energy and lisophospholipids levels on performance, nutrient metabolism, and body composition in broilers [J]. Poultry science, 2017,96(5):1341-1347.

[86] FOUAD A M, EL-SENOUSEY H K. Nutritional factors affecting abdominal fat deposition in poultry: a review [J]. Asian-Australian journal of animal sciences, 2014, 27(7): 1057-1068.

[87] SANZ M, LOPEZ-BOTE C J, MENOYO D, et al. Abdominal fat deposition and fatty acid synthesis are lower and beta-oxidation is higher in broiler chickens fed diets containing unsaturated rather than saturated fat [J]. Journal of nutrition,2000, 130(12):3034-3037.

[88] 官丽辉,刘海斌,张立永,等. 日粮不同能量水平对育成鸡营养物质代谢及肌肉品质的影响 [J]. 中国兽医学报,2014,34(3):511-516.

[89] TUVIA G, ALICIA L F, LIANA G, et al. Prevention of diet-induced fatty liver in experimental animals by the oral administration of a fatty acid bile acid conjugate (FABAC) [J]. Hepatology, 2010,38(2):436-442.

[90] Park H J, Lee S J, Song Y, et al. Schisandra chinensis prevents alcohol-induced fatty liver disease in rats[J]. Journal of medicinal food, 2014,17(1):103-110

[91] SUN S Y, HUANG J, MENG M J, et al. Improvement of lipid profile and reduction of body weight by shan he jian fei granules in high fat diet-induced obese rats [J]. Clinical laboratory, 2012,58(1-2):81.

[92] BOULIAS K, KATRAKILI N, BAMBERG K, et al. Regulation of hepatic metabolic pathways by the orphan nuclear receptor SHP [J]. Embo journal, 2005,24(14):2624-2633.

[93] 郭永丽. 外源胆汁酸制剂对草鱼生长、抗氧化能力及脂肪代谢的影响 [D]. 广州:华南农

业大学,2008.
[94] 曾本和,向枭,周兴华,等. 高脂饲料中胆汁酸水平对齐口裂腹鱼肠道组织结构及脂肪代谢酶活性的影响 [J]. 水产学报,2016,40(9):1340-1348.